电力设备运维检修智能机器人应用

国网宁夏电力有限公司电力科学研究院
四川大学
编著

内 容 提 要

本书系统地介绍了智能机器人在电力行业运维检修中的应用。全书分为6章，主要内容包括概述、架空输电线路巡检机器人、电力排管与电缆检查机器人、GIS/GIL维护作业机器人、变电站室内巡检机器人以及变电站室外巡检机器人。

本书可供从事电力系统设备运维检修及机器人研发和试验的工程技术人员，以及相关科研院所、生产制造单位的专业技术人员和管理人员使用，也可作为高等学校相关专业学生的参考用书。

图书在版编目（CIP）数据

电力设备运维检修智能机器人应用/国网宁夏电力有限公司电力科学研究院，四川大学编著．—北京：中国电力出版社，2023.5

ISBN 978-7-5198-7529-9

Ⅰ.①电… Ⅱ.①国…②四… Ⅲ.①智能机器人—应用—电力设备—设备检修 Ⅳ.①TM4-39

中国国家版本馆CIP数据核字（2023）第025741号

出版发行：中国电力出版社
地　　址：北京市东城区北京站西街19号（邮政编码100005）
网　　址：http://www.cepp.sgcc.com.cn
责任编辑：肖　敏
责任校对：黄　蓓　李　楠
装帧设计：赵丽媛
责任印制：石　雷

印　　刷：望都天宇星书刊印刷有限公司
版　　次：2023年5月第一版
印　　次：2023年5月北京第一次印刷
开　　本：787毫米×1092毫米　16开本
印　　张：13.5
字　　数：300千字
印　　数：0001—1000册
定　　价：75.00元

《电力设备运维检修智能机器人应用》编委会

前言

21 世纪以来，以“云大物移智”等为代表的新事物、新理念、新技术蓬勃兴起，不断融入人类社会，改变着人类生产生活和思维方式，推动着社会进步、经济发展。电力设备运维巡检机器人是机器人技术在电力能源行业的典型应用，对保证电力系统安全稳定运行和对未来智能电网建设起到日益重要的作用。

随着我国电网的不断发展，输变电设备规模越来越大，传统的电力设备运维检修模式已难以适应电网快速发展的需求，电力设备运检的精益化要求也愈加迫切，部分运检场景中人工作业模式已无法满足需要。近年来，由于电力设备运维检修机器人在电力能源行业的广泛应用，它的理论与应用研究发展迅速，特别是在移动机器人控制、智能诊断技术及电力设备细分场景的研究应用不断取得新进展。为提升输电线路、电力排管及高压组合电器等电力设备场景下机器人应用成效，依托气体绝缘金属封闭开关设备检修机器人、电缆隧道检测机器人等研究成果，国网宁夏电力有限公司电力科学研究院与四川大学联合编写了《电力设备运维检修智能机器人应用》一书，期望能助力机器人技术在电力设备运维检修中进一步发挥作用。

本书分为 6 章，第 1 章概述主要对国内外应用于电力能源行业的机器人进行了分析与总结，第 2～6 章分别介绍了架空输电线路巡检、电力排管与电缆检查、GIS/GIL 维护作业、变电站室内巡检、变电站室外巡检应用场景下机器人的感知、控制与应用问题。

本书的研究成果得到了国家电网有限公司科技项目资助，编者在此表示诚挚的感谢。本书编撰过程中，许多高校教授及电力工程师提供了先进的研究成果及丰富的电力设备运维检修经验，EPTC 电力机器人专家工作委员会给予了认真的指导，在此对佃松宜教授、赵涛教授、游星星研究员、朱雨琪博士、田孝华委员表示衷心的感谢，同时特别感谢与编者共同研究并对这些研究成果做出贡献的研究人员。

由于编写时间紧张，加之编者水平有限，对书中某些概念的认识可能存在一些局限和不足，书中难免存在错误与疏漏之处，敬请读者批评指正。

编　者

2023 年 2 月

目录

1 概　述

传统电力运维检修业务模式存在结构性缺员、巡检效率低、人员安全及巡检质量得不到有效保证等问题，无法满足新形势下的运维检修要求。在高压带电作业、架空输电线路、电缆隧道、变电站巡检、变电站绝缘子清扫、线路除冰和架空配电线路带电作业等一些占地面积大、环境密闭和设备密集的场所，电力机器人因具有高效、安全、智能、精确等特点，正扮演着无可替代的角色。

随着智能电网概念的提出，世界多国争相利用电力设备运维检修智能机器人配合多种智能检测装置，对站内设备进行智能识别与联动，同时使用多样化巡检模式配合自动充电系统，实现7×24h的高频率、无人化巡检，充分发挥机器人精度高、反应灵活、全天候的优点，结合智能化检测装置以及智能分析软件，完成全天候数据快速采集、实时信息传输、智能分析预警到快速决策反馈的管控闭环，加强了电力设备管理能力，确保电网安全稳定运行，提升电网智能化管理水平。

1.1　电力设备运维检修智能机器人的发展

1.1.1　国外电力设备运维检修智能机器人的发展

20世纪60年代末期，美国斯坦福研究院研制出名为Shakey的自主移动机器人，美国军方于1984年开始研制第一台地面移动机器人，日本和欧洲也制订了机器人研究计划。20世纪90年代末，学者把研究重点放在了移动机器人的应用上，希望机器人可以替代人类在各种环境下，尤其是恶劣的条件下辅助人类工作，最终美国“火星探路者”飞抵火星考察，完成了预定的科学探测任务。进入21世纪后，美国自动化技术协会（ATC）每年在移动机器人运动控制、仿真、传感器的投入逐年递增。2005年，A. Birk等研制了轨道式变电站巡检机器人，并在美国西部电力公司投入应用。欧洲共同体国家累计提出与机器人技术相关的课题高达250～300项，在机器人研究领域资金投入上，移动机器人占22.8%左右。日本更是把发展重点放在了移动机器人的应用研究上，于2003年率先提出变电站巡检机器人的研究方案，并完成了实验室模拟实验。

在电力应用场景下，机器人的研究工作包括以下几个方面。

（1）发电方面。1994年，美国威斯康星大学于1994年研制了锅炉管道探伤机器人，可在机组停机状态下完成管道内壁的探伤。2011 年，针对福岛核电站事故，日本、德国研制的巡视、救援机器人得到应用。2013 年，德国西门子公司研发微型发电机检查机器人，可对发电机进行外观、定子槽楔松动、芯线绝缘等方面的检查。

（2）变电方面。2001 年，美国西部电力公司研制了履带式变电站巡检机器人，有效实现了变电站电气设备的红外测温。2011 年，澳大利亚墨尔本电力公司开发了基于激光导航的变电站巡检机器人，提高了巡检效率。

（3）输电方面。1993 年，日本开发了车载式作业机器人，用于 10kV 线路的带电检修；2005 年开发了名为 Expliner 的巡线机器人样机，可在单/二分裂/四分裂导线的直线杆塔段行驶，对线路状态进行实时监控。加拿大魁北克水电研究院开发了具有越障功能的巡检、除冰机器人，目前正在研发具有智能自主功能的检修维护机器人技术。2014 年，美国电力研究院研制了新一代带电作业机器人 TOMCAT3000 可以在雨雪天气和黑暗环境中进行线路的带电作业。

1.1.2 国内电力设备运维检修智能机器人的发展

我国机器人的研究起步较晚，仅有 20 多年历史，但随着国家的战略引导、资金投入和技术攻关，目前已研制的机器人已形成轮式和履带式等多种形式，且具备避障功能。

（1）发电方面。2008 年，南京科远自动化集团股份有限公司开发了凝汽器清洗机器人，提高了发电机组的运行效率；2011 年，西安热工研究院有限公司研发了火电厂排灰管道除垢机器人，有效实现了管道的在线除垢。

（2）变电方面。2005 年，山东省电力研究院开发了变电站巡检机器人，可以自主或遥控方式完成站内一次设备的自动巡检；东北电力大学的王建元等人提出了基于图论的机器人智能寻迹方案并得到应用；沈阳工业大学的杨俊友等人提出了一种基于颜色直方图和尺度不变特征变换（scale invariant feature transform，SIFT）混合特征的机器人视觉环境感知方法，使之对环境光照的动态变化具有更好的鲁棒性。目前，巡检机器人日趋成熟，已在我国 500kV 以上变电站得到大量应用。

（3）输电方面。2005 年山东省电力公司研制出适用于 10kV 线路的带电作业机器人，采用绝缘斗臂车方式，具有线路带电断接引线、带电更换跌落式熔断器、带电更换避雷器、带电清扫等功能。2006 年，中国科学院沈阳自动化研究所（简称“沈阳自动化所”）研制了 110kV 线路可越障三臂巡检机器人试验样机。2013 年山东电力科学研究院研发了线路瓷绝缘子串检测机器人，可综合判断劣化绝缘子。2015 年，国网湖南带电作业中心研发了线路带电检修机器人，实现了绝缘子的辅助更换和引流板螺栓紧固。武汉大学、湖南大学、山东大学也做了巡线机器人、除冰机器人、无人机（unmanned air helicopter，UAH）巡检的相关研究、试验和应用，并取得较好成果。变电站内移动式机器人产品示例如图 1-1 所示。

图 1-1 变电站内移动式机器人产品示例

（a）山东鲁能智能公司生产；（b）沈阳新松公司生产；（c）深圳朗驰公司生产；（d）浙江国自公司生产；（e）江苏亿嘉和公司生产；（f）杭州申昊公司生产

机器人在电力场景中有着广泛的应用，在移动机器人的研究领域，变电站巡检机器人属于典型的特种移动机器人，主要用于代替人工完成变电站巡检工作。应用于室外变电站，可对站内变电设备开展红外测温、表计读数、分合执行机构识别及异常状态报警等功能，并提供巡检数据的实时上传和数据分析、信息显示和报表自动生成等后台功能，是智能变电站运维技术发展的重点方向之一。随着研究的不断深入和应用范围的不断扩大，在国际上形成了独特的电力特种机器人应用研究领域，目前应用较多的电力特种机器人主要有高压带电作业机器人、超高压巡线机器人、核电站作业机器人、变电站设备巡检机器人、变电站绝缘子清扫机器人、锅炉承压部件检测机器人、电缆管道检测机器人等。

机器人作为衡量一个国家工业自动化水平的重要标志，对提高生产效率发挥着越来越重要的作用。机器人产业是我国战略新兴产业，涉及计算机、自动控制、新材料等一系列前沿技术，市场巨大、前景广阔。当前，我国正大力实施创新驱动发展战略，机器人的市场需求持续提升，扶持政策也在不断出台。《国家电网公司“十三五”科技战略研究报告》提出了建立变电站巡检机器人试验检测体系，深化输电线路巡检机器人（power transmission line inspection robot，PTLIR）和特高压换流站智能巡检技术的要求。特别是《中国制造 2025》规划，明确将工业机器人列入大力推动突破发展十大重点领域之一，促进机器人标准化、模块化发展，扩大市场应用，这将有力促进机器人新兴市场的成长。

四川大学电气工程学院感知控制与智能机器人创新实验室（PMCIRI Lab）致力于电力场景智能运维巡检特种机器人的研究开发，针对不同的应用背景，已经有丰厚的成果产出，并在行业内形成了一定影响力。本书主要以 PMCIRI Lab 的研究内容为基础，对常见的几种电力场景机器人系统的感知、控制与应用等方面进行阐述，依次为架空输电线路巡检机器人系统、电力排管与电缆检查机器人系统、气体绝缘金属封闭开关设备 gas-insulated metal-enclosed switchgear，GIS/气体绝缘金属封闭输电线路（gas-insulated metal-enclosed transmission line，GIL）维护作业机器人系统、变电站室内巡检机器人系统以及变电站室外巡检机器人系统。

1.2 电力设备运维检修智能机器人研究简介

近年来电力设备运维检修智能机器人的研究方兴未艾，面对不同的电力场景以及不同的检测要求，已研制出越来越多种类的机器人，电力设备运维检修智能机器人往往会被设计成不同的机械结构，以便更好地结合相应技术手段去完成巡检任务。

1.2.1 架空输电线路巡检机器人研究简介

高压输电线会在环境和机械的作用下出现一些故障或安全隐患，例如绝缘子老化破损、导线断股、金具氧化腐蚀等，若不能及时地排除这些问题，可能会导致重大的安全事故，所以高压输电线的巡检一直是供电企业的重要工作。长时间以来，高压输电线路的巡检工作都是通过人工完成的，这不仅耗时耗力，而且高压输电线常常会跨过高山以及江河等这些人工难以到达的地方，从而出现了巡检盲区。为了使巡检工作变得更加高效和准确，20 世纪 80 年代末，日本、美国和加拿大等国家发起了针对高压输电线路巡检机器人的研究。我国自 20 世纪 90 年代中期开始对输电线路巡检机器人进行研究。用输电线路巡检机器人来代替人工进行高压输电线的巡查和维护，具有较高的效率和可靠性，并且能轻易到达人工无法到达的巡检盲区。针对输电线路巡检机器人的不同结构及其检测特点，可以将其分为（含有双臂或者多臂）攀爬式（climbing）飞行式（flying）和飞攀（climbing flying）混合式等类型。

对于一般双臂固定式输电线路巡检机器人，例如图 1-2 所示由巴西电气公司 Eletrobras FURNAS 设计的一款输电线路巡检机器人，其利用电动发动机驱动，该结构只需要一个直流电机连接到一个轮子使用皮带齿轮配置，当皮带转动时，机器人沿着直线移动；重庆电力研究所开发了一款如图 1-3 所示名为 Linebot 的机器人，它有两个相同的手臂，利用每个手臂上的两个压紧单元可以使其举起或压缩；该机器人的避障过程包括打开前臂夹持器，以允许滚轮横向越过障碍物，然后通过越过障碍物闭合。

另外，中国昆山市工业技术研究院提出了一种如图 1-4 所示的新型两足式攀爬巡检机器人，该机器人是基于两腿机器人的概念开发的，每只手臂上都有一个移动机构，在现实中，当双臂机器人在避障过程中，一只手臂与输电线路分离时，手臂会由于重力而低于直线，很难重新附着在线缆上。因此，安装的移动关节将增加手臂的长度，使其重新对齐线缆。在每条腿上安装了一个密封的盒子，作为一个平衡的质量。这些盒子还装有电池、控制单元以及传感和成像单元。Morozovsky 和 Bewley 提出了一种名为 Skysweeper 的机器人，如图 1-5 所示，它可以整个身体旋转穿过障碍物。机械手通过一个可调节的夹持器附着在直线上，夹持器可以在开启（脱离直线）、半关闭（沿直线滚动）和关闭（固定在一点）三种模式下工作。在避障过程中，原型表现为一个双摆，使一只手臂脱离直线，然后旋转 180°翻过障碍物。

图 1-2 输电线路巡检机器人

图 1-3 Linebot 机器人

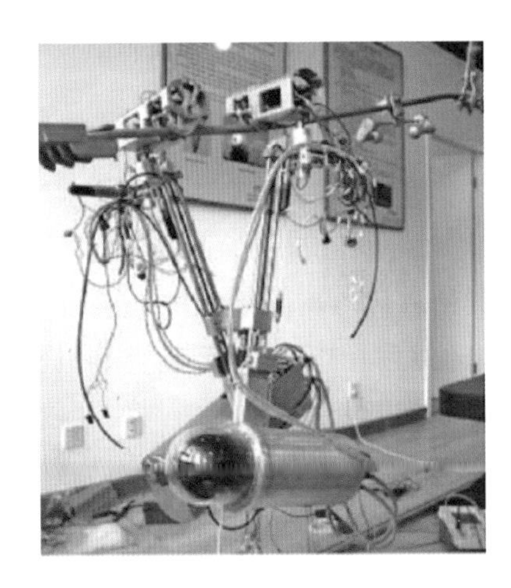

图 1-4 两足式攀爬巡检机器人

图 1-5 Skysweeper 机器人

还有一些双臂机器人能利用平衡质量来避障，如中国科学院自动化研究所开发了一种输电线路巡检机器人，能够调整其质心避障。该型机器人的每个手臂由一个普通的连杆组成，允许旋转手臂离开或到线上，爪可以帮助滚轴坚固地爬在输电线路上；连接两臂的滑动导轨用于在避障期间将平衡块侧向移动；在导轨的两端安装一个单独的摄像机，用于线路目视检查。该型机器人样机已经在受控的实验室环境中进行了测试，并成功地绕过了沿输电线路的减振器。

双臂输电线路巡检机器人的主要限制是只能避免小的障碍，如配重和拼接套筒；而多臂输电线路巡检机器人则可以避免更多类型的障碍物，可携带更重的电源（电池），具有更好的机动性、稳定性和更强的检查能力。加拿大水力魁北克研究所是实用输电线路巡检机器人的开发机构之一，他们的第一个远程操作输电线路巡检机器人命名为 Linescout，2006 年已部署用于线缆检测，其结构如图 1-6 所示。山东科技大学设计了一种三臂输电线路巡检机器人，如图 1-7 所示，其每只手臂都装备了一个移动关节和一个转动关节，在避障时帮助手臂脱离输电线路，当靠近障碍物时手臂被抬起并旋转，离开障碍物时，两只手臂保持活动并附着在输电线路上；该机器人样机在实验室输电线路上进行了测试，成功地避开了一些障碍物。

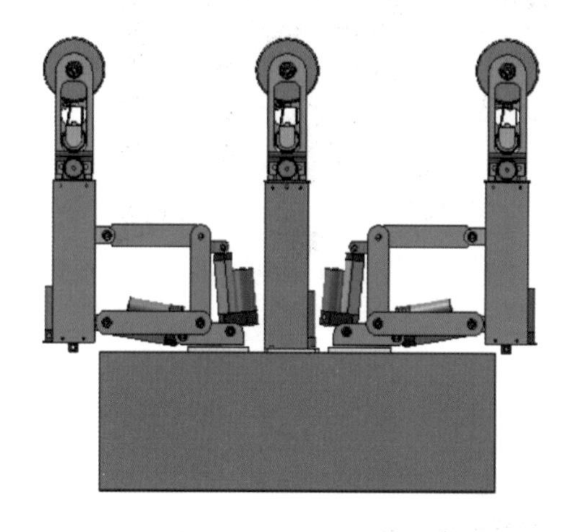

图 1-6　Linescout 机器人结构示意图

图 1-7　三臂输电线路巡检机器人

攀爬式机器人不能避免大的障碍（例如杆塔），而且把机器人从线路上取下来具有一定的难度；一般来说无人机可用于空中摄影、测绘和安全监视，因此使用无人飞行机器人的输电线路巡检机器人将在快速检查方面提供一种替代方案。山东电力股份有限公司自 2009 年以后一直在开展基于无人机的检测工作，他们提出了一种智能直升机输电线路巡检机器人，不仅能够检查电源线，而且还能检查它的组件（电线夹、拼接套管、绝缘体、塔等）。检测过程中使用了 2N-1 和 2N-2 两种型号的直升机，有效载荷分别为 20kg 和 7kg，基于两台燃气发动机的无人机模型如图 1-8 所示。更大的直升机可以携带更大的动力源（燃料）和其他电子设备，因此，可以检查输电线路更长时间。2N-2 模型在 500kV 和 220kV 的电力线上进行测试，从距离输电线路 50m 处拍摄的输电线路组件图片实时传输给地面控制站（ground control station，GCS，简称“地面站”）；图像质量表明，该机器人可以成功地应用于输电线路检测。另外，还有一种如图 1-9 所示的四旋翼结构输电线路巡检机器人，装配有一台激光扫描仪、两根 GPS 天线和一台飞行计算机，用于飞行控制和感官数据的协调。

将攀爬式巡检机器人与飞行式巡检机器人的优点结合起来便可形成飞攀式巡检机器人；无人机被用于将整个机器人带到线上，并飞越与输电线路相关的任何障碍物，同时爬坡部分通过沿着输电线路滚动执行检查任务。中国科学院设计和开发了一种混合动力机器人，样机由 DJI matrice 100 无人机和一个喇叭形起落架组成，设计可在定制的起落架的帮助下在架空地线（overhead ground wire，OGW）上安全着陆和滚动。改进的便携式电池驱动四旋翼无人机原型如图 1-10 所示，在起落架和无人机之间连接两个轮子，用于着陆和沿起落架滚动架空地线。电池、控制单元和通信单元被安置在起落架上，这有助于稳定机器人，一个带有板载处理器的 2D 激光测距仪（Laser range finder，LRF）用于准确地检测架空地线，以实现适当的着陆、滚动和跨越障碍物。最先进和商业设计的混合机器人命名为 LineDrone，项目在加拿大魁北克水电局研究所启动。线缆检测机器人 LineDrone 如图 1-11 所示，可在 315～735kV 的电压范围内工作。该轻型结构由两个漏斗形腿和两个沿线滚动的车轮组成；在机器人的下方安装了一个线芯传感器，用于输电线路的腐蚀检测；视觉系统（包括一个激光雷达和一个单镜头）和控制单元已经在直线无人机上开发和实现，使用 Pixhawk 自动驾驶仪作为低空飞行控制器来保持 LineDrone 在飞行过程中的稳定，而 Nvidia Tegra TXI 是用于着陆任务的高级飞行控制器。该机器人易于部署在输电线路上，并配备了先进的检测传感器。

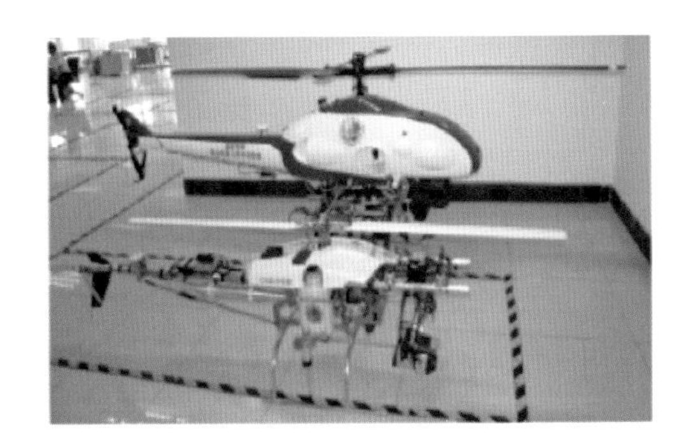

图 1-8　基于两台燃气发动机的无人机模型

图 1-9　典型四旋翼结构输电线路巡检机器人

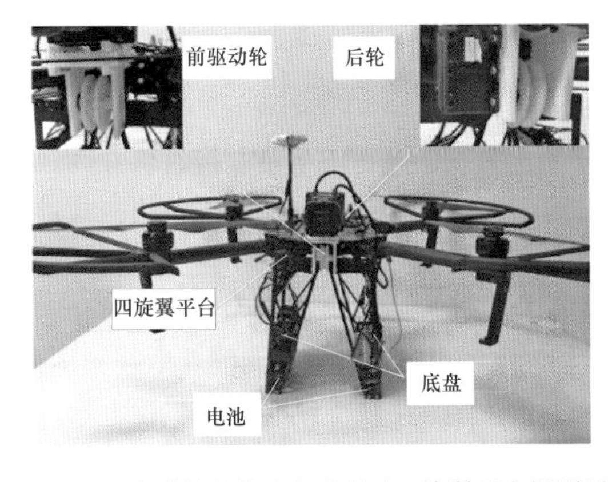

图 1-10　改进的便携式电池驱动四旋翼无人机原型

图 1-11　线缆检测机器人 LineDrone

1.2.2　电力排管与电缆检查机器人研究简介

目前，城市电缆排管敷设已被普遍采用，如图 1-12 所示。对电缆进行绝缘检测是减

图 1-12 电缆排管

少电力输电线路故障、保障供配电安全和质量的重要手段之一。国内外大多采用预防性维修体系，即电力公司在定期停电的情况下，以人工的方式对电缆进行巡检，或者定期根据计划对部分电缆进行更换。这对保证供电安全有积极作用，但是会造成较大的经济损失，增加工作安排的难度。电缆持续工作在高压、高温下，物理化学变化及外部刺激条件（雷电、短路等）都会造成电缆绝缘性能下降；若对原本微小的破损和缺陷不予以重视及采取相关措施处理，这些前期微小的问题最终将导致严重事故，造成大面积停电和巨大经济损失。随着机器人技术、计算机技术及智能检测与传感技术的发展，使用机器人进行电缆的状态检修成为一种有效的手段。正是由于巡线机器人在输电线路检修上的优势和应用前景，从 20 世纪 60 年代开始，日本、美国、加拿大等一些研究机构、大学和电力公司先后开展了巡线机器人的研究。国内华北电力大学、上海交通大学、四川大学等机构也相继开展了类似机器人的研究。

合肥工业大学针对目前电缆检测机器人难以穿越电缆沟内防火墙的问题，设计了一种能够利用排水沟穿越防火墙的电缆检测机器人，其总装结构如图 1-13 所示。机器人靠近防火墙后，转为沟内行走，两车身连接处的电机旋转，使车身呈一条直线状态，穿过位于防火墙底部的孔洞；穿越防火墙后，车身抬升，重新回到沟外行走。

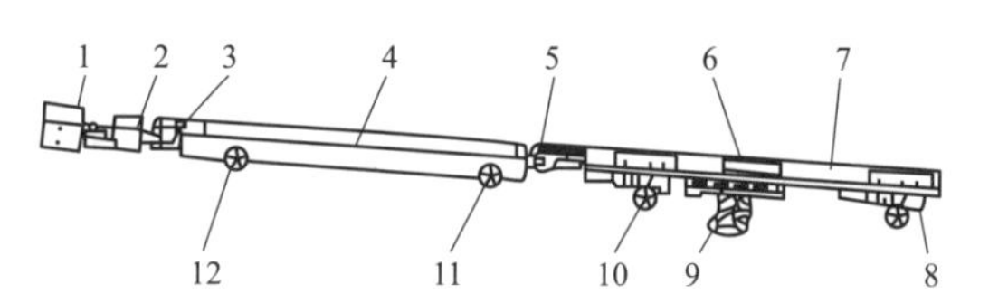

图 1-13 电缆检测机器人总装结构示意图

1—红外检测装置；2—点头舵机；3—抬头舵机；4—第一车身；5—挺身电机；6—车身旋转装置；7—第二车身；8—可伸缩驱动装置；9—车身抬升装置；10—可伸缩从动装置；11—第一从动轮；12—第二从动轮

四川大学联合国网浙江省电力有限公司设计了一种用于城市地下电缆排管作业与巡检的遥操作机器人系统，该系统由可远程操作的机器人本体、传输/回收设备和便携式地面监控站组成。该机器人结构独特、体积小巧，能够稳定运行于电缆排管中，电缆机器人实验如图 1-14 所示。该机器人拥有足够牵引力以辅助电缆敷设，检测单元能获取视频图像、管内温度、排管坡度和电缆局部放电量等检测信息，整个机器人系统可以满足电缆管道排管作业与巡检的基本要求。

图 1-14 电缆机器人实验

内蒙古工业大学根据电缆隧道的结构特征、巡检作业的任务要求及机构设计要求设计出了非常适用于中小型电缆隧道的巡检机器人，如图 1-15 所示，其主要由驱动装置、越障装置、可控云台装置、电源系统、控制系统等几部分组成，其封闭式壳体结构保证了机器人具有一定的防水和涉水能力。该机构综合了防爆机器人及搜救机器人的机构设计优点，质量轻、刚度大，姿态稳定性好，负载能力强，爬坡和越障性能优异，实现了小型计算机、视频图像、红外热图、多传感器和无线通信的高度集成及信息传输，能够实时将图像和数据信息传输到手动操作控制系统，为工作人员提供有效信息。

图 1-15　电缆隧道巡检机器人

1.2.3　GIS/GIL 维护作业机器人研究简介

1.2.3.1　GIS 维护作业机器人技术现状与发展趋势

1. GIS 维护作业机器人技术现状

在电力系统中，GIS 是关键的变电设备之一，其腔体如图 1-16 所示。由于 GIS 为全封闭设备，内部有导电杆、支撑绝缘子及其他各种元件，其检修过程较为复杂，检修人员很难进入设备内部查找故障点。现有通常的做法一般需要对 GIS 设备进行人工拆解维修，该过程非常复杂，费时费力，效率低下，导致事故后平均停电检修时间比常规高压电气设备长，且所涉及的停电区域范围大。且 GIS 设备由于其运行过程中会产生二氧化硫、硫化氢等有毒气体和粉末，也会对人员健康带来潜在风险。

图 1-16　GIS 腔体

目前国内外针对 GIS 腔体内维护的机器人研究较少，主要原因在于机器人在 GIS 腔体内行走检测需要跨越支撑绝缘体、导体、开关等障碍，同时需避免在 GIS 内部运行时产生异物；此外，腔体外观、型号、结构差异巨大，这是 GIS 腔体内维护机器人研究的难题。

近年来，国内电力公司纷纷与科研院所合作，开始这方面的研究开发工作：2015 年，国网湖北省电力有限公司研制了基于摄像头的 GIS 可视探测装置；2016 年，云南电网有限责任公司与沈阳自动化所联合研制了基于 X 射线的 GIS 检测机器人；2017 年，华北电力大学与云南电网有限责任公司联合研制了携带图像采集模块的 GIS 管道检测机器人；2015 年和 2017 年，四川大学与国网宁夏电力有限公司合作实施了两期的 GIS 腔体异物检测与清理机器人方面的项目开发工作，第一期主要针对母线筒异物检测研究了小型化机器人本体及控制系统设计与开发，第二期主要针对异物清理开发了机器人可携带的吸附装置，实现异物检测与清理一体化作业。

华北电力大学与云南电网有限责任公司分析了移动车体在GIS内部的行走特点以及GIS管道内部结构之后，研制了一款GIS管道检测机器人，如图1-17所示。该机器人由机械臂及移动载体和控制台组成，车体整体尺寸为150mm×100mm×50mm，车体尾部及车头装有图像采集设备及照明灯，机械臂末端装有三轴云台及高清图像采集设备。移动机械臂控制台具有图像显示功能，控制台有车体移动控制手柄及机械臂控制键盘。

(a)

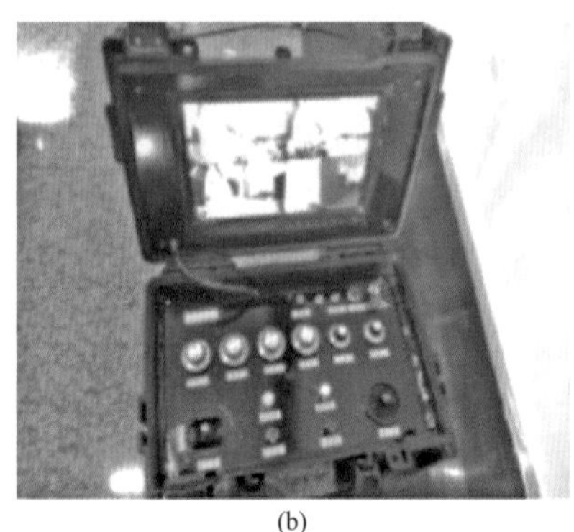
(b)

图1-17　GIS管道检测机器人

（a）机械臂及移动载体；（b）控制台

四川大学和国网宁夏电力有限公司针对GIS内部异物颗粒引起内部电场畸变从而造成设备闪络故障的问题，通过对异物颗粒的产生原因及影响因素进行分析，研制了一种GIS罐体内部异物颗粒清理机器人，如图1-18所示。该机器人实现了GIS设备内部异物可视化清理功能，其控制部分采用Inter Edison控制平台，并在其上运行Linux系统；人机交

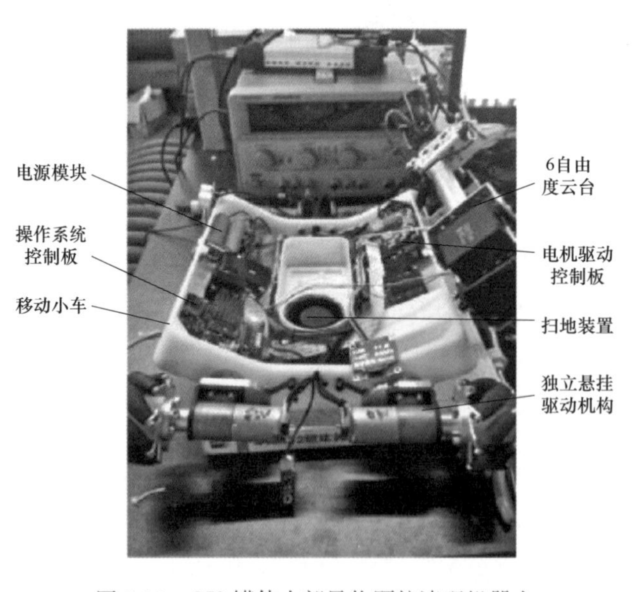

图1-18　GIS罐体内部异物颗粒清理机器人

互部分采用带蓝牙手柄的 Android（安卓）操作平台；异物清扫功能通过机器人底部可调功率的吸尘模块实现。

国网湖南省电力有限公司检修分公司针对 GIS 设备设计了一种微型检修机器人，如图 1-19 所示。该机器人可通过 GIS 设备检修手孔盖放入母线筒，具备在 GIS 设备母线筒内自主行走的能力；携带小型摄像装置，可检查内部问题并回传图像；配置机械手，具备吸尘与抓取功能，可完成简单清洁和紧固螺栓作业。

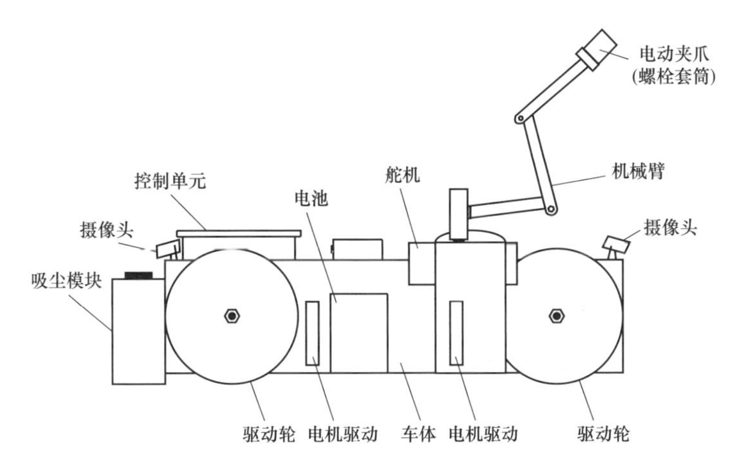

图 1-19 GIS 设备微型检修机器人示意图

目前，上述初步研究工作所开发的机器人的功能相对单一，智能化程度不高，对腔体内异物的检测与判别主要还是利用机器人传输回监控平台的图像依靠人来进行，GIS 腔体内空间环境感知能力不强，异物清理基本靠遥控操控来实现，总体智能化程度不高。

2. GIS 管道检测机器人

以云南电网有限责任公司电力科学研究院和华北电力大学共同研制的 GIS 管道检测机器人为例，该机器人要实现管道内部故障的检测，需要越过下方支撑的绝缘子，要求检测机器人能够爬上圆弧形管道内壁，并且可在带有一定高度的管道一侧正常行走。研究的移动车体尺寸大导致 GIS 设备多数狭小空间根本无法进入，机械臂采用刚体机械臂结构形式极易碰撞内壁、导电柱以及其他腔体内组件造成二次破坏。另外从检测方式看基本还是在移动机器人前端采集图像，后端控制台人工查看图像或视频，智能化程度低，不能实现异物清理。图像采集设备如图 1-20 所示。

3. GIS 可视探测机器人

以湖北省电力有限公司检修分公司和湖北省超能电力有限责任公司共同研制的 GIS 可视探测机器人为例，该机器人搭配的可视探测装置由镜头、铠装电缆和主控制器构成，镜头包括彩色的电荷耦合器件（charge-coupled device，CCD）模块、高亮发光二极管（LED）照明模块、镜头水平、垂直传动结构装置以及主体滑轮。摄像头实时地输出成像的视频，并传输到主控制器进行模/数（A/D）转换，再显示在液晶显示屏（LCD）上，并进行实时存储。GIS 可视探测装置系统的结构如图 1-21 所示。2014 年 6 月，在武汉青山区某 110kV 变电站检修中，GIS 制造厂人员在安装 GIS 的电压互感器卡口座时，不慎将螺丝刀掉入 GIS 筒内。由于筒的尺寸较小且底部黑暗，气室内又有电力器件导体遮挡，使用手电筒等工具观察范围极为有限，始终无法发现螺丝刀。后用 GIS 可视探测装置伸入筒内探测，迅速发现了落入筒底部槽缝中的螺丝刀，缩短了检修维护时间，解决了狭小黑暗空间内的异物探测问题。上述装置功能单一，有遮挡情况下空间环境识别率不高；铠装电缆易对腔体及导电体造成二次破坏；从检测方式看，基本还是前端移动机器人采集图像、后端控制台人工查看图像或视频，智能化程度低，不能实现异物清理。

(a)

(b)

图 1-20　图像采集设备

（a）机械臂折叠状态；（b）机械臂展开状态

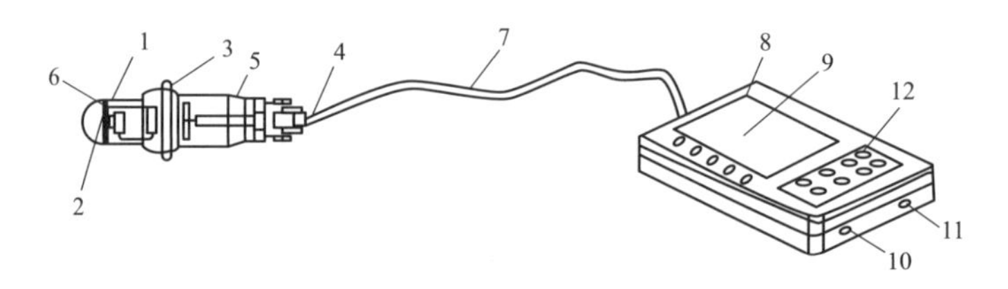

图 1-21　GIS 可视探测装置系统结构示意图

1—透明钢化玻璃；2—LED 光源；3—主体滑轮；4—航空接头；5—镜头主体；6—摄像机；7—铠装电缆；8—主控器；9—LCD；10—按键模块；11—充电接口；12—USB 接口

以四川大学和国网宁夏电力有限公司联合研制的 GIS 腔体内部异物清理机器人为例。在 GIS 运行过程中，其内部可能存在的异物颗粒处于交变的电场环境中；在高压电场作用下，异物颗粒因携带电荷会受到电动力作用，当受到的库仑力大于颗粒自身的重力时，异物颗粒会从罐体底部浮起，并在其表面上跳动，造成 GIS 内部电场发生畸变，易引起设备内部盆式绝缘子、支柱绝缘子或绝缘拉杆等部件表面闪络，造成设备故障。该机器人可以实现如下功能：①操作人员可以通过机器人的可视化功能有效检查设备内部异物缺陷，避免漏检，既可以做到视频检测，又有异物清理功能；②可以灵活前进/后退，实现横向位移，为可视化提供广阔的视野；③可以通过控制平台设定吸力水平，适用于不同大小的异物颗粒收集；④采用基于 Android 操作平台与蓝牙手柄的人机交互模式，不仅为设备投运前的内部检查提供了新的手段，更避免了设备故障时解体检查接触有毒分解物对操作人员的安全危害，提升了 GIS 设备状态检修的效率及安全性。机器人以及现场应用检测到的异物颗粒如图 1-22 所示。

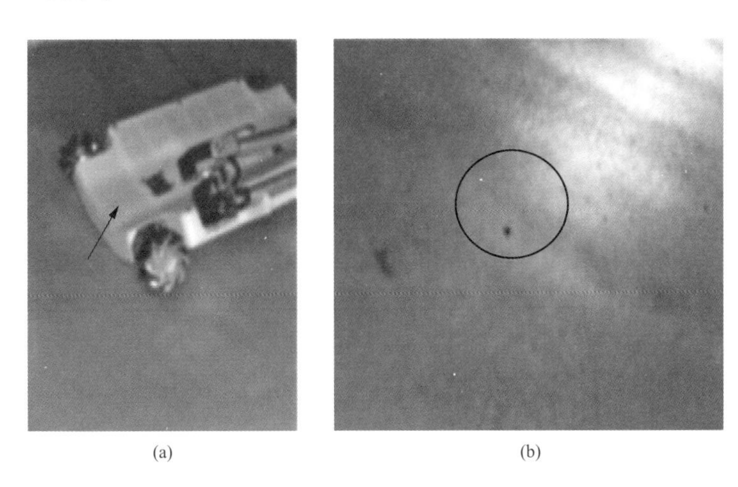

(a) (b)

图 1-22 机器人及检测到的异物颗粒

（a）机器人；（b）检测到的异物颗粒

为了适应电力行业运行维护业务的快速发展和提高 GIS 设备运行检修效率，研究开发小型化、柔性化、智能化，具备腔体内环境全景感知与异物目标智能检测识别且识别率高，能自动清理异物的 GIS 检测维护机器人系统，具有较大工程应用价值。充分应用人工智能与机器人技术，抢先掌握前沿核心技术，对于提升电网设备精细化运行检修水平和自主创新能力具有重要的科技创新意义和良好的社会效益。

1.2.3.2 GIL 维护作业机器人技术现状与发展趋势

智能巡检机器人系统在变电站、地下电缆和架空线路中的应用为电力巡检提供了新的方式，不仅降低了巡检人员的风险、减少了人力成本，而且极大地提升了电网的自动化程度。但是智能巡检机器人系统在 GIL 管廊中的应用尚处于起步阶段，而应用于变电站的常规巡检机器人仅具有仪表读数识别和红外测温功能，功能较为单一，不能满足 GIL 管廊巡检的要求。

国家电网自 2013 年开始对变电站巡检机器人首次招标，使巡检机器人市场开始进入全面推广阶段。综合管廊电力舱巡检机器人从变电站巡检机器人衍生而来，特别是在北京、深圳、厦门、海南、珠海等城市，综合管廊电力舱巡检机器人均有应用。近年来，巡检机器人已经在我国各地获得了较为广泛的应用，以山东鲁能、国自机器人、朗驰欣创、万达科技、普华灵动、亿嘉和、新松等为代表的机器人研制企业也取得了良好的发展。

图 1-23 智能巡检机器人本体及轨道示意图

2019 年，国网江苏省电力有限公司研发了一种轨道式 GIL 智能带电检测机器人系统。基于轨道式机器人技术，研究了一种集视频监控、仪表数据读取、红外热成像测温、局部放电检测定位及隧道环境检测等功能于一体的隧道型 GIL 智能巡检机器人系统，该系统不仅可以满足苏通 GIL 管廊日常巡检的需求，也为应用于其他 GIL 或 GIS 工程提供了有效参考。智能巡检机器人本体及轨道如图 1-23 所示。

总体来说，目前这些研究工作所开发的机器人的功能相对单一，智能化程度不高，空间环境感知能力不强，总体智能化程度有待提升。

1.2.4 电力开关室运维检修机器人研究简介

1.2.4.1 高压室巡检机器人

针对高压配电室内部环境特点及巡检任务需求，沈阳自动化所机器人学国家重点实验室提出了一种兼具平稳性高、定位准确且移动速度快的新型轨道式巡检机器人移动机构，即高压室巡检机器人，如图 1-24 所示。该型巡检机器人由移动车体、机械臂及末端多功能作业工具盘组成。

(1) 移动车体由万向轮、驱动轮、差速机构及被动适应导向机构组成，保证了机器人可以沿着高压室内的轨道快速稳定移动。万向轮与移动车体直接相连，驱动轮与被动适应导向机构相连且驱动轮之间通过差速器相连，导向机构与车体通过转动关节连接。万向轮起支撑作用，驱动轮起支持和提供行驶驱动力的作用，被动适应导向机构的作用是使得移动车体可以沿着弯曲轨道行驶。

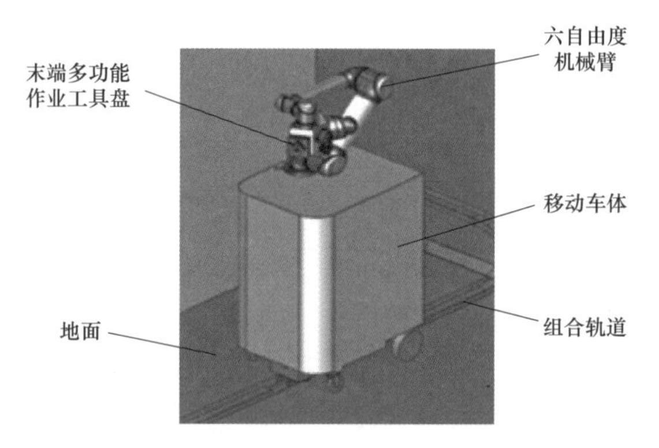

图 1-24 高压室巡检机器人示意图

(2) 根据作业任务内容及高压室环境特点，采用六自由度的机械臂，使得末端作业工具达到相应的位姿，从而完成巡检工作。

(3) 末端多功能作业工具盘包含三个呈一定角度的作业面，作业面分别安装有可见光摄像机、红外热成像仪、局部放电检测仪和紧急分闸操作装置，在贴近开关柜检测和操作的过程中，可以避免其他工具与开关柜发生碰撞。机械臂和末端多功能作业工具盘保证了机器人具有携带多个设备并完成给定全部作业任务的能力。

1.2.4.2 开关柜辅助作业机器人

1. 功能及特点

广东电网有限责任公司清远供电局和国机智能科技有限公司设计了一种开关柜辅助作业机器人及机器人的运动控制系统，如图 1-25 所示。该机器人应用双目视觉实现机械臂的精确控制，实现了对开关柜的自动监控，减少了变电站的故障隐患，提高了变电站的自动化水平。其特点包括：①移动车体可前后左右行走，可原地转向，可爬坡，非常适合空间紧凑的场合；②六轴机械臂活动范围更大，定位准确；③套筒可自动更换；④带有电磁吸盘自动收放装置，可满足大力矩工作要求；⑤整机最小尺寸为 800mm×600mm×500mm（长×宽×高），整机质量约 50kg；⑥机械手末端扭矩为 5～30N·m，小车负载能力为 80kg，机械臂质量为 18.4kg。

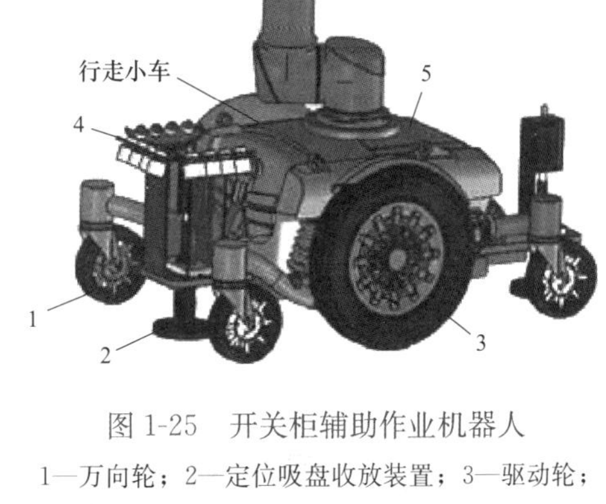

图 1-25　开关柜辅助作业机器人

1—万向轮；2—定位吸盘收放装置；3—驱动轮；4—套筒放置架；5—移动车体；6—六轴机械臂；7—高清相机；8—套筒杆（可执行按钮开关）

2. 机器人系统结构组成

辅助作业机器人主要包括移动车体和机械臂两大部分，采用分体式结构，前者置于配电房内，后者可由操作人员随身携带。

（1）移动车体是机器人进行移动和新机采集的载体，主要包括机械系统、驱动电机、电机驱动控制系统、传感器模块、主控计算机、通信装置等。主控计算机是机器人系统的重要组成部分，其根据激光雷达、IMU 等传感器的信息，获取机器人所处的位置，根据目标指令对机器人运行路径进行规划，选择移动到指定开关柜的最优路线。传感器模块是机器人进行障碍感知和现场信息采集的关键设备，除了进行机器人定位导航的激光雷达和 IMU，传感器模块还包括超声波传感器和温湿度传感器：超声波传感器采用时间测量原理，测量精度高，能够获取周围障碍物位置信息，辅助机器人避障；温湿度传感器可以实时获取配电开关柜的温度和湿度信息，更好地了解开关柜的环境。

（2）机械臂具有 6 个自由度，能够高效灵活地完成开关柜分合闸以及更换断路器等设备的工作，是机器人最主要的工作单元。机械臂通过逆运动学分析得到各个关节在相应时刻的转动量或者平移量，合理地规划机械臂的角位移曲线、角速度曲线以及角加速度曲线，有效地减少了机械臂在运动过程中的冲击和振动，使机械臂的工作寿命得以延长。

3. 运动控制系统结构组成

机器人的运动控制系统通常由电机控制器、驱动电机、电机本体（多为伺服电机）等组成。主控单元是机器人的控制核心，通过通信模块接收工作指令，将远程指令转化为控制信号，驱动机器人移动，同时将本地位置信息上传到控制计算机，便于操作人员进行控制。电机控制器接收主控单元的运动指令，控制机器人运动和转向，通过闭环控制系统，使机器人的转向和移动平滑、精确。驱动电机采用直流无刷伺服电机，自带高分辨率码盘实现电机的精确控制，保证机器人的运动能力。机器人的爬坡坡度可达 25°，越障高度可达 120mm，最大行进速度可达 2m/s 以上，可满足配电房室内、室外、地下等多种地形要求。驱动电机的驱动模块通过工业级高速总线进行信号传输，并自带低压、高压、电流、温度、通信等诊断及保护功能，同时磁场导向控制（ield oriented control，FOC）算法驱动各自电机使加速平稳、运动平滑。驱动模块通过导热硅胶安装于大铝板之上，并通过空气对流等散热措施，以充分发挥出驱动模块大功率驱动的良好性能，保证机器人四驱底盘的驱动能力以适应各种路况。

4. 轮胎和底盘

机器人轮胎采用高耐磨、高弹性的实心橡胶轮胎，最大限度地保证了轮胎的耐刺性，增加机器人的使用率和工作效率；通过合理的安装结构设计，保证轮胎具有较好的使用性能，从而适应草地、电缆槽盖板、水泥路及碎石路等不同路况。机器人的底盘结构如图 1-26 所示。

图 1-26　机器人底盘结构

5. 定位和导航

开关柜辅助作业机器人的工作环境空间狭小、障碍物多、区域形状复杂，这增加了机器人循迹和避障的难度。对于这种复杂环境，采用了多种传感器结合的方式对机器人进行无轨化导航。机器人采用激光雷达、IMU、超声波传感器等多种传感器的结合的方式获取机器人的精确位置，并根据移动目标的位置和内置地图规划机器人的移动路线，自主行走到目标位置。机器人进入工作区域后，通过搭载的激光雷达和超声波传感器采集周边障碍物的位置信息，通过 SLAM 算法生成环境地图，在移动过程中，激光雷达实时扫描的地形与环境地形进行精确匹配，从而确定机器人精确位置。实际使用中，激光传感器常常受到周围环境的干扰，为了确保导航的精度和可靠性，采用惯性导航技术对激光雷达进行辅助；IMU 包含陀螺仪和电子罗盘，可以测量车体的加速度与角速度，并与编码器进行信息结合，得到精确的机器人运动参数，校正激光雷达的扫描结果。同时，超声波传感器可以通过超声波回声定位的方法获取周围障碍物的距离信息，进一步修正机器人的位置。

1.2.5 变电站室外巡检机器人研究简介

1.2.5.1 变电站室外巡检机器人研究背景

随着社会发展，用电需求急速提高，变电站系统也在不断升级，其设备分布越来越广泛。为了确保变电站正常运行，需要日常进行巡检。变电站设备巡检的传统工作方法是人工巡检，利用检查工具根据感官和工作经验判断设备的运行状况。巡检结果取决于工作人员的主观意识，因此会常常出现设备漏检、误检等情况。伴随着机器人技术的发展，针对变电站设备巡检的智能巡检机器人逐渐代替人工完成巡检任务。智能巡检机器人属于移动巡检机器人，是融合机电一体化、智能导航、智能识别和多传感器应用等技术于一体的复杂机器人系统。其能够不受天气因素和地理环境条件限制，及时完成变电站设备巡检工作，具有巡检信息记录及时准确、规避误检漏检等失误的优点，是实现变电站智能化、代替人工巡检实现无人值守的重要设备。巡检机器人的应用降低了工作人员的工作强度，有效地提升了设备巡检效率和质量，使工作人员能及时发现和排除设备的不良运行状况，保障变电站的安全可靠运行。变电站如图 1-27 所示。

图 1-27　变电站

对于变电站室外巡检机器人，常见的是室外轮式移动机器人，该型机器人采用激光导航技术，搭载红外、可见光摄像头，基于无线网络通信，可对设备开展红外测温、图像识别等工作。室外轮式机器人采用的激光导航技术为无轨导航，无须维护轨道，在大面积户外场地具有维护成本低、工程施工简单等优点，但该型机器人造价较高。

国家电网电力机器人技术实验室研发人员首先尝试采用 GPS 卫星等无线信号定位的导航技术，但是由于设备区电力设备存在较大电磁干扰，在局部区域存在信号丢失，因此在变电站内适用性不强。根据机器人日常例行巡检仅需沿变电站设备区道路移动的特点，提出了基于射频识别（radio frequency identification，RFID）及磁引导的定位导航技术，采用基于磁传感器阵列的序列算法，并结合 RFID 标签定位，机器人可按照预先规划路径自主移动及指定位置停靠，实现了在变电站设备区道路的全天候精确定位导航，适用于变电站巡检机器人日常例行巡检。针对磁轨迹磁条材料氧化腐蚀问题，研发人员研究了磁条密封防护工艺，使磁条的使用寿命达到 8 年以上。随着传感器技术的不断突破，浙江国自（浙江国自机器人技术有限公司）机器人基于激光进行定位导航，实现了站内的无轨导航定位。国家电网电力机器人技术实验室率先开展了激光—视觉系统的多传感器融合的导航方式，实现了变电站内机器人的自主定位、导航、避障等功能，导航定位精度达到 3cm，拓展了室外移动机器人的导航方式，解决了机器人活动范围对既定轨道的依赖性问题。

变电站的设备巡视工作的一般方法就是目测、耳听设备的运行情况，其中又以目测为主，后来使用红外测温装置检测热缺陷的方式检测设备安全。日本早期研制的巡检机器人就配备了红外热成像仪和图像采集装置，代替人工原有的手持红外热成像仪检测设备热点，以及利用远程监控的方式代替人工现场观测，降低了劳动强度、提高了人员安全。国家电网电力机器人技术实验室在此基础上，研究基于红外测温的三相对比，以及基于可见光图像分析的开关、仪表等设备的自动识别系统；为了保证图像采集的有效性，还提出了基于图像的视觉伺服系统，解决了机器人移动及云台误差造成的图像采集失败的问题。此外，该实验室还研究了开关设备异常检测功能代替人工实现设备状态的自动识别及故障的自动诊断。

随着声音信号处理技术的不断发展，清华大学在 1999 年提出了基于声音信号的变压器状态检测方法。国家电网电力机器人技术实验室 2010 年开展了基于声信号的分析研究，目前实现了变压器异常的自动检测及环境噪声分析，是变电站巡检机器人代替人工“听”取设备状态的又一突破。成都慧智还将人脸识别功能添加到了机器人上，使得机器人智能化程度越来越高。

1.2.5.2 国外变电站室外巡检机器人研究现状

变电站巡检机器人最早由日本三菱公司、加拿大魁北克水电公司、巴西圣保罗大学等研发，用于可见光图像采集和红外测温。

图 1-28 日本早期研制的 500kV 变电站巡检机器人

日本三菱公司和东京电力公司在 20 世纪 80 年代就开始联合开发 500kV 变电站巡检机器人，该机器人基于路面轨道行驶，使用红外热成像仪和图像采集设备，配置辅助灯光和云台，自动获取变电站内实时信息。日本早期研制的 500kV 变电站巡检机器人如图 1-28 所示。

加拿大魁北克水电站研制的变电站巡检机器人在魁北克水电公司多个变电站进行区域运行，同样是搭载红外热成像仪、可见光图像采集系统，实现了远程监控；并且配置了遥控装置，可实现对机器人的实时控制。加拿大变电站巡检机器人如图 1-29 所示。

2008 年，巴西学者 J. K. C. Pinto 等人设计了一种配备 Wi-Fi（无线网络通信）和红外热成像仪的高空滑行变电站巡检机器人，如图 1-30 所示，该机器人携带红外热成像仪，通过在变电站内架起的高空行走轨道线在站内移动。

美国研发的变电站检测机器人如图 1-31 所示，它能够实现电力设备自动红外检测，并使用检测天线定位局部放电位置。

(a)

(b)

图 1-29　加拿大变电站巡检机器人

（a）机器人本体；（b）监控平台

图 1-30　巴西变电站巡检机器人

图 1-31　美国变电站巡检机器人

新西兰研制的电力巡检机器人如图 1-32 所示，其采用 GPS 定位，具备双向语音交互以及激光避障功能。

图 1-32　新西兰电力巡检机器人

1.2.5.3　国内变电站室外巡检机器人研究现状

我国变电站智能巡检机器人自 2004 年样机问世发展至今，已有十多年历史，经历了第一代到第五代的发展，得到了广泛的应用。据查，2013 年至今国家电网配置变电站智能巡检机器人累计 700 余台（套），覆盖 110～1000kV 各电压等级的 1200 多座变电站。

我国针对输电线路巡检机器人的研究虽然起步较晚，但是发展速度较快。国网山东省电力公司电力科学研究院及下属的山东鲁能智能技术有限公司于 1999 年最早开始变电站巡检机器人研究。2000 年以后，国内有多家大学和研究机构开展了对巡检机器人的相关研究，对巡检机器人技术的发展起到了显著的推动作用。

2002 年，国家电网电力机器人技术实验室成立，主要开展电力机器人领域的技术研究。2004 年，研制成功第一台功能样机，后续在国家“863 项目”支持和国家电网多方项目支持下，研制出了系列化变电站巡检机器人。2005 年，第二代变电站设备巡检机器人在济南 500kV 长清变电站成功运行。第三代变电站设备巡检机器人于 2007 年和 2008 年分别在天津 500kV 吴庄变电站和南宁变电站投入运行，它具有强大的数据库系统、视频采集压缩传输系统及可靠的自足充电管理系统；通过防尘、防水、散热等设计，达到了变电站设备巡检机器人全天候工作的要求，而且实现了机器人精确巡检、变电站设备运行状态分析诊断等功能。2010 年，性能更为优越的第三代变电站设备巡检机器人也服务于西北电网公司 750kV 乾县变电站、浙江嘉兴王庄变电站以及山东超高压泰安变电站。随后，第四代变电站巡检机器人也陆续在山西 500kV 长治变电站、青岛午山变电站等顺利通过验收并投入运行。

2015 年，杭州萧山 220kV 宁围变电站迎来了一位新的“巡检员”，它外形炫酷，拥有红外热成像仪和可见光摄像机等专业巡检装备。这是萧山电网引进的首台变电站智能巡检机器人，可对变电站设备进行智能巡检。相比人工巡检，该机器人能在恶劣天气条件下照常开展工作，巡检的质量还可得到保证。综合运用非接触检测、机械可靠性设计、多传感器融合的定位导航、视觉伺服云台控制等技术，实现了机器人在变电站室外环境全天候、全区域自主运行；开发了变电站巡检机器人系统软件，实现了设备热缺陷分析预警，开关设备开合状态识别，仪表自动读数，设备外观异常和变压器声音异常检测及异常状态报警等功能，在世界上首次实现了机器人在变电站自主巡检的应用，提高了变电站巡检的自动化和智能化水平。

国家电网电力机器人技术实验室研制的五代变电站巡检机器人如图 1-33 所示。

(a)

(b)

(c)

图 1-33　五代变电站巡检机器人（一）

(a) 第一代；(b) 第二代；(c) 第三代

(d)

(e)

图 1-33　五代变电站巡检机器人（二）
（d）第四代；（e）第五代

2012 年 2 月，沈阳自动化所研制出轨道式变电站巡检机器人，实现了冬季下雪、冰挂情况下的全天候巡检，如图 1-34（a）所示。2012 年 11 月，成都慧拓变电站智能巡检机器

(a)

(b)

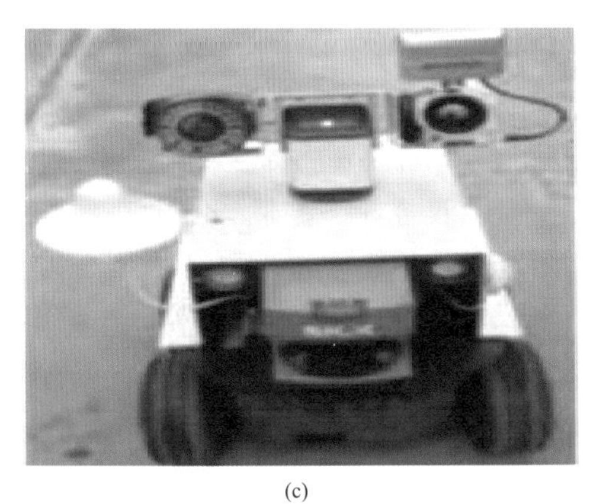

(c)

(d)

图 1-34　国内科研单位研制的变电站巡检机器人
（a）沈阳自动化所变电站巡检机器人；（b）成都慧拓变电站巡检机器人；
（c）重庆大学变电站巡检机器人；（d）浙江国自变电站巡检机器人

人在郑州 110kV 牛砦变电站正式投入运行，如图 1-34(b) 所示，该机器人同样可以对开关、仪表等进行视频分析，能自动判断变电站设备的运行状态及预警。2012 年 12 月，重庆市电力公司和重庆大学联合研制的变电站巡检机器人在 500kV 巴南变电站成功试运行，如图 1-34(c) 所示，可实现远程监控及自主运行。2014 年 1 月，浙江国自研制的变电站巡检机器人在瑞安变电站投入运行，如图 1-34(d) 所示。

针对在复杂空间和强电磁干扰环境，国网山东省电力公司联合山东鲁能智能技术公司研发了一套室内巡检机器人系统，如图 1-35 所示。该机器人改进了室内图像识别方法，提出了室内巡检机器人本体设计、轨道系统设计、通信系统设计以及室内安装方案；基于轨道系统和移动平台，集成红外和可见光检测装置；通过自主或遥控方式，实现室内设备的巡视；利用智能分析模块实现设备异常的自动判断并告警，在一定程度上可以替代人工的日常巡视。

(a)

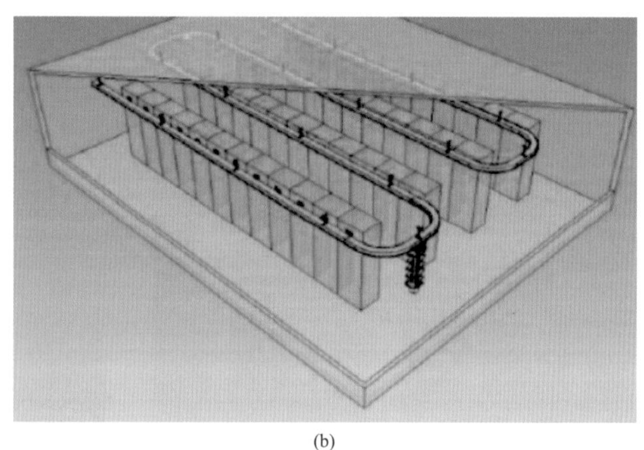

(b)

图 1-35　室内巡检机器人系统

(a) 机器人本体；(b) 轨道系统设计图

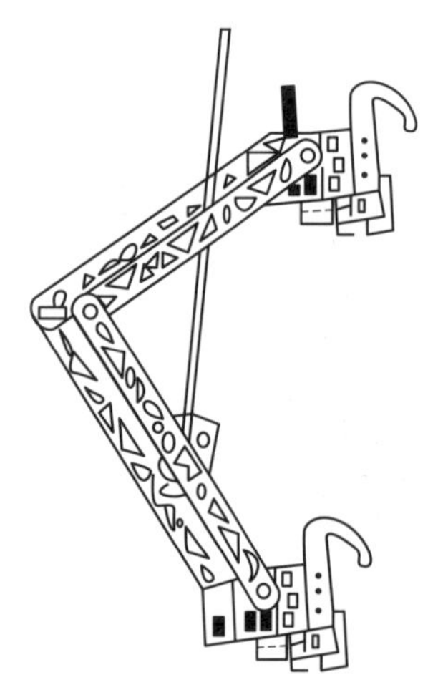

图 1-36　电力铁塔攀爬机器人结构示意图

针对电力铁塔的检测，贵州电网有限责任公司毕节供电局研制了一类具有越障功能的电力铁塔攀爬机器人，其结构如图 1-36 所示。在机械主体方面，该攀爬机器人创新性地利用电力铁塔检修人员作业时使用的攀爬脚钉，采用电磁吸附与机械挂取相结合的方式，使其具备对复杂环境电力铁塔的攀爬越障能力，并且在到达作业地点后能对指定横材悬挂安全钩；在控制系统方面，采用机器视觉对脚钉进行识别挂取，结合多种传感器的模糊分类方法对铁塔障碍进行鉴别分类，完成对机器人伺服运动控制。

针对电力变压器内部检测，沈阳理工大学提出了一种浮游式变压器内部巡检机器人，其结构如图 1-37 所示。该机器人具有球形密封舱体，可采用喷射推进方式运动，具备零回转半径、运动灵活的特点；利用无线通信技术在终端对机器人在变压器内部作业时进行控制，可获取清晰的变压器内部图像，可代替人工完成巡检任务。

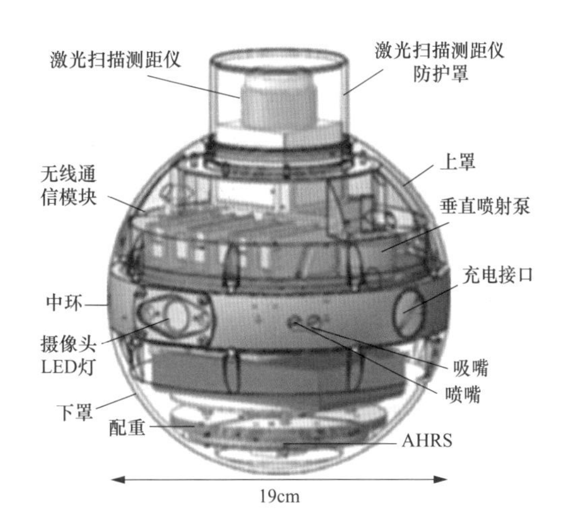

图 1-37　浮游式变压器内部巡检机器人结构示意图

AHRS—航姿参考系统

针对高压电力廊道等危险场所，杭州电力局研制了一种新型高压电力走廊自动巡检机器人，如图 1-38 所示，用于执行在线安全巡检作业任务。该机器人采用了万向轮的后轮驱动模式，并配有激光传感器、气体分析仪、一体化云台等多种传感器，实现了地图构建、自动避障、定位导航、图像采集、温度测量与气体检测等功能，可以在不改变环境的前提下在危险场所内自由移动并完成全廊道环境参数与图像实时信号采集、视频记录和无线远传通信。

针对电力变电站，南方电网科学研究院有限责任公司设计了一种用于监测变电站设施并收集所需信息的巡检移动机器人，如图 1-39 所示，用于变电站的日常巡检任务。该巡检移动机器人搭配杭州海康威视数字技术股份有限公司（简称“海康威视”）视觉平台、激光传感器和工业个人计算机（IPC），并可在机器人操作系统（robot operating system，ROS）中进行编程。通过预先设定在机器人中的变电站全局地图，一旦接收到巡检任务，该巡检移动机器人可以选择最短路径来完成任务，并且使用了激光传感器导航方式控制运动方法。此外，还在控制器中添加了卡尔曼滤波器（Kalman filter）来排除导航传感器提供的异常位置信息。

图 1-38　高压电力走廊自动巡检机器人

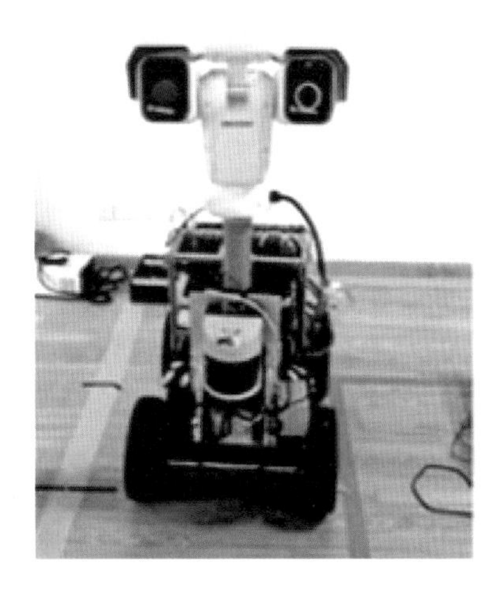

图 1-39　电力变电站巡检移动机器人

图 1-40　智能巡检机器人硬件组装

针对电力信息通信机房，国网铜陵供电公司设计了一种智能巡检机器人，其硬件组装如图 1-40 所示。该机器人本体能够在机房内平稳行驶，具有循迹避障能力，能自动感知并躲避障碍物；装配有温湿度传感器，实现对机房内温湿度的精确采集、实时监测预警及回溯分析；装配有摄像头并设计视频采集传输模式，可对机房态势进行实时监控。该机器人可克服电力信息通信机房传统人工巡检方式耗时费力、存在巡视盲区、不具实时性等问题。

在中国，随着电力机器人市场的明确，越来越多的科研单位及生产厂家投入到变电站巡检机器人的研制中，大大促进了变电站巡检机器人自主移动、智能检测、分析预警等技术的进步。

参考文献

[1] 吴培涛. 阀厅及户内直流场智能巡检机器人应用研究 [D]. 北京：华北电力大学，2017.

[2] 梁林勋，杨俊杰，楼志斌. 基于智能空间的变电站机器人复合全局定位系统设计 [J]. 电测与仪表，2018，55 (24)：100-105.

[3] 赵东瑾. 500kV 变电站智能巡检系统设计 [D]. 北京：华北电力大学，2017.

[4] 李祥，崔昊杨，曾俊冬，等. 变电站智能机器人及其研究展望 [J]. 上海电力学院学报，2017，33 (1)：15-19.

[5] 赵东瑾. 500kV 变电站智能巡检系统设计 [D]. 北京：华北电力大学，2017.

[6] 王少博. 变电站智能机器人巡检系统的研究与应用 [D]. 北京：华北电力大学，2016.

[7] WANG T B，WANG H P，QI H，et al. The humanoid substation inspection robot modeling design [J]. Applied Mechanics & Materials，2013 (365/366)：771-774.

[8] 邹信勤. 500kV 变电站综合自动化系统改造的研究与应用 [D]. 南昌：南昌大学，2015.

[9] AMOOZGAR M H，SADATI SH，ALIPOUR K，et al. Trajectory tracking of wheeled mobile robots using a kinematical fuzzy controller [J]. International Journal of Robotics & Automation，2012，27 (1)：49-59.

[10] 黄山，吴振升，任志刚，等. 电力智能巡检机器人研究综述 [J]. 电测与仪表，2020，57 (2)：26-38.

[11] COSTA B E D，DOS S L，BASTOS G S，et al. Extracting load current influence from infrared thermal inspections [J]. IEEE Transactions on Power Delivery，2011，26 (2)：501-506.

[12] 王建元，王娴，陈永辉，等. 基于图论的电力巡检机器人智能寻迹方案 [J]. 电力系统自动化，2007，31 (9)：78-81.

[13] WANG H，XIE X，LIU R. Combination of RFID and vision for patrol robot navigation and localization [C]//Proceedings of the 29th Chinese Control Conference. IEEE，2010：3649-3653.

[14] 王新刚，祝恩国，朱彬若，等. 基于"多表合一"系统的智能表异常诊断及处理方法研究 [J]. 电测与仪表，2018，55 (2)：86-91.

［15］ 严宇，吴功平，杨展，等. 基于模型的巡线机器人无碰避障方法研究［J］. 武汉大学学报：工学版，2013（2）：261-265.

［16］ CHENG B，CHENG X，ZHANG C，et al. Wireless machine to machine based mobile substation monitoring for cistrict heating system［J］. International Journal of Distributed Sensor Networks，2014（1）：1-16.

［17］ 何缘，吴功平，王伟，等. 改进的穿越越障巡检机器人设计及越障动作规划［J］. 四川大学学报：工程科学版，2015，47（6）：157-164.

［18］ 胡毅，刘凯，彭勇，等. 带电作业关键技术研究进展与趋势［J］. 高电压技术，2014，40（7）：1921-1931.

［19］ 吴杰，姜振超. 智能变电站保护与控制障碍在线诊断与预测方法研究［J］. 电测与仪表，2019，56（5）：70-76.

［20］ 田妍，张锐健，董志雯，等. GIS局部放电缺陷定位分析［J］. 高压电器，2017，53（6）：182-185.

［21］ 蔡自兴. 机器人学［M］. 北京：清华大学出版社，2000：89-105.

［22］ POULIOT N，MONTAMBAULT S. Field-oriented developments for linescout technology and its deployment on large water crossing transmission lines［J］. Journal of Field Robotics，2012，29（1）：25-46.

［23］ 任仕玖，宋晖，蒋勋. 基于改进Prim算法的变电站巡检机器人路径规划［J］. 西南科技大学学报，2011，26（1）：61-63.

［24］ FONSECA A，ABDO R，ALBERTO J. Robot for inspection of transmission lines［C］// 2nd Int Conf Appl Robot Power Ind，2012：83-97.

［25］ QING Z，XIAO LONG Z，XIN PING L，et al. Mechanical design and research of a novel power lines inspection robot［C/OL］// IEEE International Conference Integrated Circuits and Microsystems，ICICM 2016. https：//doi. org/10. 1109/ICAM. 2016. 7813625.

［26］ WANG L，LIU F，WANG Z，et al. Development of a practical power transmission line inspection robot based on a novel line walking mechanism［C］// 2010 IEEE/RSJ International Conference on Intelligent Robots and Systems. IEEE，2010：222-227.

［27］ MOROZOVSKY N，BEWLEY T. SkySweeper：A low DOF，dynamic high wire robot［C］// 2013 IEEE/RSJ International Conference on Intelligent Robots and Systems. IEEE，2013：2339-2344. https：//doi. org/10. 1109/IROS. 2013. 6696684.

［28］ ZhAO D，YANG G，LI E，et al. Design and its visual servoing control of an inspection robot for power transmission lines［C］// 2013 IEEE international conference on robotics and biomimetics（ROBIO）. IEEE，2013：546-551.

［29］ WANG W，HE T，WANG H，et al. Balance control of a novel power transmission line inspection robot［C］// 2015 IEEE International Conference on Robotics and Biomimetics（ROBIO）. IEEE，2015：1882-1887.

［30］ P OULIOT N，LATULIPPE P，MONTAMBAULT S. Reliable and intuitive teleoperation of LineScout：A mobile robot for live transmission line maintenance［C/OL］// 2009 IEEE/RSJ International Conference on Intelligent Robots and Systems. IEEE，2009：1703-1710. https：// doi. org/

10.1109/IROS.2009.5354819.

[31] WANG J，LIU X，LU K，et al. A new bionic structure of inspection robot for high voltage transmission line [C/OL]//2016 4th International Conference on Applied Robotics for the Power Industry (CARPI). IEEE，2016：1-4. https://doi.org/10.1109/CARPI.2016.7745638.

[32] ZHANG J，LIU L，WANG B，et al. High speed automatic power line detection and tracking for a UAV-based inspection [C/OL]//2012 International Conference on Industrial Control and Electronics Engineering. IEEE，2012：266-269. https://doi.org/10.1109/ICICEE.2012.77.

[33] LI H，WANG B，LIU L，et al. The design and application of SmartCopter：An unmanned helicopter based robot for transmission line inspection [C/OL]//2013 Chinese Automation Congress. IEEE，2013：697-702. https://doi.org/10.1109/CAC.2013.6775824.

[34] DENG C，LIU J，LIU Y，et al. Real time autonomous transmission line following system for quadrotor helicopters [C/OL]//2016 International Conference on Smart Grid and Clean Energy Technologies (ICSGCE). IEEE，2016：61-64. https://doi.org/10.1109/ICSGCE.2016.7876026.

[35] CHANG W，YANG G，YU J，et al. Development of a power line inspection robot with hybrid operation modes [C]//2017 IEEE/RSJ International Conference on Intelligent Robots and Systems (IROS). IEEE，2017：973-978.

[36] MIRALLÈS F，HAMELIN P，LAMBERT G，et al. LineDrone Technology：Landing an unmanned aerial vehicle on a power line [C]//2018 IEEE International Conference on Robotics and Automation (ICRA). IEEE，2018：6545-6552.

[37] SAWADA J，KUSUMOTO K，MAIKAWA Y，et al. A mobile robot for inspection of power transmission lines [J]. IEEE Transactions on Power Delivery，1991，6 (1)：309-315.

[38] JIANG B，STUART P，RAYMOND M，et al. Robotic platform for monitoring underground cable systems [C]//Transmission and Distribution Conference and Exhibition：Asia Pacific. 2002，2：1105-1109.

[39] BING J，SAMPLE A P，WISTORT R M，et al. Autonomous robotic monitoring of underground cable systems [C]//Proceedings of the 12th International Conference on Advanced Robotics. July 2005：673-679.

[40] OHNISHI H，TSUCHIHASHI H，WAKI S，et al. Manipulator system for constructing overhead distribution lines [J]. IEEE Transactions on Power Delivery，Apr 1993，8 (2)：567-572.

[41] MELLo C，GONCALVES E M，ESTRADA E，et al. TATUBOT-Robotic System for Inspection of Undergrounded Cable System [C]//IEEE Latin American Robotic Symposium，Piscataway，NJ，USA：IEEE，2000：170-175.

[42] 王怡爽. 地下排管电缆巡检机器人设计与开发 [D]. 华北电力大学，2021.

[43] 戚伟. 电缆管道机器人视频监测系统的开发 [D]. 上海：上海交通大学，2008.

[44] DIAN Songyi，LIU T，LIANG Y，et al. A Novel Shrimp Rover. based Mobile Robot for Monitoring Tunnel Power Cables：Proceedings of the 2011 IEEE International Conference on Mechatronics and Automation [C]. Beijing：China August 2011，892-897.

[45] 石柯，夏斌，卞庆隆，等. 一种电缆检测机器人的结构设计与分析 [J]. 机械工程师，2020，344 (02)：38-40.

[46] 刘涛，佃松宜，龚永铭，等. 一种用于电缆管道排管作业与巡检的遥操作机器人［J］. 现代制造工程，2013（004）：35-39.

[47] 杜益刚. 电缆隧道巡检机器人的研制［D］. 呼和浩特：内蒙古工业大学，2014.

[48] 林李波，曾文斐，李华. 用于GIS设备内部爬行的仿壁虎机器人设计［J］. 机电工程技术，2019，48（09）：138-141.

[49] 唐法庆，刘荣海，杨晓红，等. GIS管道检测机器人本体结构参数设计及运动分析［J］. 电力学报，2017（05）：397-403.

[50] 马飞越，佃松宜，游洪，等. GIS罐体内部异物清理机器人的研发与应用［J］. 宁夏电力，2017（02）：43-47.

[51] 雷云飞，彭佳，沈忠伟，等. 一种GIS设备检修机器人设计［J］. 数字通信世界，2019（02）：90-92.

[52] 腾云，陈双，邓洁清，等. 智能巡检机器人系统在苏通GIL综合管廊工程中的应用［J］. 高电压技术，2019，45（02）：393-401.

[53] 钱家骊，沈力，刘卫东，赵洪海，徐雄飞，沈飞英. GIS的壳体振动现象及其检测［J］. 高压电器，1990（06）：3-9.

[54] 黄荣辉，向真，姜勇，等. 一种高压室巡检机器人移动机构设计［J］. 现代机械，2018（06）：9-15.

[55] 罗佳，李伯方，黎立，等. 配电开关柜辅助作业机器人应用研究［J］. 自动化技术与应用，2018，37（05）：64-68.

[56] 鲁守银. 变电站设备巡检机器人系统［J］. 电器时空，2006，5：21-23.

[57] 汤旭. 变电站巡检机器人视觉导航与路径规划的研究［D］. 扬州：扬州大学，2015.

[58] TAKAHASHI H. Development of Patrolling Robot for Substation［J］. Japan IERE Council，Special Document R-8903，1989，10-19.

[59] PINTO J K C，MASUDA M，MAGRINI L C，et al. Mobile robot for hot spot monitoring in electric power substation［C］//Transmission and Distribution Conference and Exposition，2008：1-5.

[60] 新华社. 全国首台轨道式变电站巡检机器人试运行［J］. 农村电气化，2012（3）：62-62.

[61] 徐国华，谭民. 移动机器人的发展现状及其趋势［J］. 机器人技术与研究，2001，14（3）：7-14.

[62] 朱兴龙，王洪光，房立金，等. 输电线巡检机器人行走动力特性与位姿分析［J］. 机械工程学报，2006，42（12）：143-150.

[63] 王智杰，李永生，牛硕丰，等. 变电站室内巡检机器人系统研究与应用［J］. 山东工业技术，2019（02）：180-183.

[64] 庄红军，李军，王威，等. 电力铁塔攀爬机器人系统研究［J］. 自动化与仪器仪表，2020，246（04）：205-210.

[65] 冯迎宾，于洋，高宏伟，等. 浮游式电力变压器内部巡检机器人［J］. 机械工程学报，2020，56（07）：66-73.

[66] 胡伟，任广振，葛隽，等. 高压电力廊道自动巡检机器人系统的研制［J］. 自动化与仪表，2013，28（12）：13-16.

[67] 邹林. 基于ROS的电力变电站巡检移动机器人［J］. 机械与电子，2019，37（05）：76-80.

[68] 杨连营，杨亚，汪文杰，等. 一种电力信息通信机房智能巡检机器人设计与应用［J］. 微处理机，2017，38（05）：89-94.

[69] REN S, SONG H, JIANG X. Path Planning of Robot for Substation Inspection Based on the Improved Prim Algorithm [J]. Xi'nan Keji Daxue Xuebao, 2011, 26 (1): 61-63.

[70] 萨里迪斯, 应平. 随机系统的自组织控制 [M]. 北京: 科学出版社, 1984.

[71] ZHANG X, Gockenbach E. Transformer diagnostic and assessment methodology [C]//IEEE International Symposium on Electrical Insulation. Vancouver, 2008: 128-131.

2 架空输电线路巡检机器人

2.1 架空输电线路巡检机器人研究背景及现状

2.1.1 架空输电线路巡检机器人研究背景

高压/超高压/特高压架空输电线路是长距离输配电的主要方式。电力线及杆塔附件长期暴露在野外，因受到持续的机械张力、污秽、雷击、强风、滑坡、沉陷、鸟害、材料老化等影响，易产生断股、磨损、腐蚀等损伤，是电力系统运行的薄弱环节之一。为了确保电网运行安全和供电可靠，电力企业会定期对输电线路设备进行巡检，主要检查输电线路上的各种安全隐患，并根据安全隐患的轻重缓急程度合理安排维修顺序，从而实现维修效率和经济上的最优化，保证输电线路的稳定可靠。高压架空输电线路如图 2-1 所示。

图 2-1 高压架空输电线路

电力系统发展初期，主要靠人工巡视法对输电线路进行运维，人工巡视法主要分为地面人工目测法和直升飞机航测法两种形式。其中，地面目测法是由巡检工人携带望远镜、红外热成像仪等观测工具沿输电线路行走进行远距离观测，根据个人经验判断线路是否出现故障。由于一些细微安全隐患根本无法用肉眼观测，因此该方法精度较低；而且对于处于偏远山区的线路，巡检工人往往较难找到合适的观测地点；对检测精度要求很高的输电线路段，则要采用派专业检修人员进行线上巡检，不仅危险性较高，还需要对区域电网进行断电，对电网正常运行带来不良影响。总之，人工巡检劳动强度大，工作效率和检测精度低，存在检测盲区，可靠性差，且同时存在人为因素多、管理成本高等明显缺陷。

随着电力系统的日益庞大和对可靠性要求的提高，人工巡视势必不能满足，因此，开发一种安全可靠、准确高效、成本适中、可带电作业的新型巡检方法成为各国的研究热点。随着机器人技术的发展，使用机器人巡检成为解决传统巡检技术局限性的理想替代方法，高压架空输电线路的巡检开始向自动化、智能化方向发展，更是适应了智能电网提出的高压/超高压/特高压输电线路及线上设备的智能状态检修技术发展要求。机器人不仅能够极大地提高输电线路巡检的效率和精度，而且能够减少人工劳动强度，带来巨大的社会、经济效益，因此自主巡检机器人必将成为近期及未来一段时间电力行业前沿设备的研究热点。

2.1.2 架空输电线路巡检机器人研究现状

2008 年，天津大学研制了 110kV 输电线路巡检机器人，如图 2-2 所示。该机器人在结构上将轮式机器人及步进式机器人的优势相结合，越障过程中始终保持至少有两个臂挂在输电线路上，提高了巡检的稳定性。此外，该机器人建立了基于产生式系统的推理机制，并结合自主视觉功能实现了自主巡检。针对机器人的能源问题，设计了自感取电装置，确保了机器人的工作时间。最后，该机器人还将小波熵理论运用在输电线路的断股检测中，取得了不错的效果。

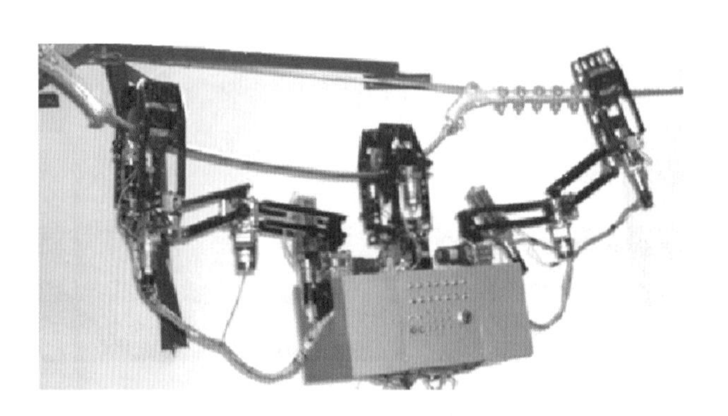

图 2-2 天津大学 110kV 输电线路巡检机器人

2009 年，沈阳自动化所研发了两足线上行走机器人，如图 2-3 所示。该机器人通过控制行走臂的长度和双臂之间的角度，配合足部关节旋转角度从而实现仿人行走的机理，可跨越线上防振锤、间隔棒等典型障碍。机器人具有很高的机动性能，在行走的过程中通过改变行走臂的长度可以很好地实现机器人重心由后臂向前臂过渡，结构简单、设计巧妙。但该结构的负载能力有限，不便安装输电线路的监测装置，且不具备自平衡调节的能力，外界风力对姿态造成的侧向干扰抑制能力差，在发生动作失稳时缺乏自恢复能力，姿态可控性差。

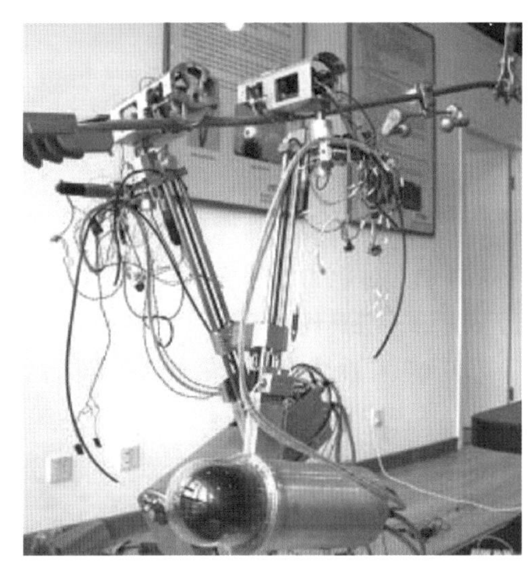
图 2-3　沈阳自动化所两足线上行走机器人

近年来，加拿大魁北克水电局研究所一直致力于高压架空输电线路巡检机器人的研究。先后研发了 LineROVer 和 LineScout 两款机器人，如图 2-4 所示。其中，LineScout 机器人的研制已经趋于成熟，其机械结构由驱动轮部分、攀爬手臂部分和中心连接部分三部分组成。在平衡行驶过程中由驱动轮部分吊挂电力线而驱动行驶，在跨越障碍时通过攀爬手臂抓住障碍部分，然后驱动轮部分脱离电力线，滑动中心连接部分将驱动轮部分移至障碍另一端电力线上，收起攀爬手臂部分，然后恢复行驶姿态。该机器人具有较高的机动性，且在越障时能保持两点悬吊，稳定性高。

(a)

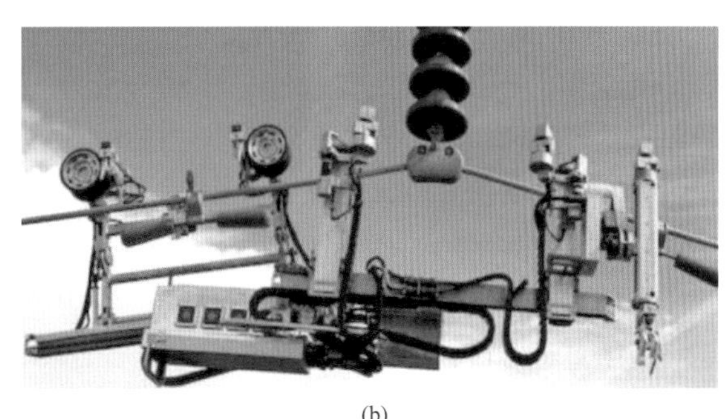
(b)

图 2-4　加拿大魁北克水电局研究所研制的两款机器人
(a) LineROVer 机器人；(b) LineScout 机器人

日本 Hibot 公司也有相关技术部门致力于输电线路巡检机器人的研制，并处于全球领先地位，其研发的 Expliner 机器人如图 2-5 所示。这种机器人采用双吊臂式结构，其特点为具有一个二自由度的平衡调节器，通过调节机器人重心实现姿态控制。平衡调节器能驱使机器人的重心在左右和前后方向上移动，机器人可通过移动重心使主体倾斜，并抬起一只攀爬臂用于越障和换线行驶，该机器人可自主跨越间隔棒、防振锤和悬垂线夹等线上典型障碍。机器人结构设计简洁，具

图 2-5　日本 Hibot 公司 Expliner 机器人

有很好的自平衡调节能力。

从国内外已取得的研究成果可以看出，围绕提升线上机动性、巡检精度、稳定性等巡检难题，高压架空输电线路巡检机器人逐渐发展为飞行机器人和爬行机器人两大类。前者机动性高，易于避让障碍，但飞行时机身的振动导致难以采集到高清晰图片，因而巡检精度较低；后者以电力线为轨道爬行前进，稳定性高、巡检质量好，但需要复杂的机械结构和姿态控制适应电力线环境。爬行机器人巡检质量高、自主性好，相比于飞行机器人更加可行、实用。最具代表的爬行机器人有两种：①基于多单元联结机构的蛇形机器人，可始终保持多个线上受力点；②吊臂式机器人，使用机械手悬吊在输电线路上，通过调节重心位置实现自平衡和姿态控制。蛇形机器人拥有较高的可靠性，但结构冗杂、耗电量大；相比之下，吊臂式机器人更加灵活、高效，针对高压架空输电线路环境有更广阔的发展前景。

2.2 架空输电线路巡检机器人总体方案设计

2.2.1 总体结构

现有的巡检机器人存在越障能力不足、姿态可控性差、结构复杂、爬坡能力差、承载能力差等诸多问题。基于现有的高压架空输电线路巡检机器人的研究成果，再结合我国高压输电线路的具体特点，四川大学 PMCIRI 课题组设计了自平衡双吊臂式巡检机器人。该巡检机器人具有跨越输电线路上的间隔棒、防振锤、悬垂线夹和耐张线夹等各种典型障碍的能力，还具有跨越分支线换线转弯行进能力以及爬陡坡能力，适用于单分裂导线、双分裂导线以及四分裂导线输电线路带电作业。

整体结构由前攀爬臂、后攀爬臂、T 形基座和平衡调节器四部分组成，按照驱动轮轴的不同分为专用于单分裂线路和二分裂或四分裂线路两种结构形式，其原理如图 2-6 所示。机器人采用对称的双吊臂结构，在线上爬行时保持两个附着点，易于对齐输电线路方向，有利于提升线上行驶速度和巡线稳定性。机器人下部装备一个有自由度的质心调节器，其末端安装有配重箱。当机器人运行在抬臂越障或者换线行驶模式时，需要通过质心调节器改变质心位置，把机器人的质量集中到另一只攀爬臂，从而实现抬臂等姿态变换和自平衡控制。二自由度的质心调节器设计方式使机器人具有较强的重心调节能力，大大简化了机器人的机械结构，使机器人在相对少的驱动机构设计下，具有较高的灵活性。其原型样机如图 2-7 所示。

2.2.2 功能需求

自平衡双吊臂式巡检机器人主要功能需求集中于换线模式、越障模式及自平衡模式，对三种模式介绍如下：

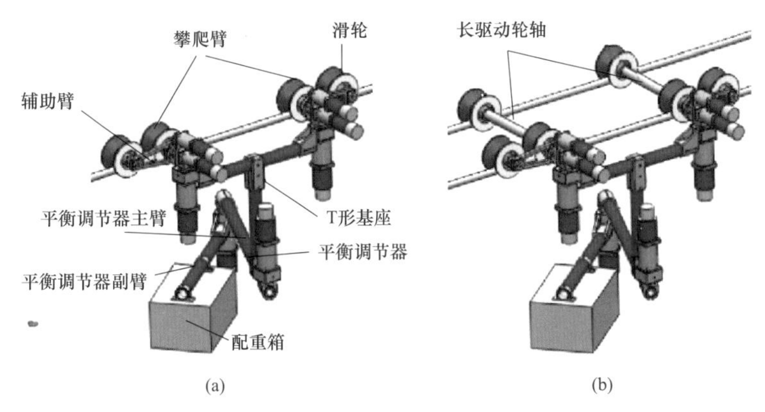

图 2-6　自平衡双吊臂式巡检机器人结构原理图

（a）单分裂线路机器人；（b）二分裂和四分裂线路机器人

(a)　　(b)

图 2-7　自平衡双吊臂式巡检机器人原型样机

（a）机器人质心调节；（b）机器人抬臂

2.2.2.1　换线模式

机器人设计为全程带电作业，在机器人上线或下线时，不能由人工直接取放，为此设计了换线模式。机器人上下线时，在电塔和电力线之间利用绝缘操作杆（令克棒）搭置一根绝缘通道，将机器人放置在通道绝缘操作杆上，由机器人自主行驶到电力线上。线路巡检机器人上线过程的动作分解如图 2-8 所示。

（1）将绝缘通道搭置在电塔和输电线路之间，并将机器人放置在通道棒上，如图 2-8(a) 所示。

（2）开启机器人工作，自动调节平衡，沿通道棒向输电线路靠近；当机器人接近输电线路时，开启换线模式；平衡调节器向后展开，将重心集中在后攀爬臂，驱使 T 形基座倾斜，抬起前攀爬臂后，机器人保持单臂支撑姿势，如图 2-8(b) 所示。

（3）机器人继续前行，并顺着输电线路的方向旋转前、后攀爬臂关节，使机身向外旋转，前攀爬臂移动到输电线路上方，如图 2-8(c) 所示。

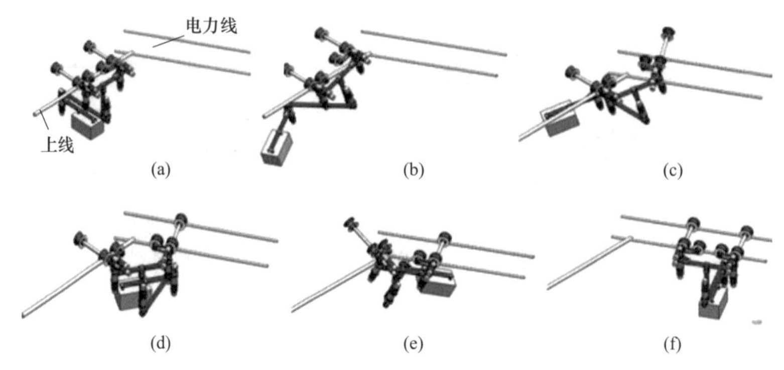

图 2-8　机器人上线过程动作分解示意图

(a) 步骤 1；(b) 步骤 2；(c) 步骤 3；(d) 步骤 4；(e) 步骤 5；(f) 步骤 6

(4) 平衡调节器收回，将前攀爬臂放回到输电线路上，如图 2-8(d) 所示。

(5) 平衡调节器向前伸展，将重心移至前攀爬臂，将后攀爬臂抬起脱离通道电缆，如图 2-8(e) 所示。

(6) 抬起后攀爬臂后，机器人由前攀爬臂支撑行驶于输电线路上，并向内旋转前、后攀爬臂关节，使机身对齐输电线路方向；最后，平衡调节器收回，将后攀爬臂放回到输电线路上，换线模式完成。随后，机器人开始输电线路巡检工作，如图 2-8(f) 所示。

2.2.2.2　越障模式

高压架空输电线路上的障碍可分为两大类：①垂直高度较小的障碍，如间隔棒和防振锤，机器人可以从这类障碍上直接行驶通过；②垂直高度较大的障碍，如悬垂线夹和耐张力线夹，因其阻断了前进路线，导致机器人不能直接行进通过。为跨越后一类障碍，设计了越障模式，机器人跨越悬垂线夹越障模式的动作分解如图 2-9 所示。

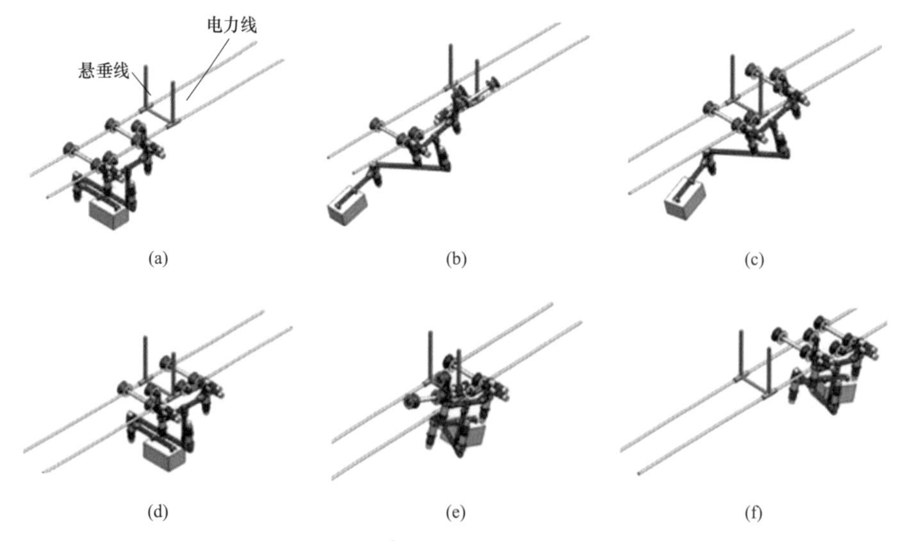

图 2-9　机器人跨越悬垂线夹动作分解示意图

(a) 步骤 1；(b) 步骤 2；(c) 步骤 3；(d) 步骤 4；(e) 步骤 5；(f) 步骤 6

越障模式的动作过程和换线模式动作过程基本相同；区别在于，当机器人抬起攀爬臂，并将其移至障碍另一边时，需要把抬起的攀爬臂向外展开，绕开障碍，如图 2-9(b) 和图 2-9(e) 所示；待攀爬臂跨过障碍后，再放回攀爬臂。

2.2.2.3 自平衡模式

高压输电线上有多种结构各异的金具附件，常见的有防振锤、间隔棒、悬垂线夹等。典型的防振锤及间隔棒的尺寸在机器人几何包容条件内，所以机器人无须调整姿态即可直接越过。巡检机器人在越过此类障碍时，会出现另一攀爬臂暂时悬空的状态，此时可能出现俯仰失稳现象，如图 2-10(a)、(b) 所示。另外，当机器人工作在单线模式时，由于只有一侧滑轮与电力线接触，巡检机器人可能出现侧倾失稳现象，如图 2-10(c) 所示。在实际应用中，机器人不可避免地还会受到外界环境中的异常扰动，比如风载带来的横向扰动和电力线垂直抖动带来的纵向扰动，这些扰动都会影响机器人的平衡状态。

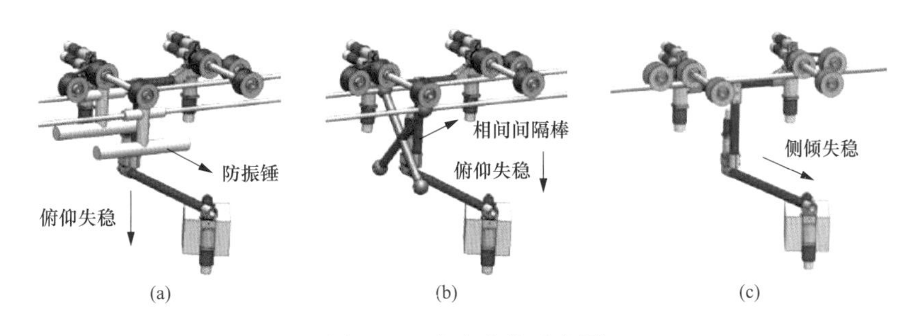

图 2-10 姿态失稳示意图

(a) 跨越防振锤时俯仰失稳；(b) 跨越相间间隔棒时俯仰失稳；(c) 单线行进时侧倾失稳

2.3 架空输电线路巡检机器人建模与设计

自平衡双吊臂式巡检机器人的每一部分间都是通过转动关节进行连接的，借助 Denavit 和 Hatenberg 提出的机器人操作臂位姿描述方法（D-H 法）来进行机器人正向运动学建模。将基坐标系零点位置设立在靠近电机侧的左右滑轮中心连线的中点上，并随着机器人整体移动而移动。巡检机器人基坐标系如图 2-11 所示，其中 z_0 轴由攀爬右臂指向攀爬左臂，x_0 轴垂直于输电线平面向上，y_0 轴则根据右手坐标法则确定。根据 D-H 方式的坐标系变换特点，相邻坐标系间只能够在 x 轴和 z 轴上进行变换，所以坐标系 1 必

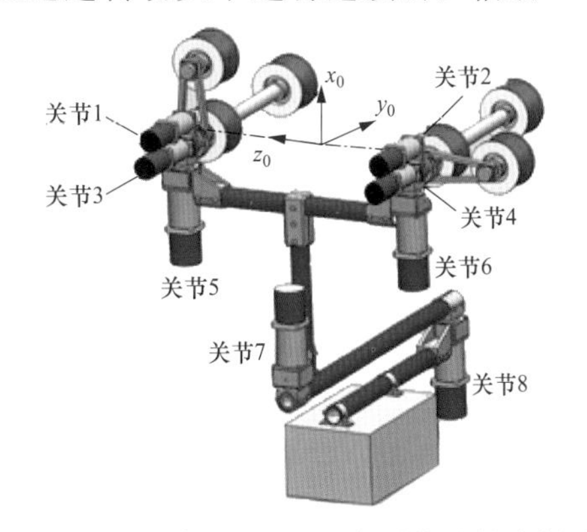

图 2-11 巡检机器人基坐标系的选择示意图

须选在起支撑作用的滑轮中心。因此，当机器人抬起不同的攀爬臂时，由于支撑臂的改变，需要建立不同的坐标系组。根据起支撑作用的攀爬臂不同分别命名为左臂坐标系组和右臂坐标系组。

2.3.1 巡检机器人动力学建模

2.3.1.1 左臂坐标系组的建立

当攀爬臂右臂抬起时，左臂的滑轮与输电线相接触而成为支点，因此坐标系 1 建立在左臂滑轮中心，其绕 z_1 轴的旋转角度 θ_1 表示机器人的侧倾角度。由于机器人在抬臂过程中会以支撑臂为轴同时产生侧倾和俯仰两种运动，类似于球形关节，所以需要建立坐标系 2 来表示机器人的俯仰角度。经过相对于坐标系 1 的旋转变换后，坐标系 2 的 z 轴方向与支撑臂轴线平行，其绕 z_2 轴的旋转角度 θ_2 即机器人的俯仰角度（抬臂角度）。余下坐标系分别建立在关节 5、关节 6、关节 2、关节 7、关节 8 的电机轴线上，其绕各自 z 轴的旋转角度即表示这些关节电机的转动角度。需要注意的是，由于机械设计缘故坐标系 5 到坐标系 7 之间无法通过一次 D-H 坐标变换实现，为了避免模型偏差导致的质心计算产生误差，因此建立了过渡坐标系 6 来辅助变换：坐标系 5 先经过一次 D-H 变换后形成坐标系 6，然后再由坐标系 6 经过一次 D-H 变换从而形成坐标系 7。整个左臂坐标系组的建立方式如图 2-12 所示。

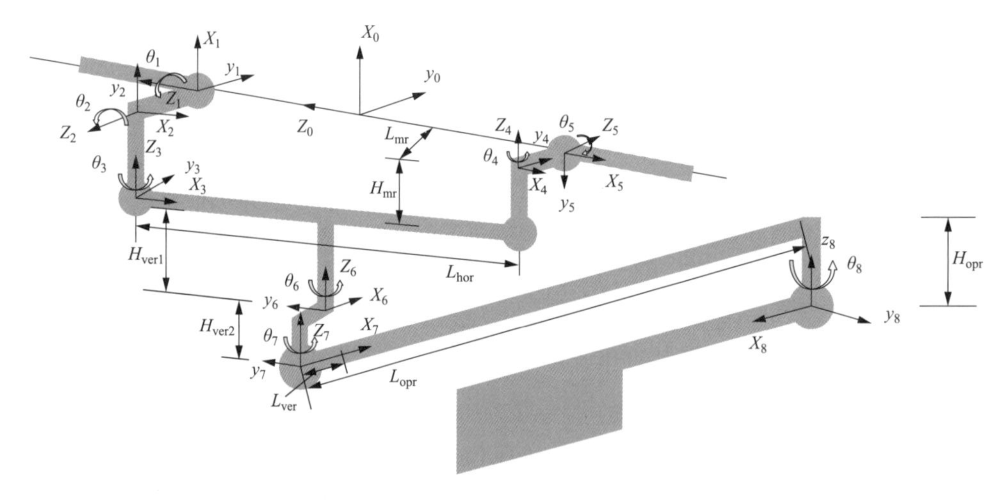

图 2-12 左臂坐标系组的建立方式示意图

L_{mr}—攀爬臂电机侧滑轮与该臂旋转关节轴线间距离；H_{mr}—攀爬臂驱动电机与 T 型臂水平臂间垂直高度；
L_{hor}—T 型臂水平臂长度；H_{ver1}—关节 3 到关节 6 的高度；H_{ver2}—关节 6 到关节 7 的高度；
L_{ver}—关节质心 6 到关节质心 7 的距离；L_{opr}—质心操作主臂长度；H_{opr}—质心调节主臂与质心调节副臂间垂直高度

2.3.1.2 右臂坐标系组的建立

当攀爬左臂抬起时，右臂的滑轮与输电线接触形成支点，因此此时的坐标系 1 应该建立在右臂滑轮中心，其他坐标系的方向与 2.3.1.1 中左臂坐标系组一致。这样保证了两个坐标系组中每个坐标系绕其 z 轴旋转角度所表示的关节角度方向相同，避免了在不同坐标系组下对机器人姿态描述的不一致。右臂坐标系组的建立方式如图 2-13 所示。

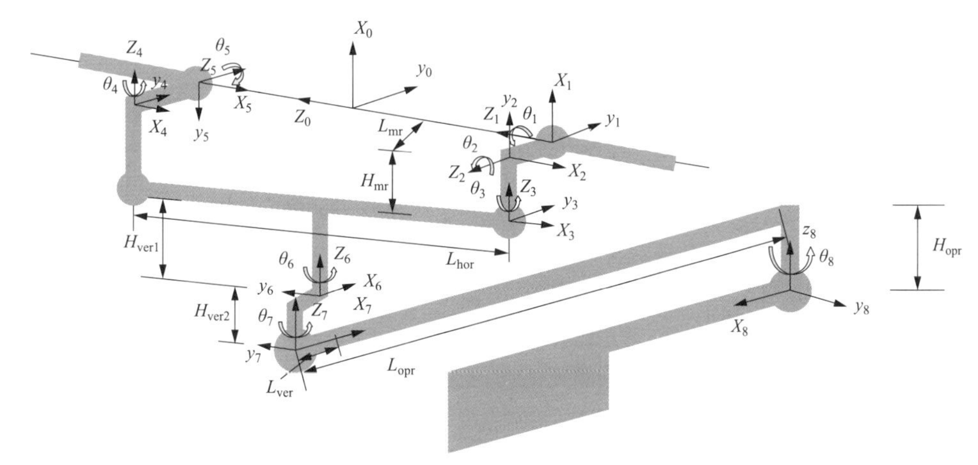

图 2-13　右臂坐标系组的建立方式示意图

L_{mr}—攀爬臂电机侧滑轮与该臂旋转关节轴线间距离；H_{mr}—攀爬臂驱动电机与 T 型臂水平臂间垂直高度；L_{hor}—T 型臂水平臂长度；H_{ver1}—关节 3 到关节 6 的高度；H_{ver2}—关节 6 到关节 7 的高度；L_{ver}—关节质心 6 到关节质心 7 的距离；L_{opr}—质心操作主臂长度；H_{opr}—质心调节主臂与质心调节副臂间垂直高度

2.3.1.3　正向运动学建模

根据 D-H 法，机器人相邻关节间的坐标变换矩阵为：

$$
{}^{i-1}_{\ \ i}\boldsymbol{T} = Trans(a_{i-1},0,0)Rot(x_{i-1},\alpha_{i-1})Trans(0,0,d_i)Rot(z_i,\theta_i)
$$

$$
= \begin{bmatrix} \cos\theta_i & -\sin\theta_i & 0 & \alpha_{i-1} \\ \sin\theta_i\cos\alpha_{i-1} & \cos\theta_i\cos\alpha_{i-1} & -\sin\alpha_{i-1} & -d_i\sin\alpha_{i-1} \\ \sin\theta_i\sin\alpha_{i-1} & \cos\theta_i\sin\alpha_{i-1} & \cos\alpha_{i-1} & -d_i\cos\alpha_{i-1} \\ 0 & 0 & 0 & 1 \end{bmatrix} \tag{2-1}
$$

式中：a_{i-1} 为后一部件相对于前一部件在沿 x_{i-1} 轴方向平移的距离；α_{i-1} 为后一部件相对于前一部件绕 x_{i-1} 轴转动的角度；d_i 为后一部件相对于前一部件在沿 z_i 轴方向平移的距离；θ_i 为后一部件相对于前一部件绕 z_i 旋转的角度。

根据式（2-1）的描述方法，右、左臂坐标系组中机器人的整体 D-H 参数和关节变量见表 2-1 和表 2-2。

表 2-1　右臂坐标系组下机器人整体 D-H 参数和关节变量

连杆	关节角 θ_i	扭转角 α_{i-1}	连杆长度 α_{i-1}(mm)	连杆偏移量 d_i(mm)
0-1	θ_1	0	0	$1/2L_{hor}$
1-2	$\theta_2-90°$	90°	0	L_{mr}

续表

连杆	关节角 θ_i	扭转角 α_{i-1}	连杆长度 a_{i-1}(mm)	连杆偏移量 d_i(mm)
2-3	θ_3	$-90°$	0	$-H_{mr}$
3-4	θ_4	0	L_{hor}	H_{mr}
4-5	θ_5	$-90°$	0	L_{mr}
3-6 6-7	$\theta_6=90°$ θ_7	0 0	$1/2L_{hor}$ $-L_{ver}$	$-H_{ver1}$ $-H_{ver2}$
7-8	$180°+\theta_8$	0	L_{opr}	$-H_{opr}$

表 2-2　　左臂坐标系组下机器人整体 D-H 参数和关节变量

连杆	关节角 θ_i	扭转角 α_{i-1}	连杆长度 a_{i-1}(mm)	连杆偏移量 d_i(mm)
0-1	θ_1	0	0	$-1/2L_{hor}$
1-2	$\theta_2-90°$	$90°$	0	L_{mr}
2-3	θ_3	$-90°$	0	$-H_{mr}$
3-4	θ_4	0	$-L_{hor}$	H_{mr}
4-5	θ_5	$-90°$	0	L_{mr}
3-6 6-7	$\theta_6=90°$ θ_7	0 0	$-1/2L_{hor}$ $-L_{ver}$	$-H_{ver1}$ $-H_{ver2}$
7-8	$180°+\theta_8$	0	L_{opr}	$-H_{opr}$

注　θ_1—机器人侧倾角度；θ_2—机器人抬臂角度；θ_3—T 型臂相对电缆线转动角度；θ_4—机器人右臂旋转角度；θ_5—右侧辅助轮臂旋转角度；θ_6—质心调节主臂旋转角度；θ_7—质心调节副臂旋转角度；θ_8—平衡调节器与主臂轴线夹角；L_{mr}—攀爬臂电机侧滑轮与该臂旋转关节轴线间距离；H_{mr}—攀爬臂驱动电机与 T 型臂水平臂间垂直高度；L_{hor}—T 型臂水平臂长度；H_{ver}—T 型臂垂直臂长度；L_{ver}—关节质心 6 到关节质心 7 的距离；L_{opr}—质心操作主臂长度；H_{opr}—质心调节主臂与质心调节副臂间垂直高度。

机器人任意坐标系与极坐标系间的公式为：

$$ {}_{i}^{0}\boldsymbol{T}={}_{1}^{0}\boldsymbol{T}{}_{2}^{0}\boldsymbol{T}\cdots{}_{i-1}^{i-2}\boldsymbol{T}{}_{i}^{i-1}\boldsymbol{T} \tag{2-2}$$

利用式（2-2）可以得到机器人各关节坐标系与基坐标的齐次变换矩阵表达式：

$$\begin{aligned}
{}_{2}^{0}\boldsymbol{T}&={}_{1}^{0}\boldsymbol{T}{}_{2}^{1}\boldsymbol{T}\\
{}_{3}^{0}\boldsymbol{T}&={}_{1}^{0}\boldsymbol{T}{}_{2}^{1}\boldsymbol{T}{}_{3}^{2}\boldsymbol{T}\\
{}_{4}^{0}\boldsymbol{T}&={}_{1}^{0}\boldsymbol{T}{}_{2}^{1}\boldsymbol{T}{}_{3}^{2}\boldsymbol{T}{}_{4}^{3}\boldsymbol{T}\\
{}_{5}^{0}\boldsymbol{T}&={}_{1}^{0}\boldsymbol{T}{}_{2}^{1}\boldsymbol{T}{}_{3}^{2}\boldsymbol{T}{}_{4}^{3}\boldsymbol{T}{}_{5}^{4}\boldsymbol{T}\\
{}_{7}^{0}\boldsymbol{T}&={}_{1}^{0}\boldsymbol{T}{}_{2}^{1}\boldsymbol{T}{}_{3}^{2}\boldsymbol{T}{}_{6}^{3}\boldsymbol{T}{}_{7}^{6}\boldsymbol{T}\\
{}_{8}^{0}\boldsymbol{T}&={}_{1}^{0}\boldsymbol{T}{}_{2}^{1}\boldsymbol{T}{}_{3}^{2}\boldsymbol{T}{}_{6}^{3}\boldsymbol{T}{}_{7}^{6}\boldsymbol{T}{}_{8}^{7}\boldsymbol{T}
\end{aligned} \tag{2-3}$$

将表 2-1 和表 2-2 中列出的确定参数分别代入齐次变换矩阵表达式中，便能够得到在不同抬臂姿态下机器人的运动学模型。将两种姿态下的运动学模型相结合，便能够计算出在任意姿态下各部件坐标相对基坐标系的位姿，为下面由多体系统质心表达式计算出机器人整体质心位置提供了模型。

2.3.2 巡检机器人控制系统设计

2.3.2.1 硬件结构设计

吊臂式巡检机器人在巡检过程中不仅需要控制8个关节协调工作，越过各类典型障碍，而且还要抑制外界环境及输电线路舞动所带来的干扰，最终实现人工遥操作和自主巡检两种工作模式。整个巡检过程计算复杂、检测信息量大、突发状况多，因此需要一个可靠、高效的控制系统。控制系统是保障巡检机器人动作执行、感知、避障和通信的基础。巡检机器人控制系统的基本任务有：

（1）与地面通信，完成地面基站监控的功能；

（2）机械结构的电机算法、同步运动和动作规划；

（3）视频监控和保存，完成巡检任务；

（4）感知系统具体完成位置检测、姿态检测、手爪抓握力检测、极限限位检测、障碍识别和路径规划等功能；

（5）故障应急处理。

高压或超高压输电线路多数处于恶劣的环境下，在这种情况下，对巡检机器人工业级控制系统的要求必然非常严格，基本有如下要求：

（1）控制系统需要具备较高的鲁棒性和可靠性。控制系统一旦产生故障将导致巡检机器人失控、停止工作甚至损毁，所以必须保证系统的鲁棒性和可靠性。在输电线恶劣环境下，噪声和电磁干扰大，设计一套稳定、抗干扰和恢复能力强的系统自然十分重要。要提高控制系统的鲁棒性和可靠性，必须在软件和硬件上都做到稳定、容错和具备自恢复能力，比如硬件电路过电流自保护、软件系统死机自恢复等，特别需要故障自检程序，一旦发生故障及时停止工作，软件自我检修恢复或等待操作者的打断式维修。

（2）控制系统需要精准的运动控制和同步控制能力。由于机构复杂和各关节具有耦合性，导致巡检机器人的末端控制非常困难，一旦巡检机器人在越障过程中与障碍物相撞后果将不堪设想，所以需要精准的运动控制和多关节同步控制以达到最优的效果。精准的运动控制首先需要对巡检机器人运动学及动力学建模，采用合适的运动控制算法；然后需要归源到电机的控制，电机的位移控制、角度控制效果达到高精度闭环。而精准的同步控制能力需要对同步控制算法反复实验与应用。

（3）控制系统需要具备智能的感知系统。智能感知系统分为体内感知和体外感知：体内感知如关节运动角度感知、极限位置限位感知、电源电量感知、系统故障感知等；体外感知包含GPS感知、巡检视频录制、机体姿态感知、运动速度感知等。要达到智能的感知系统，必然要具备复杂多样但稳定的传感器系统，控制系统需要对传感器系统的数据进行提取、处理和智能应用才能实现巡检机器人的所有任务。

(4) 控制系统需要强实时性和合理的任务协调能力。任何工业级的产品都需要具备强实时性，实时处理遥控系统或者传感器系统的触发中断，所以需要具备单片机或高级精简指令集处理器（advanced RISC machine，ARM）类的硬件中断嵌入式处理器。由于巡检机器人机构复杂、任务繁重，必然需要合理的多任务协调能力，将传感器、通信、各电机控制及显示等任务合理调度，并触发式地按照运动学理论完成越障动作。

此外，根据该机器人的机械结构设计及越障方案，对控制系统的硬件部分提出以下要求：

(1) 为了实现巡检中的姿态控制，机器人装备了 8 个无刷直流电机；控制系统不仅要为无刷电机提供驱动功能，还需要具备强大的运算能力，满足工作模式八轴电机协同运动控制的要求。

(2) 由于机器人运行的输电线路环境复杂、不确定因素多，因此控制系统需要提供可靠的导航信息，帮助机器人识别运行线路状况，以实现自主巡检的功能。同时，机器人质心控制算法对机器人的姿态精度要求较高，因此需要精准的传感器系统来检测机器人姿态信息。

(3) 机器人本体控制器在运行过程中，需要接收和发送大量的数据与命令，因此要解决主从机间的通信问题，控制系统需要选取高速可靠的双总线架构来实现内部通信。

(4) 由于机器人在巡检过程中运行在距离地面 20～30m 的室外输电线路上，一旦在高空出现异常或停机现象，后果将会很严重。因此，控制系统要具备可靠性高、功耗低、供电稳定、工作温度范围大等特点。

针对以上对控制系统的要求，设计出一种如图 2-14 所示的巡检机器人控制系统硬件。该控制系统的硬件部分由运动执行层、机器人控制层和地面监控层构成：①运动执行层主要实现对电机的驱动功能，根据控制层发出的关节命令准确地控制电机；②机器人控制层负责将关节电机数据与环境信息相融合，通过无线通信将机器人状态信息传给上位机，并确保地面监控层发出的动作命令能够被准确执行；③地面监控层负责将机器人状态信息及视觉信息显示给地面操作人员，以实现人工遥操作功能。在自主巡检模式下，地面监控层还负责自主识别机器人环境信息，并根据识别结果进行行为规划，从而发出机器人动作指令序列，指导机器人在线上自主工作。

地面监控层主要由上位监控主机及数字图传接收器构成，其通过数字图传接收器接收机器人视觉信息，并根据障碍物信息对机器人进行行为规划及远程控制。该部分的功能主要是通过软件设计实现机器人的两种工作模式，在下一章中会有更详细的描述。

1. 主控板模块

该巡检机器人采用美国 RTD 公司生产的 CMA157886CX1000HR 作为主控板模块，如图 2-15 所示。

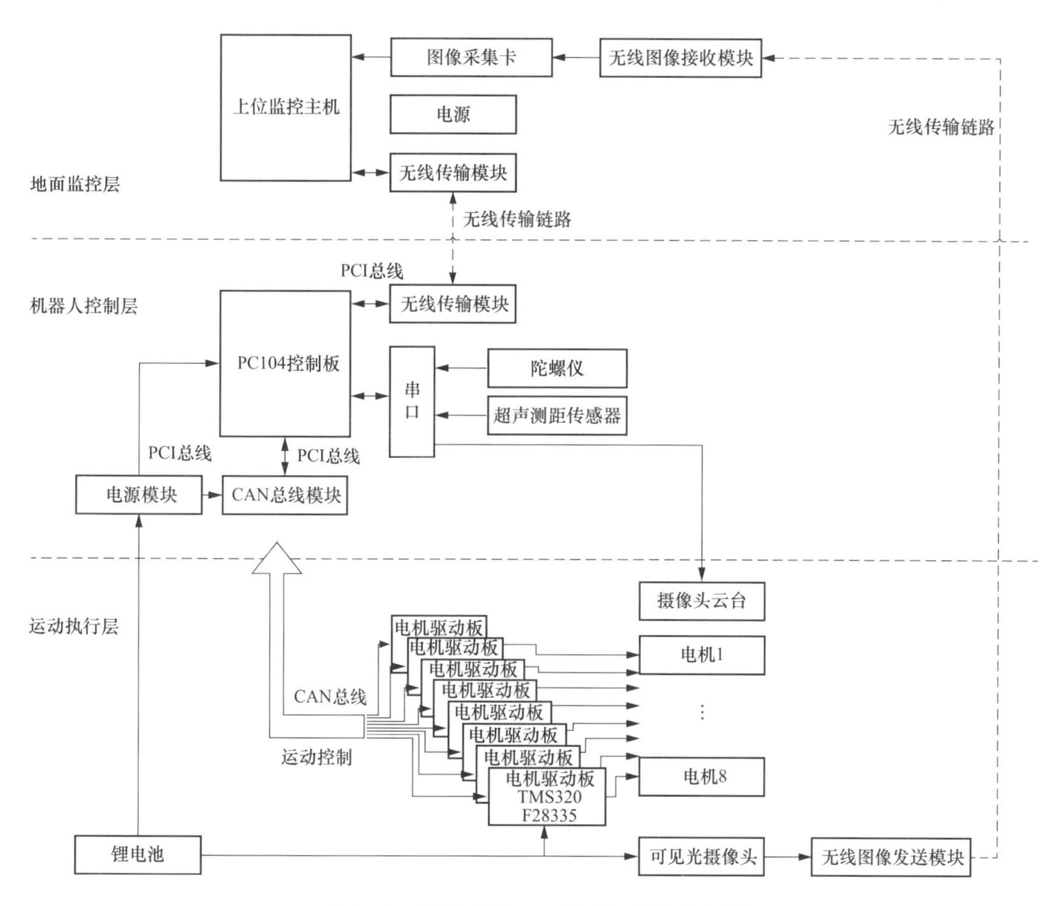

图 2-14　巡检机器人控制系统硬件构架图

该主控板模块的主要特点为：中央处理器（central processing unit，CPU）采用支持超低功耗的 Celeron M 处理器，并且出厂配置转速自适应小型模拟散热风扇以减少能耗；其工作温度为−40～85℃，支持 120 针 PCI 总线及 104 针的 ISA 总线，表贴内存主频 333MHz、内存容量 512MB，并且板载 4G ATA Disk。此外，主板具有备丰富的外设资源。CMA157886CX 模块上配置有：支持全双工方式的快速以太网接口（CN20）；2 个串行外设接口（SPI，简称"串口"）连接器（CN7、CN8），最多可以配置 4 个串口，并支持 RS232/422/485 多种电平；2 个 USB2.0 接口（CN17、CN27）；1 个 multiPort 接口（CN6），能够提供 16 路可编程数字 I/O 接口；还配备了 PS/2 鼠标及键盘接口（CN5）、VGA 显示接口（CN18），符合 PC 机标准，能够单独作为计算机运行。此外，该模块采用 PC/104 Plus 总线架构。主控板的外围接口如图 2-16 所示。

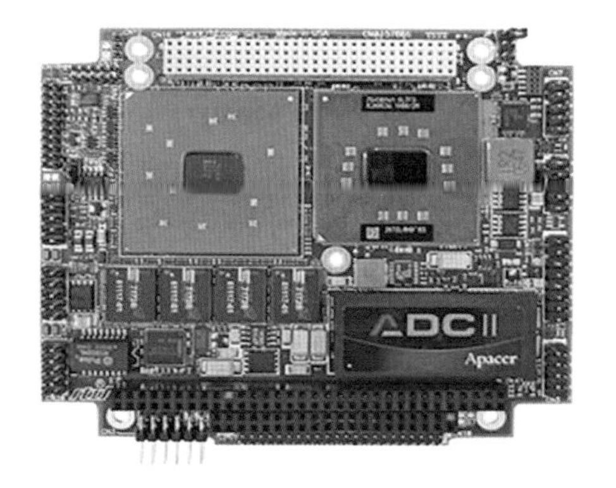

图 2-15　主控板模块

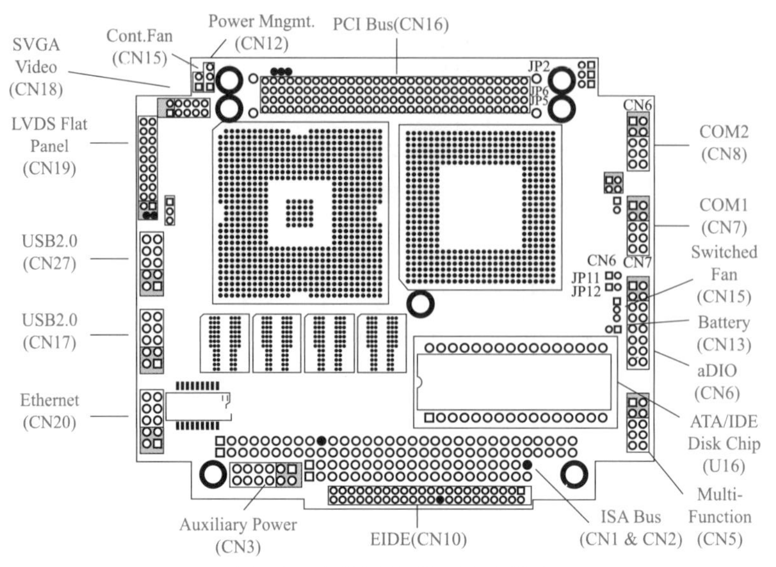

图 2-16　主控板外围接口示意图

SVGA Video—超级 VGA 视频接口；LVDS Flat Panel—低压差分信号平板接口；USB2.0—2.0 版通用串行总线接口；Ethernet—以太网接口；Auxiliary Power—辅助电源接口；EIDE—增强型 IDE 接口；ISA Bus—ISA 总线接口；Multi-Function—多功能接口；ATA/IDE Disk Chip—ATA/IDE 磁盘芯片接口；aDIO—数模输入输出口；Battery—电池接口；Switched Fan—转换风扇接口；COM1/COM2—串口；PCI Bus—PCI 总线接口；Power Mngmt.—电源管理接口；Cont. Fan—控制风扇接口

主控板内部结构如图 2-17 所示。通过内部的一个 PCI/ISA 转换桥，使得主控板能够同时与 PCI 总线设备和 ISA 总线设备进行通信，为附加功能模块选型过程提供了更多选择。

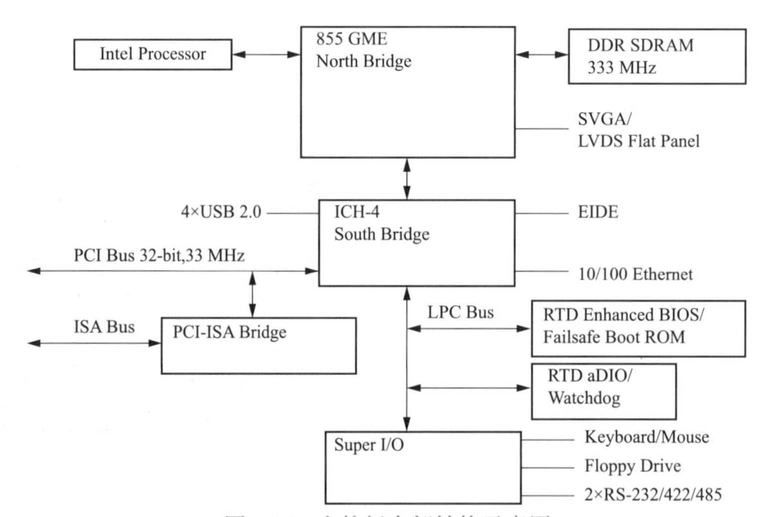

图 2-17　主控板内部结构示意图

Intel Processor—英特尔处理器芯片；855 GME North Bridge—855 GME 北桥芯片；DDR SDRAM—双倍速率同步动态随机存取内存芯片；SVGA/LVDS Flat Panel—超级 VGA/低压差分信号平板接口；USB2.0—2.0 版通用串行总线接口；PCI Bus—PCI 总线；ISA Bus—ISA 总线；PCI-ISA Bridge—PCI/ISA 转换桥芯片；ICH-4 South Bridge—ICH-4 南桥芯片；EIDE—增强型 IDE 接口；10/100 Ethernet—10/100M 以太网接口；LPC Bus—LPC 总线；RTD Enhanced BIOS/Failsafe Boot ROM—RTD 增强型基本输入输出系统/失效保护引导只读存储器；RTD aDIO/Watchdog—RTD 数模输入输出口/看门狗芯片；Super I/O—超级输入/输出芯片；Keyboard/Mouse—键盘/鼠标接口；Floppy Drive—软盘驱动器接口；RS-232/422/485—串口

2. CAN 总线通信模块

由于在机器人巡检过程中，控制器需要同时控制 8 个关节的电机，控制量包括电机位置、电机速度、启停信号、故障信号等。如果采用 I/O 引脚直接控制的方式，CPU 模块中的 I/O 引脚数量无法满足要求，需要增加大量的数据板卡，增加了成本、能耗及控制难度。因此，采用控制器局域网络（controller area network，CAN）总线的方式来实现机器人控制层与运动执行层间的通信，该系统选取 CAN 总线作为内部总线的原因为：

（1）由于控制器与 8 个电机驱动器间要进行不间断的高速数据通信，因此对数据包的传输准确性及校验方法要求较高。而 CAN 总线的通信协议中包含了对位填充、数据块编码、循环冗余检验、优先级判别等功能，无需用户自己编写。

（2）一组电机控制信息包括电机位置、电机速度、启停信号、正反转信号总共 7byte（字节）的数据。为了确保信息的完整性，内部总线每一个最小传输数据块应该能包含以上全部的信息，而一个 CAN 信息帧中允许的数据段长度最多为 8byte，满足通信的需求。同时，数据块的标识符由 11 位或 29 位二进制数组成，也能满足对 8 个驱动器的独立编号。

（3）为了保证关节控制的实时性，需要内部总线的通信速度较高。而 CAN 总线在通信距离小于 40m 的情况下通信速率可达到 1Mbit/s，满足系统对通信速度的要求。

（4）由于控制箱内部空间有限，因此各模块之间的连接方式应尽量简单。由于 CAN 总线内部集成了错误检测及管理模块，因此每个 CAN 总线设备只需两根线便能够实现通信。通过采取 CAN 总线作为内部总线的方式，机器人控制器只需要添加一块 CAN 总线模块板，便可以实现对八轴电机的实时控制。经过产品调研，选择 ECAN527DHR 总线模块作为 CAN 总线通信板卡，如图 2-18 所示。

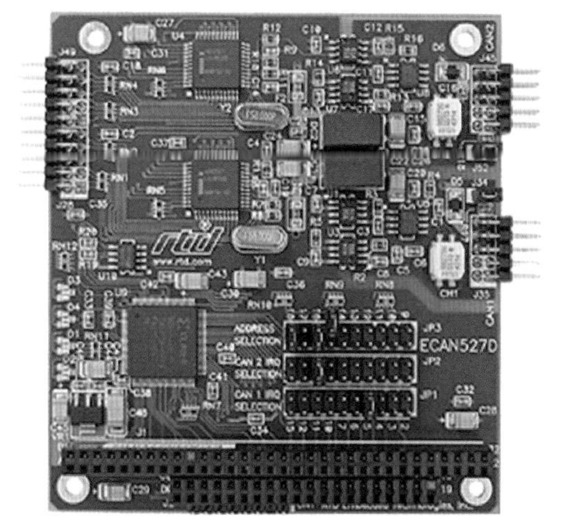

图 2-18　ECAN527DHR 总线模块

ECAN527DHR 总线模块外部总线为 ISA 总线，板卡内集成两个 Intel 82527 CAN 总线控制器，能够提供两路独立的 CAN 总线。Intel 82527 控制器芯片支持标准的和扩展的 CAN Ver2.0 part B 定义的数据帧格式。该模块板可以执行数据传输、接收、数据过滤、传输搜寻、中断搜寻，无须大量占用 CPU 资源。系统参数可存储于板载 256 位 EEPROM。该模块板可映像至主 CPU 模块板的底端内存，可使用 PC/104 总线上的 XT 或 AT 中断。CAN 总线和 PC/104 总线保持光电隔离，CAN 总线受到低通滤波器的保护，以阻止电磁干扰。

在运动控制器中，每一块数字信号处理（digital signal processing，DSP）芯片内部都集成一个 CAN 模块。由于每一帧的数据位可以达到 8byte，满足一个电机的控制和状态信息的长度，因此在通信过程中用标志位来表示电机编号。DSP 端 CAN 模块只接收标志位与自己控制的电机编号相同的帧信息，同时也只会发出以该编号为标志位的信息帧。ECAN527DHR 模块则接收所有标志位的信息帧，并依据标志位对电机信息分类，同时根据控制的电机的编号对发送的信息进行编码。这样的编码方式确保了内部通信的准确性。

3. Wi-Fi 通信模块

由于机器人常常处在远距离工作状态，必须要通过无线通信方式实现与地面遥控监测站间的信息交互，选用 WLAN17202ER 无线通信模块实现远程通信，如图 2-19 所示。

图 2-19　WLAN17202ER 无线通信模块

WLAN17202ER 模块采用 Atheros AR5004X 芯片组，在多种实时操作系统下都有其驱动程序，该模块支持 IEEE 802.11a/b/g 协议，同时支持 WPA 加密协议。通过该模块与无线网络建立连接，使得机器人控制系统与地面遥控监测站处于同一局域网内，并利用 TCP/IP 方式实现数据通信。

4. 供电系统

供电系统由一块额定电压 25.9V、容量 28Ah 的可充电锂电池和 PC/104 接口的电源模块构成。经过前期能耗测试，机器人在正常前进过程中，系统负荷电流约为 3A，抬臂过程中最大负荷电流可达到 7A 但持续时间较短；因此，28Ah 的容量理论上能够满足机器人在线上连续运行 8h 的要求。锂电池直接为电机、电机驱动器以及传感器进行供电；同时，供电系统还采用 HPWR104PLUSHR 电源模块给各个 PC/104 模块进行供电，如图 2-20 所示。

HPWR104PLUSHR 电源模块是一款专为 PC/104 Plus 系统供电的高可靠性 DC/DC（直流/直流）转换模块。它为 PC/104 总线和 PC/104 Plus 总线提供＋5V、＋3.3V、＋12V、－12V 和－5V 电源，其中＋5V、＋3.3V、＋12 和－12V 还提供外接插座。最大额定功率 83W，支持直流 8～32V 未经校准输入，转换效率高达 90%。该模块通过 PC/104 Plus 总线向堆栈中的全部模块统一供电，避免了外部接线的供电方式，使得供电系统安全可靠。

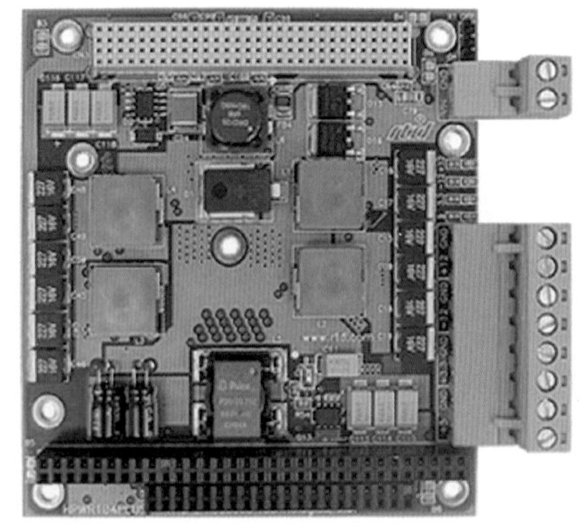

图 2-20　HPWR104PLUSHR 电源模块

2.3.2.2 软件系统设计

该巡检机器人的控制系统软件部分框架如图 2-21 所示，其主要包括机器人控制模块，硬件板卡驱动模块，电机驱动模块。机器人控制程序通过两类核心板实现：以 DSP 处理器为核心的电机驱动器负责实现对各关节电机的控制；搭载 Intel Celeron M 处理器的 PC/104 主控板负责实现机器人的整体控制，并通过无线的方式与地面基站控制系统进行通信。因为机器人整体控制任务较为复杂，任务的实时性要求较高，因此在 PC/104 主控板上运行 QNX 实时操作系统。

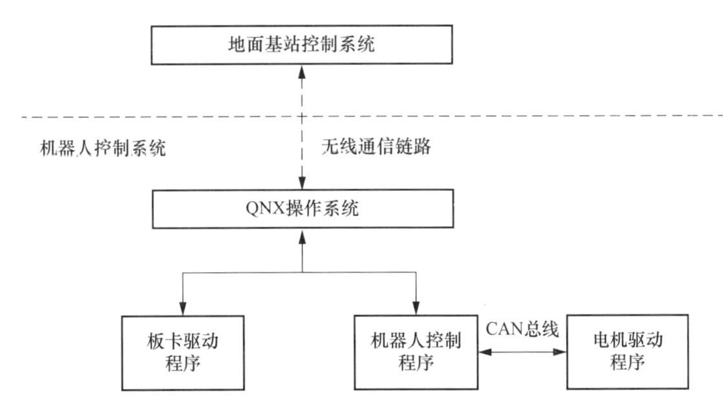

图 2-21 机器人控制系统软件框架示意图

1. QNX 系统简介

QNX 系统是一款商用的类 UNIX 实时操作系统，其主要运用领域是在嵌入式控制系统，目前该系统能支持的平台包括 ARM、Inter x86、PowerPC、MIPS、SuperH 等。自 1982 年第一号版本 QNX 发布到现在，QNX 已经成为一种非常流行的实时操作系统，其著名的运用包括 BigDog 机器人及 PlayBook 平板计算机等。

与其他大多数主流操作系统不同的是，QNX 系统采用的是真正的“微内核”结构。微内核自身不依存于硬件，其只提供操作系统最基本的服务（如线程管理、消息管理、时钟服务、同步服务等)，其大小仅有 16kB；而其他较为复杂的操作服务（如文件管理系统、驱动程序管理、网络协议、用户程序）都由外部进程提供，有以下三个明显优势：

（1）机器人控制系统中每个进程都在独立的内存空间里运行，包括设备驱动程序、网络安全协议，这样的方式使得加载驱动更加方便，而且不会因为一个进程崩溃而导致系统崩溃，使机器人出现不可控的情况；

（2）控制程序无须通过内核即可直接对硬件接口进行控制，程序结构简单；

（3）由于系统只需要微内核便能够独立运行，因此可以根据实际控制系统的需求裁剪系统，删除掉巡检机器人中无须使用的功能模块，使系统更加高效。

除了拥有灵活的微内核结构外，QNX 还拥有强大的基于优先级的可抢占式调度功能，如图 2-22(a) 所示，这是实现系统硬实时性的必要功能。当有高优先级的线程被唤醒时，无论低优先级的线程是否被执行完，都将被悬挂至高优先级线程运行完毕为止。同理，QNX 系统的中断管理也是基于抢占式策略所设计的，高优先级的中断程序将确保被更快地运行完，如图 2-22(b) 所示。

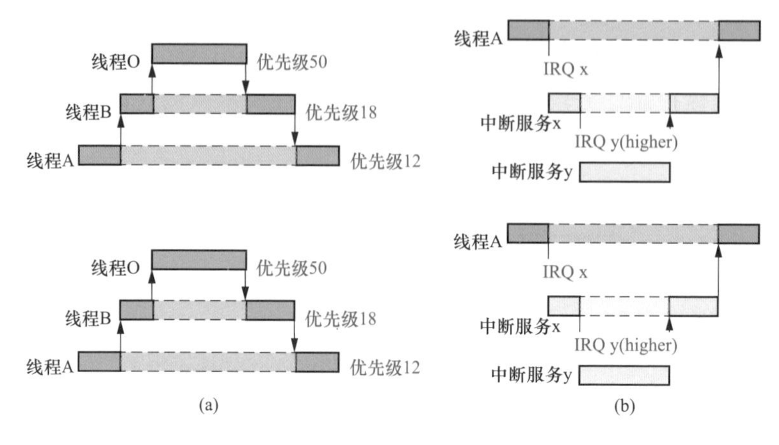

图 2-22　抢占式调度示意图

(a) 基于抢占式优先级调度；(b) 基于抢占式中断调度

除了本身强大的特性外，QNX 还提供了一个功能完备的开发平台——QNX Momentics IDE。该开发平台可以装在任意一台安装了 Windows、Linux 或 QNX 操作系统的计算机上，使其成为开发主机，然后通过网络与安装 QNX 操作系统的目标机进行通信。此外，开发者可以利用 IDE 中各种强大的功能进行软件开发，然后编译成目标机可以执行的代码，进行在线调试或将程序封装为运用程序供目标机离线运行；IDE 还能够对目标机的内存分配状态，文件管理系统以及线程运行时间等重要信息进行实时监控。这些功能极大地提升了程序调试的效率，对后期程序优化非常重要。

基于以上各种优点，选取了 QNX 作为控制器的操作系统，并以 QNX 为开发平台进行控制程序的开发。

2. QNX 下板卡驱动程序的开发

对于一些常用的外围设备，比如采用 Atheros AR5004X 芯片组的 Wi-Fi 模块，只需要在系统启动时通过脚本文件加载对应的驱动程序即可。对于 COM 串口，其驱动程序已经随操作系统程序自行加载，只需要在程序中根据串口设备间的通信规则进行设置后即可实现：

```
fd=open("/dev/ser1",O_RDWR);                //打开串口 1
cfsetospeed(&termios_p,speed);              //设置输出波特率为 speed
cfsetispeed(&termios_p,speed);              //设置输入波特率为 speed
stat=tcsetattr(fd,TCSANOW,&termios_p);//设置串行帧格式
```

设置完毕后，建立一个线程专门对该 COM 口的通信进行处理：

```
tcflush(fd_gyro,TCIOFLUSH);                  //清空接收缓冲区
while(i<150)
{i=tcischars(fd_gyro);}                       //读取缓冲区待读数据字节数
read_size=read(fd_gyro,gyro_buffer,i);        //通过串口读取 i 个字节的数据
write(comfd2,rs485_send,j);                   //通过串口发送 j 个字节的数据
```

硬件的识别即通过设备名称获取硬件设备在系统中的映射的基地址，其方法与设备的总线形式有关。对于 PCI 总线的设备，只要与核心板相连并上电后，BIOS 便会将设备配置寄存器映射到操作系统的 I/O 端口空间中，同时自动读出板卡基本信息。此时只需在 QNX 系统的控制台输入“PCI. vvv”命令，便可以获取所有 PCI 板卡的基本信息，包括其配置寄存器被映射后的基地址。通过查看设备名称或设备的供应商标识（vendor identification，VID）和设备标识（device identification，DID），识别设备的基地址。对于 ISA 总线设备，系统无法自动分配映射地址，需要通过板卡上的跳线手动设置基地址。

该系统所采用的 CAN 模块便是 ISA 总线设备，因此在上电之前需要自行配置基地址。设备的基地址一共 20 位（A0～A19），其中 A19 始终为 1，A0～A7 不能配置，其余地址位分别对应 J8～J18 跳线：当跳线被移除时，对应地址位被设为 0；当跳线被插下时，相应地址位被设为 1；基地址规则见表 2-3。

表 2-3　基地址规则

基地址（十六进制）	跳线设置			
	18	17	16	15
80XXX	0	0	0	0
88XXX	0	0	0	1
90XXX	0	0	1	0
98XXX	0	0	1	1
A0XXX	0	1	0	0
A8XXX	0	1	0	1
B0XXX	0	1	1	0
B8XXX	0	1	1	1
C0XXX	1	0	0	0
C8XXX	1	0	0	1
D0XXX	1	0	1	0
D8XXX	1	0	1	1
E0XXX	1	1	0	0
E8XXX	1	1	0	1
F0XXX	1	1	1	0
F8XXX	1	1	1	1

注　0—跳线移除；1—跳线插下。

为了中断功能的正常使用，还需通过跳线方式指定CAN模块板的中断号（IRQ）。其方式与基地址配置类似；但是因为一个CAN模块只能对应一个中断号，因此一排跳针同时只能插入一个跳线。中断号跳针及编号如图2-23所示，由于ECAN527DHR模块中存在两个独立的CAN总线控制器，需要分别选择中断号，因此图中有两排跳针需要选择。

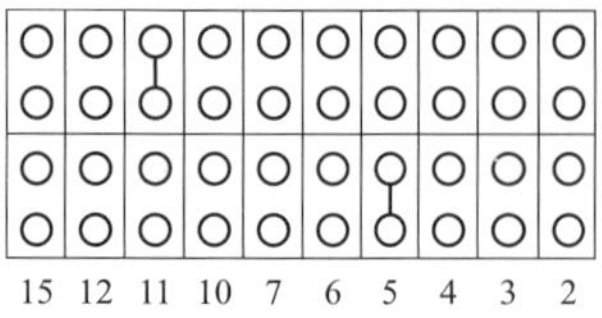

15 12 11 10 7 6 5 4 3 2

图2-23 中断号跳针及编号示意图

接下来的步骤是建立与硬件设备的通信，在QNX下需要首先通过以下语句获得系统对I/O端口的操作权限：

```
ThreadCtl(_NTO_TCTL_IO,0);
```

在获得I/O端口的操作权限后，利用下面的语句将I/O端口空间的配置寄存器映射到连续分配的内存空间中，并将起始地址赋值给指针变量CAN1：

```
CAN1=mmap_device_memory(NULL,Size,PROT_READ|PROT_WRITE|
      PROT_NOCACHE,0,BaseAddress);
```

由于在QNX系统中驱动程序与内核是分离的，因此完成对硬件的读写操作无需通过调用内核进程来完成，只需将需要操作的寄存器的偏移地址加上基地址赋值给指针变量，此时对指针变量的读写便等同于对寄存器进行读写操作：

```
*addr=data;         //将data中的数据写入到地址为addr的寄存器中
data=*addr;         //将地址为addr的寄存器内数据读到data中
```

根据与下位DSP控制器设定好的CAN总线通信规则，编写出初始化函数Ecan_StartBoard(board_t* b)，实现对时钟寄存器及报文寄存器组的过滤码的设置，并将读取模式设置为中断触发模式。接下来分别完成CAN总线发送函数Ecan_SendMessage()及CAN总线接收函数Ecan_RecMessage()，供程序进行调用。

CAN总线模块读写操作流程如图2-24所示，其中接收数据线程采用中断方式，由于之前跳线设定的CAN总线控制器I中断号为0x05，因此QNX通过下列命令实现了对0x05号中断的监听：

```
SIGEV_INTR_INIT(&event);                       //建立一个监听事件
intId=InterruptAttachEvent(0x05,&event,0);     //命令其监听0x05号中断
status=InterruptUnmask(0x05,intId);            //允许0x05号中断产生
InterruptWait(0,NULL);                         //开始监听
```

当CAN模块接收到由DSP发出的数据时，便会产生中断信号，使接收线程得以跳过Interrupt Wait函数继续运行，之后通过Ecan_RecMessage函数读取相应寄存器上数据即可。通过对读写函数的调用，核心板实现了与下位DSP间的CAN总线通信功能。

2.3.2.3 控制程序的实现

机器人控制程序是执行上位机动作指令并实现机器人姿态控制的基础。由于主程序在发送控制命令的同时还需要接收大量传感器数据，因此为了让各个功能模块间独立工作、

互不干扰，控制程序采用了多线程编程的方式，并通过对线程的同步及优先级更新，保证了各个模块的稳定运行。机器人控制程序流程如图 2-25 所示。

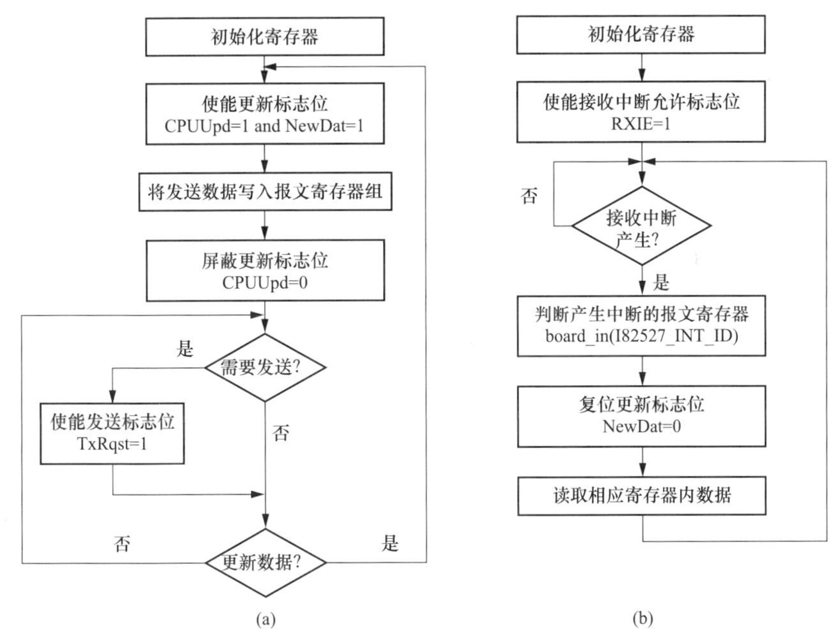

图 2-24 CAN 总线模块读写操作流程图

（a）读函数；（b）写函数

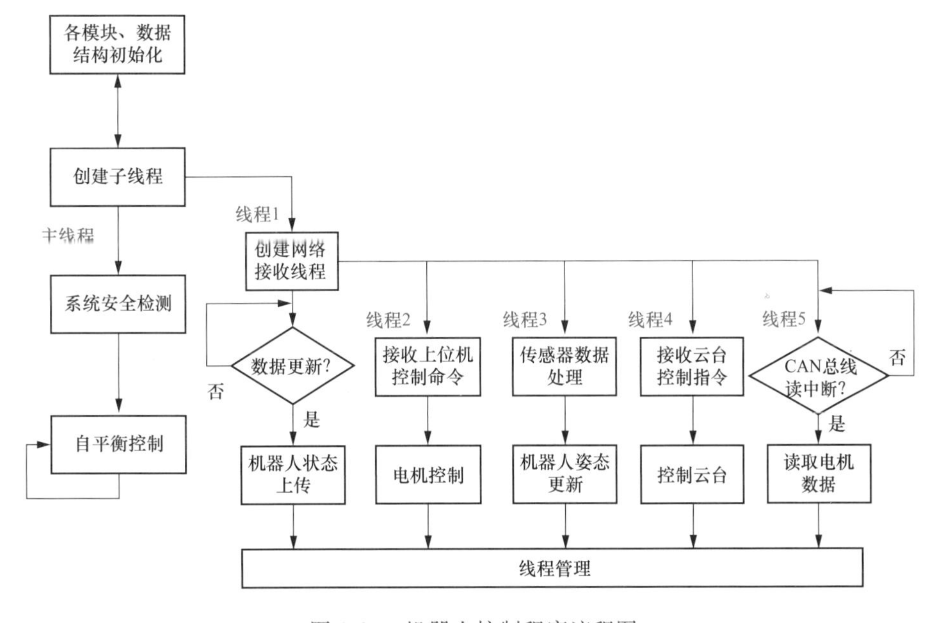

图 2-25 机器人控制程序流程图

当机器人开机运行后，控制程序首先对各硬件模块进行初始化，并将存放机器人状态信息的结构体清零。接下来由主线程创建出的线程 1 开始尝试与监控主机建立网络连接。

与此同时主线程开始进行离线自平衡控制，防止机器人从线上滑落。当网络连接建立成功后，线程1开始建立多个子线程：线程2负责监听上位机Socket端口，当有关节控制命令从监控主机发出后，便马上解析控制命令，并将解析出的指令通过CAN总线给相应电机发送控制指令；线程3负责读取陀螺仪和超声波传感器的数据，从而更新机器人的姿态信息；线程4负责接收从监控主机发出的云台控制命令，并根据命令通过串口将控制指令发送给云台；线程5则负责接收由DSP下位机传输的关节电机信息，并更新关节状态。在整个运行过程中，主线程的自平衡控制都拥有最高的优先级，当机器人出现严重失稳时，自平衡控制会占据大部分运行资源，以保证机器人不会从线上落下。其余线程的调度则根据机器人不同的工作状态由线程管理模块进行统一管理，以确保重要的线程被优先执行。

此外，由于多个线程在运行过程中可能会出现资源竞争的情况，采用了互斥变量的方式来防止产生资源竞争现象：在调用一个可能被多个线程同时调用的数据或接口函数前，将互斥变量上锁，这样其他线程便无法使用该数据或接口函数，直到上一个线程处理完，并将互斥变量解锁。

2.3.3 巡检机器人系统功能设计

2.3.3.1 自巡检功能的实现

自主巡检功能是巡检机器人研制的最终目标，该功能主要是依靠地面基站控制系统实现的。该系统采用模块化设计思路，地面基站控制系统的结构如图2-26所示。系统主要由四个部分构成：由LabVIEW软件开发的远程监控系统，由MATLAB软件实现的质心处理模块和障碍物识别模块，由Visual Prolog软件开发行为规划模块。软件系统采用动态数据库加载及共享数据库的方式实现模块间的信息交互，以混合编程的方式分别实现人工远程遥操作和机器人自主巡检两种工作模式，并通过无线通信链路将控制指令发送给机器人控制系统。

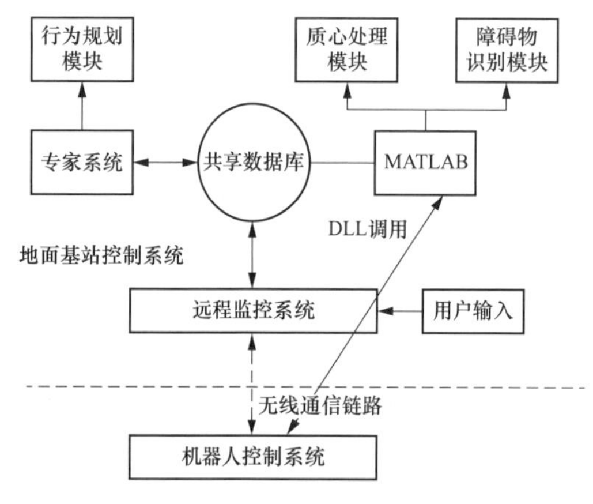

图2-26 地面基站控制系统结构示意图

2.3.3.2 远程监控系统的设计

该设计所开发的基于LabVIEW的远程监控系统如图2-27所示，主要包括机器人运动控制和机器人视觉检测两部分。机器人运动控制包括对机器人运动姿态的监测与控制，通过监控主机获取机器人8个关节姿态信息及陀螺仪信息，并完成机器人自平衡调节及姿态控制等任务；机器人视觉检测包括云台控制、视频信息的采集以及通过LabVIEW与MATLAB的联合编程实现对现场视频信息的处理。监控系统采用这些对机器人运动姿态控制程序的设计，通过在 LabVIEW 前面板设定机器人 8 个关节的速度、位置、角度等运动参数以及点击机器人前进、后退、复位、越障、停止等动作按钮，实现人工遥控操作的工作模式，机器人 T 型臂远程运动控制十六进制指令格式见表 2-4。在对机器人运动姿态远程监测程序设计中，系统每次接收 106byte。在分析处理接收的数据之前，首先进行数据位的校验：若接收数据的前两个字节与校验字节相匹配，则将剩余数据按协议要求进行字节分配；若不匹配，则继续对其后面的字节进行校验直到满足匹配要求。机器人运动姿态检测数据字节分配十六进制指令格式见表 2-5。

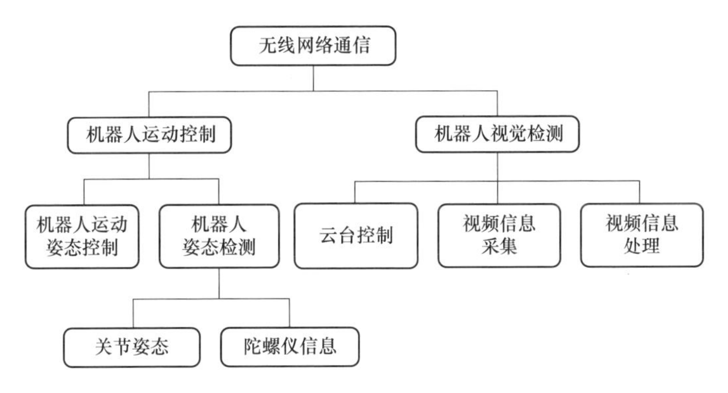

图 2-27　基于 LabVIEW 的远程监控系统结构示意图

表 2-4　　机器人 T 型臂远程运动控制十六进制指令格式

字节号	1，2	3，4，5			6，7，8		
指令内容	标志位	左臂			右臂		
		3	4	5	6	7	8
		方向位	角度值	速度值	方向位	角度值	速度值

表 2-5　　机器人运动姿态检测数据字节分配十六进制指令格式

字节数	2	30							2	72								
指令内容	校验位	八电机运动姿态							校验位	陀螺仪姿态								
		10					10	10		24		24			24			
		1	1	2	2	4	…	…		加速度		角速度			角度		温度	
		校验位	电机号	电机电流	电机速度	电机位置				8	8	8	8	8	8	8	8	8
										X 轴	Y 轴	Z 轴	X 轴	Y 轴	Z 轴	X 轴	Y 轴	

机器人视觉检测包括云台控制、视频信息的采集以及对现场视频信息的处理三部分。云台控制同样采用 TCP/IP 技术：通过一个单独的线程实现对云台摄像头位置、聚焦及缩放等参数的远程控制调节；通过微波收发器将云台摄像头采集到的视频信息以微波的方式传输到监控主机，经过 EasyCap 视频采集卡处理后，实现现场视频获取、瞬时图像截取和连续视频录制。视频采集程序设计如图 2-28 所示。通过实时视频显示，操作者能够更加

清楚地了解机器人的巡检状态，从而更好地对机器人进行遥操作。

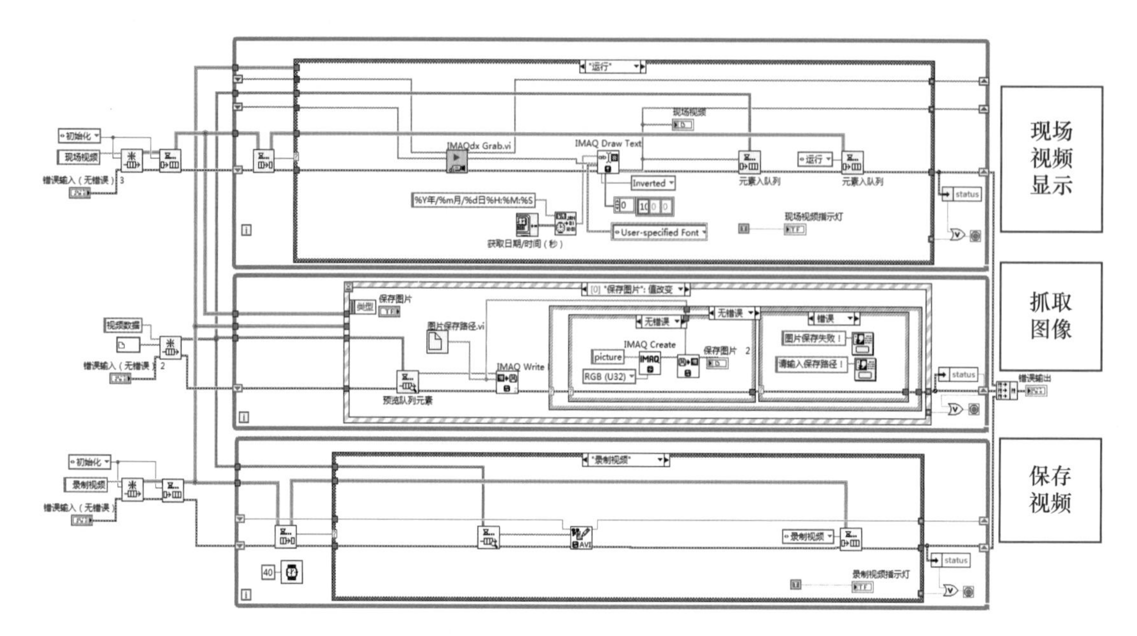

图 2-28　视频采集程序设计图

为了实现机器人自主巡检工作模式，需要对获取的视频信息进行有效的处理及识别。该设计在调用视频图像处理和质心处理时采用了动态链接库（dynamic link library，DLL）技术，实现了 LabVIEW 与 MATLAB 联合编程的方法，将 LabVIEW 强大的 G 语言编程方法和 MATLAB 强大的数学运算功能相结合，最终实现了各模块间的功能协作。

为进一步实现架空巡检机器人的智能化，还需要将 LabVIEW 与 Visual Prolog 编写的专家系统结合，二者通过共享数据库进行数据交互：LabVIEW 将机器人各关节运动的位置、速度、质心姿态、陀螺仪姿态等信息写入机器人状态库（robot status library），而专家系统根据当前机器人状态库中机器人的姿态信息进行诊断、推理，判决机器人下一步动作，并写入机器人指令库（robot command library）中等待 LabVIEW 进行相应处理。

机器人远程监控是当今机器人控制发展的重要方向，该系统将 LabVIEW 图形化语言应用于机器人控制，并实际设计了智能架空巡检机器人的远程监控系统。实际运行结果表明，本书设计实现的架空机器人监控系统具有良好的人机交互界面，程序运行稳定，易于维护，能够远程控制机器人运动姿态并且将机器人的运动姿态信息显示在监控界面上。通过云台摄像头可以实时监测机器人线上作业状况及周围环境，通过视频图像处理模块，有效识别线上障碍物，从而实现机器人自主巡检功能。系统的主控界面如图 2-29 所示。

2.3.3.3　障碍物识别方法与实现

障碍物的自主识别是实现机器人自主巡检的必要条件，因此选用机器视觉加上图像处理的技术实现障碍物识别。在物体识别方法中，最重要的步骤是对待检测物体进行特征提取并判定。相关论文中采用障碍物边缘斜率作为特征进行提取，并根据斜率的不同决定障碍物的类型，对于障碍物的距离则采用超声波传感器获取。但是由于该巡检机器人的摄像头会随着质心操作副臂移动，因此同一类型障碍物在不同时刻的斜率可能会发生明显变化。因此，本书选用颜色信息作为特征进行提取；通过识别图像中特定颜色的像素点数量，进而实现障碍物识别，同时也能粗略地估算障碍物的距离。

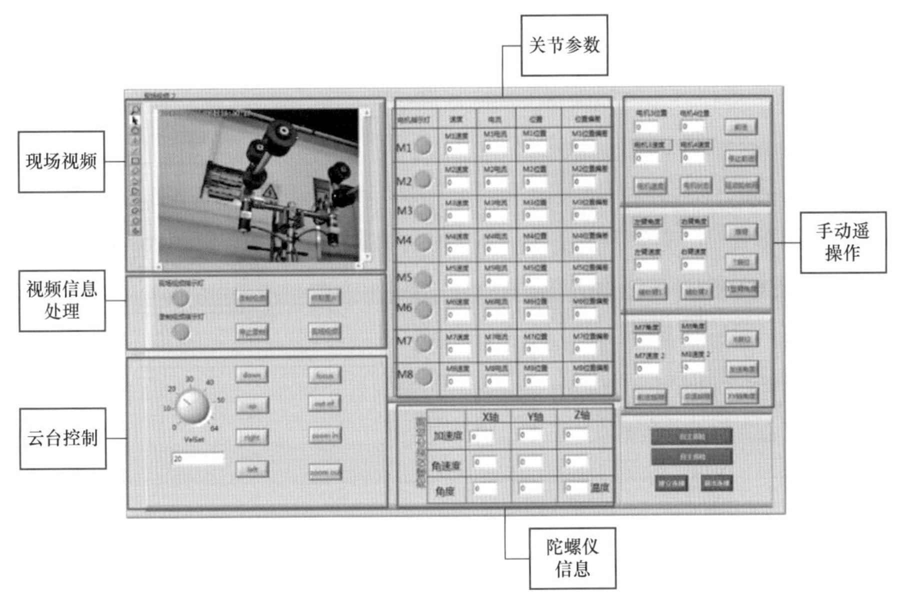

图 2-29　系统的主控界面

以识别绝缘子障碍为例，首先根据障碍物与环境的色差来决定所需提取的颜色。由于在室外，天空的颜色与银色过于接近，因此选择检测红色的绝缘子串来判断是否有障碍物的存在。

由于识别的特征量为像素点数量，为了保证特征提取的准确性，必须定位障碍物当前位置，然后控制摄像头云台，确保障碍物被全部包含在图像中，然后再对连续多帧的图像进行颜色特征提取，进而进行识别判断。本书采用基于 HSV 颜色模型对图像进行特征提取：不同于 RGB 颜色模型（即三原色光模式，red-green-blue color model），HSV 采用色相（H）、饱和度（S）、明度（V）来描述一个颜色，更符合人类描述一个颜色的习惯。基于 HSV 颜色模型提取绝缘子串的实验如图 2-30 所示，通过实验可知，采用 HSV 颜色模型对红色的绝缘子串进行提取的效果较好，能够排除外部颜色的干扰，而且相比 RGB 模型更容易实现特定颜色范围的选择。

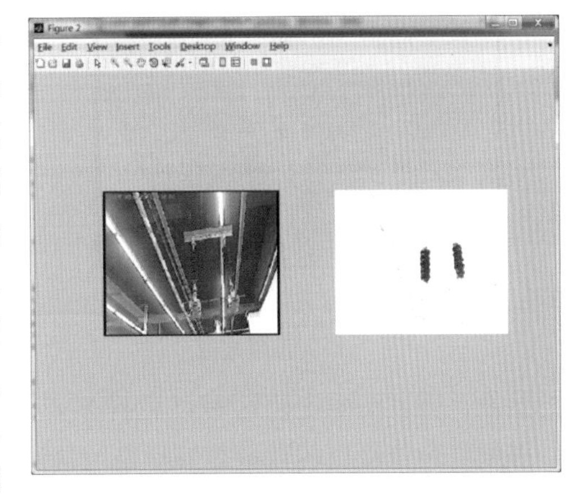

图 2-30　基于 HSV 颜色模型提取绝缘子串实验图

由图 2-30 提取结果还可以看出，虽然绝缘子串的像素点被成功提取出来，但是绝缘子串周围也出现了一些红色的噪点。为了滤掉这些噪点，进一步提高提取精度，将每帧图像划分成如图 2-31(a) 所示的 16×16 个小区域，通过分析每个小区域的红色像素点个数的分布特性，以实现对绝缘子串的定位，最终的定位效果如图 2-31(b) 所示。可以看到，通过定位准确地选取了绝缘子串所在的区域，这样就进一步排除了周围噪点的干扰，避免了对距离估算的影响。

(a)

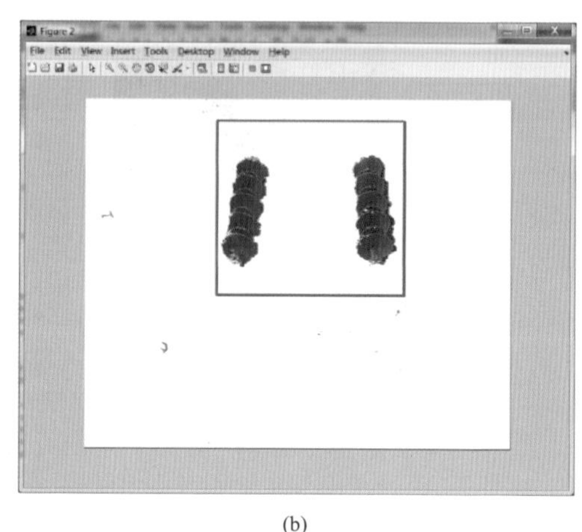

(b)

图 2-31　区域定位效果图

(a) 单帧图像区域划分；(b) 定位结果

除此之外，定位功能还能根据障碍物位置给出云台控制命令，从而确保障碍物全部显示在图像中。云台控制如图 2-32 所示，图中定位区域的上边界已经达到图像上方边界，此时为了保证绝缘子串不会“出界”，需要发出控制命令使云台向上转动，从而使绝缘子串区域重新回到图像中部。通过图像处理程序对云台方位进行自主控制，是使用特征像素点的个数对障碍物距离进行估算的必要条件。

图 2-32　云台控制

在实现定位和云台自主控制的前提下，根据特征像素点的个数与障碍物距离摄像头的距离成反比这一特性，图像处理程序可以通过像素点对障碍物距离进行估算。机器人移动过程中障碍物定位如图 2-33 所示，图中①～④分别是机器人离障碍物由远及近时获取的图像，四张图中定位区域红色像素点的个数分别为 5173、8817、14250、18003。因此，根据红色像素点的数量能够粗略地估计出障碍物的距离。通过多次实验后可知：当红色像素点数量大于 18000 后，安装在机器人上的超声波测距传感器便能够检测到前方障碍物的存在，并且得到精确的距离，此时监控系统便开始读取超声波测距传感器返回的精确距离。

在实际巡检过程中，图像处理模块将连续多帧图像的处理结果进行综合，从而判断出障碍物类型并估算出障碍物距离，将结果发送给监控系统。如果此时监控系统能够通过超声波传感器获取障碍物精确距离，则用精确距离代替估算距离对共享数据库内障碍物信息进行更新，为后面的行为规划模块提供判断依据。

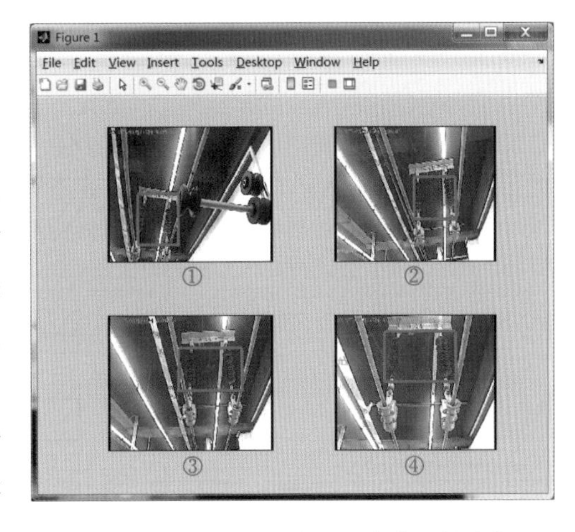

图 2-33　机器人移动过程中障碍物定位

2.3.3.4　行为规划模块的设计

行为规划是该机器人系统的最高规划层，其主要作用是综合机器人内部及外部信息，结合预先设定好的规则对机器人的行为进行宏观规划，从而实现自主巡检功能。在实际线路中，障碍物的类型与相对位置都是未知的，而且在实际运动过程中，还存在着许多其他不确定性因素，无法预先对所有可能情况进行动作设定。因此，机器人要实现自主越障，就必须能够根据实际遇到的情况，自动生成适合于当前越障行为的动作命令序列，即要求机器人应具有一定的智能。

为了保证行为规划的可靠性，该模块将机器人与专家系统两个领域的知识结合起来。专家系统和机器人同为人工智能的两个重要领域，彼此之间关系紧密，专家系统在机器人研究领域的扩展增加了机器人控制系统的可靠性、易用性以及安全性。根据专家控制器的设计原则，结合巡检机器人控制的特点，采用基于规则模型的专家控制器，其一般模型的基本形式为：

if Obstacle is A **and** Robot is at Position B **then**

Robot switch to obstacle mode C.

由于巡检机器人运行环境较为复杂、可驱动电机数量较多，导致规则库中的规则数目很多，专家系统在进行推理时需要多次遍历这些规则。如果采用 C＋＋语言进行开发的话，会导致程序较为复杂，因此采用 Visual Prolog 开发专家系统。

Prolog 是一种典型逻辑型语言，其编写的程序是由说明程序应达到目标的逻辑说明组成的。由于 Prolog 语言已经集成了匹配、递归定义、自动回溯和控制回溯等逻辑推理功能，因此程序员只需说明程序希望达到的目标，而不必说明程序的执行步骤。Prolog 语言的这种特性使其特别适合用来开发专家系统，目前有很多著名的专家系统都是采用 Prolog 语言开发的，并取得了不错的效果。

而 Visual Prolog 是基于 Prolog 语言的可视化开发环境、能够方便地调用数据库，从而实现与 LabVIEW 间的通信。机器人的行为规划模块结构框架如图 2-34 所示。其中行为规划专家系统由动态事实库、基础知识库、动态规则库及推理机四部分构成。

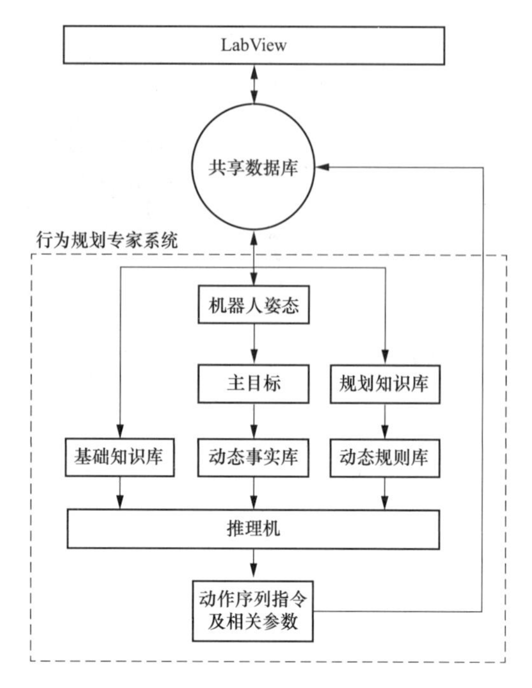

图 2-34　行为规划模块框架图

(1) 动态事实库中包含机器人自身参数以及外部环境信息，在整个规划过程中专家系统都会通过不断读取共享数据库对动态事实库进行更新。该数据库中包括：

```
target().                                              //目标信息
joint:(string Joint,real Angle,real Velocity).         //关节信息
obstacle :(real Num,string Obstacle,real Distance).//障碍物信息
robot_connected:().                                    //网络连接状态
battery_amount:(integer Battery).                      //电池状态
robot_attitude_X:(real Angle,real Velocity,real Acc).//机器人侧倾轴姿态信息
robot_attitude_Y:(real Angle,real Velocity,real Acc).//机器人俯仰轴姿态信息
```

(2) 基础知识库包含对机器人姿态和外部信息的判断规则，该库的主要作用是综合动态事实库中的信息得到更高级的机器人状态信息，其中包括以下几类规则：

```
existObstacle().                                       //是否存在障碍物
findNearestObstacle().                                 //最近的障碍物信息
slope().                                               //获取坡度信息
```

(3) 动态规则库包含机器人行为规划规则以及该规划中的动作序列，专家系统通过遍历动态事实库及基础知识库中的机器人状态和环境信息，以回溯推理的方式对机器人下一步的行为进行规划，并给出动作序列。

(4) 推理机根据上述动态事实库和动态规则库实现机器人自主巡检的动作规划，专家系统的逻辑推理流程如图2-35所示。当目标输入专家系统后，专家系统从共享数据库的

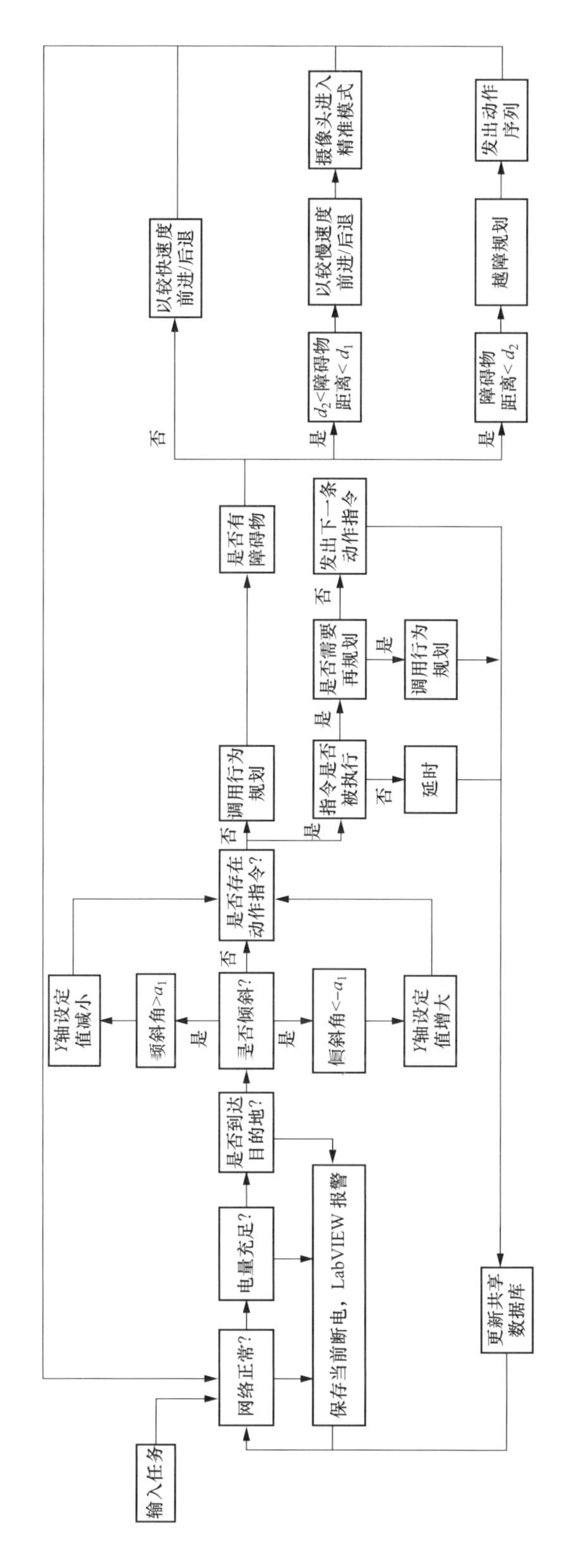

图2-35 专家系统逻辑推理流程图

机器人状态库中读取机器人状态信息更新动态事实库，并判断网络连接和电池电量是否充足等。如果机器人已经在线且电量充足，接着专家系统开始利用基础知识库中的已知规则对机器人的状态和环境信息进行判断，从而根据环境状态调用动态规则库中相应的规划模块。如果存在障碍物且与障碍物的距离小于一定值，则调用专门的越障规划模块。最后，专家系统根据其中规则进行推理，给出行为动作序列，并将其中第一条动作指令写入机器人指令库，供监控系统进行进一步处理。在下一次规划过程中，如果存在未完成的动作指令，专家系统则会调用相应的动作指令规则库，判断机器人是否完成当前动作指令。如果已完成，专家系统会根据机器人当前动态事实进行一次推理，看是否需要对当前序列进行再规划。如果不需要进行再规划，则发出下一条动作指令，直到本次规划序列中的全部动作指令都被执行完成。

2.3.4　架空输电线路巡检机器人自主越障实验

机器人自主越障过程如图 2-36 所示，机器人在巡检过程中遇到了带绝缘子串的悬垂线夹，在行为规划专家系统的指导下，通过质心控制使机器人成功越过了障碍物。在自主越障过程中，机器人未与输电线路和电力金具发生任何接触，整个过程安全可靠。

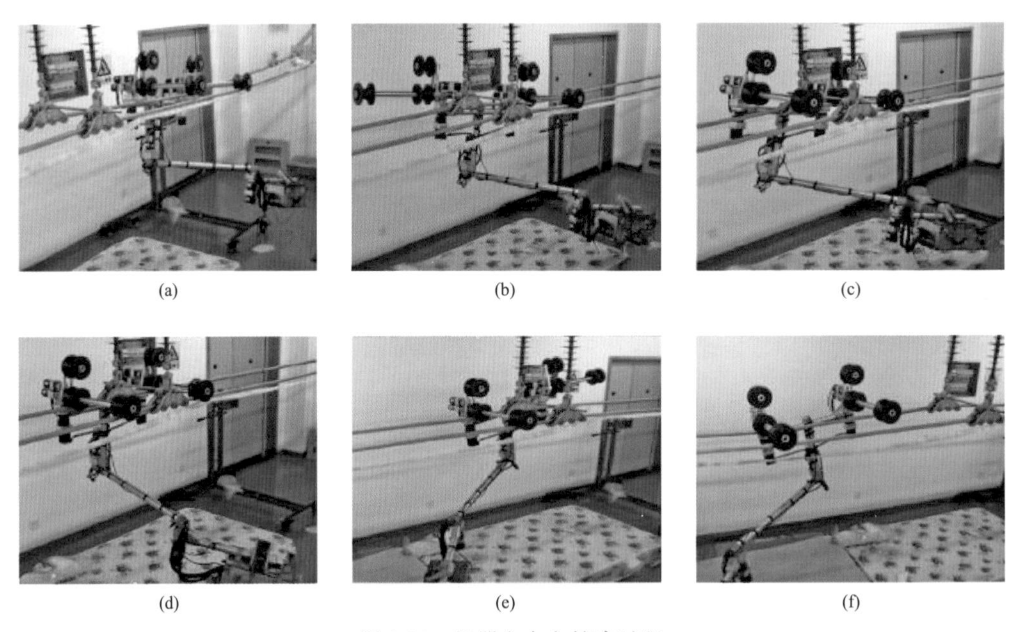

图 2-36　机器人自主越障过程

(a) 步骤 1；(b) 步骤 2；(c) 步骤 3；(d) 步骤 4；(e) 步骤 5；(f) 步骤 6

参考文献

[1]　佃松宜，翁桃，廖云杰，等. 巡线机器人的研究综述及面向智能电网技术的一些探讨 [J]. 四川电力技术，2009，32 (z1)：47-51.

[2] SAWADA J, KUSUMOTO K, MAIKAWA Y, et al. A mobile robot for inspection of power transmission lines [J]. IEEE Transactions on Power Delivery, 1991.

[3] ELIOT T. Robots repair and examine live lines in sever condition [J]. Electrical World, 1989 (5): 71-72.

[4] 周风余. 110kV 输电线路自动巡检机器人系统的研究 [D]. 天津：天津大学，2008.

[5] WANG Ludan, LIU Fei, WANG Zhen, et al. Development of a practical power transmission line inspection robot based on a novel line walking mechanism: Proceedings of IEEE/RSJ International Conference on Intelligent Robots and Systems [C]. Taipei, Taiwan: IEEE, 2010, 222-227.

[6] Serge Montambault, Nicolas Pouliot. LineScout Technology: Development of an Inspection Robot Capable of Clearing Obstacles While Operating on a Live Line: Proceedings of 2010 1st International Conference on Applied Robot for the Power Industry [C]. Montréal, Canada: IEEE, 2010.

[7] DEBENEST P, GUARNIERI M. Expliner—From prototype towards a practical robot for inspection of high voltage lines: Proceedings of 2010 1st International Conference on Applied Robot for the Power Industry [C]. Montréal, Canada: IEEE, 2010.

[8] DEBENEST P, GUARNIERI M. Expliner—Robot for inspection of transmission lines: Proceedings of IEEE International Conference on Robotics and Automation [C]. Pasadena, CA, USA: IEEE, 2008, 3978-3984.

[9] WANG B, CHEN Xiguang, WANG Qian, et al. Power line inspection with a flying robot: Proceedings of 2010 1st International Conference on Applied Robot for the Power Industry [C]. Montréal, Canada: IEEE, 2010.

[10] TOTH J, JACKSON A G. Smart view for a smart grid. Unmanned aerial vehicles for transmission lines: Proceedings of 2010 1st International Conference on Applied Robot for the Power Industry [C]. Montréal, Canada: IEEE, 2010.

[11] DENAVIT J, HARTENBERG R S. A kinematic notation for lower-pair mechanisms based on matrices [J]. Journal of Applied Mechanics, 1995, 22: 215-221.

[12] 罗永新. 基于 PC 工控机的机器人运动控制研究 [D]. 南京：东南大学，2005.

[13] 李维赞. 输电线路巡检机器人智能控制系统研究与设计 [D]. 青岛：山东科技大学，2008.

[14] ALLAN J F. Robotics for distribution power lines: Overview of the last decade [J]. Applied Robotics for the Power Industry (CARPI), 2012 2nd International Conference, 2012, 96-101.

[15] 郑胜. 基于 PC104 主板的嵌入式数据采集系统的研制 [D]. 西安：西北工业大学，2002.

3 电力排管与电缆检查机器人

3.1 电力排管与电缆检查机器人研究背景及现状

3.1.1 电力排管与电缆检查机器人的基本概念与发展历程

自20世纪80年代开始，随着工业用电与民用电的急剧增加，对供电的可靠性要求越来越高，原有的电网结构已不能满足现代城市发展的要求。传统的城市配电网采用架空输电线路的方式，这种方法存在着施工难度大、容易发生危及人身安全的断导线、漏电等缺点。而电缆由于其输送容量适应性强、供电可靠性高、运行方式灵活、利于市容美观等特点已逐步取代架空输电线路，成为城市电力系统输配电的重要组成部分。

城市线路主要采用电缆排管进行铺设，这种安装方式需先在地下填埋管道，然后再将电力电缆敷设其中。待电缆敷设完成，在电网运行过程中，对电缆进行绝缘检测是降低电力输电线路故障、保障供配电安全和质量的重要手段之一。电缆持续工作在高压、高温下，物理化学变化及外部刺激条件（雷电、短路等）都会造成电缆绝缘性能下降。若对原本微小的破损和缺陷不予以重视及采取相关措施处理，这些前期微小的问题最终将导致严重事故，造成大面积停电和巨大经济损失。

国内外大多采用对电缆进行绝缘检测的预防性维修体系，即电力公司定期停电，由人工对电缆进行巡检，或者定期根据计划对部分电缆进行更换。这些做法会造成较大的经济损失。为了提高经济效益和工作效率，状态检修这一新概念被提出。状态检修是对运行中电气设备的绝缘状态进行连续在线监测，随时获得能反映绝缘状况变化的信息，进行分析处理后，根据诊断结论安排必要维修。在坚强智能电网战略规划中，国家电网将电力设备的运行检修自动化和具有自诊断功能的智能设备列为应开展的重要研究内容。随着分布式传感监测技术的发展，采用分布式传感器对地下电缆的状态进行监测成为可能。这种技术虽然可以实现实时在线监测，但是由于地下电缆本身就是极复杂的网络，所以使用分布式传感进行检测必然要对整个地下电缆进行覆盖，会导致成本大幅度上升，且实施起来有一定的风险。随着机器人技术、计算机技术及智能检测与传感技术的发展，使用机器人进行电缆的状态检修成为一种有效的手段。

3.1.2 几种典型的电力排管与电缆检查机器人

自 20 世纪 60 年代开始，日本、美国、加拿大和国内一些研究机构先后开展了巡检机器人的研究，但大多集中在架空输电线路上，针对地下输电线路智能巡检方面的研究和应用较少。

美国华盛顿大学 SEAL 研究室于 2002～2005 年研发了地下电缆移动监测平台，如图 3-1 所示，初步完成了地下输电线路巡线机器人的设计。该机器人采用多段轮式的整体机械结构，每段具有不同的功能模块，包括电机驱动、控制、传感检测、信号处理等。机器人两侧添加平衡杆辅助机器人在电缆上保持平衡，车轮采用沙漏型以紧贴电缆表面，车头安装红外热成像仪及摄像头来检测电缆温度及获取视频信息。

图 3-1 地下电缆移动监测平台

2006 年，美国格兰德河大学开发了一种名为 TATUBOT 的地下电缆管道检测机器人，如图 3-2 所示。该机器人属于管内机器人，能行走于电缆管道内，分别使用红外、声波、边缘电场传感器对管内输电电缆进行检测。

图 3-2 TATUBOT 机器人

2009 年，重庆大学输配电装备及系统安全与新技术国家重点实验室提出了自行走地下电缆故障检测智能仪的策略。该智能仪由自行走巡线机器人、检测装置、故障预测系统组成，具有自动化程度高，信息全面、直观、可靠的优点。

2008 年，上海交通大学机械与动力学院开发了一种电缆隧道综合检测机器人系统，如图 3-3 所示。这一系统的创新意义在于：通过机器人，综合实现了对电缆隧道的防火、有害气体检测工作的自动化。该机器人能够比较自如地在地下管道中行走，具备一定的越障能力，能采集气体、温度等相关信息，还能使地面工作人员通过图像直观了解管道内部的运作情况；但机器人偏重，且不能对电缆本身绝缘状态进行检测。同年，上海交通大学信息与电气工程学院开发了一种电缆管道机器人，如图 3-4 所示。该机器人采用广角镜头和照亮白光照明设计，使得机器人可以在黑暗潮湿的地下管道内工作。同时，该机器人采用 CAN 总线作为图像数据和控制信号传输的通道，具备一定的牵引力。

图 3-3　电缆隧道综合检测机器人系统

图 3-4　电缆管道机器人

3.2　电力排管与电缆检查机器人总体方案设计

3.2.1　系统总体组成及功能

电缆管道巡检机器人系统主要由机器人本体、传输/回收设备及上位机监控平台组成，如图 3-5 所示。

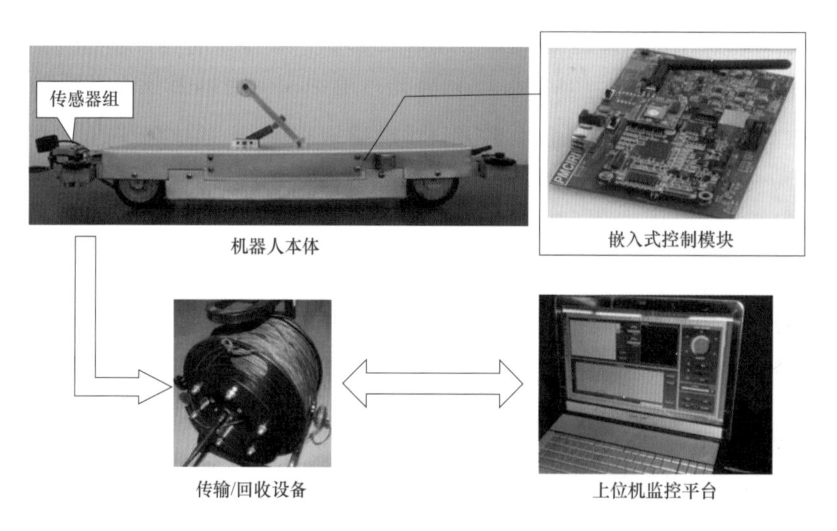

图 3-5　电缆管道巡检机器人系统组成

电缆管道巡检机器人的主要功能如下：

(1) 电缆敷设前，机器人可适用于管径为 150～200mm 的电缆排管内行进；电缆敷设就位后，机器人可在排管内沿电缆表面行进。

(2) 在管道施工验收时，机器人在黑暗潮湿的状态下，可通过携带的视频监测装置实现高速视频采集，并通过实时无线/有线传输将电缆排管内部图像传至上位机监控平台。

在电缆敷设施工时，机器人可沿排管内行进，完成电缆排管敷设牵引拉线的工作。

（3）在城市地下供电线路运行或检修时，机器人可在电缆排管内沿敷设好的电缆表面行进，完成包括电缆过热点、电缆绝缘状态、排管内环境状况等定期巡检或不定期故障排查。

（4）具备一定的爬坡、涉水、跨越管内障碍能力，具备一定的探测距离和故障定位精度，机器人发生故障或意外时能安全回收；机器人携带电源、机械结构、驱动装置等，安全可靠，不会对排管造成物理破坏或危及电网运行安全。

（5）便携式的上位机监控平台完成远程控制与检测管理，能够实现对机器人的遥控、遥测功能。遥控主要包括远程控制机器人在排管内或电缆表面上的前进、停止、后退及加减速；遥测主要包括实时管内图像采集、传输及显示，机器人爬行距离及故障定位显示，过热点与电缆绝缘状态图形动态显示，以及机器人运行与告警信息显示等。监控平台具有较好的人机交互、操控和显示界面。机器人的系统功能如图 3-6 所示。

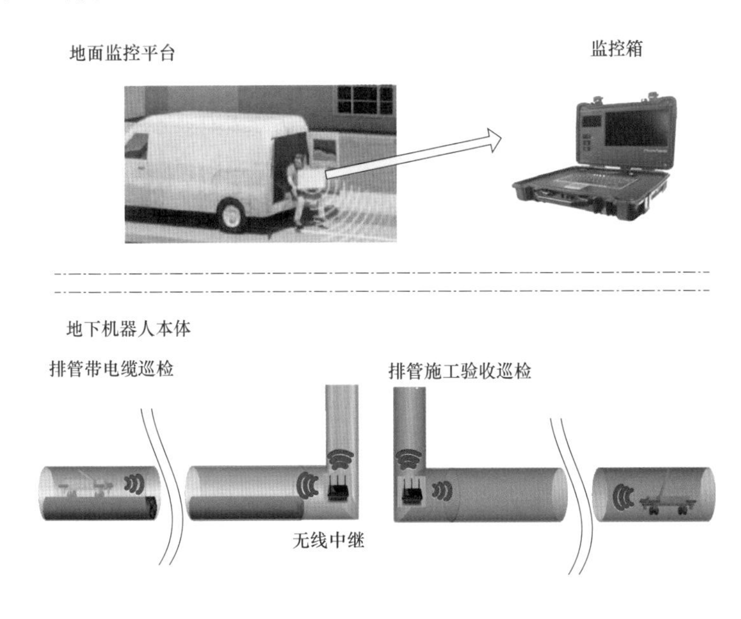

图 3-6　机器人系统功能示意图

3.2.2　机器人本体设计

从实现机器人各组成部分的角度，将机器人本体研制划分为机械结构、传感器组、嵌入式控制系统和检测系统等模块。

3.2.2.1　机械结构

1. 支撑结构

机器人机械结构的最大创新点在于其各支撑部件（驱动轮、导轮及顶轮）构成的五点支撑结构（见图 3-7）。一方面，在空管行驶情况下，悬挂避振及顶部支撑杆的可伸缩性确保机器人在空管行驶过程中导轮、顶轮、驱动轮都处于同一圆周上，满足了机器人在管内行驶的力封闭与形封闭条件。另一方面，在带电缆管道中行驶的情况下，5 个支撑点既能够借助电缆的存在保障机器人在管道内的姿态稳定，同时各伸缩部件又可在电缆出现不规则的同时克服这些外部扰动。

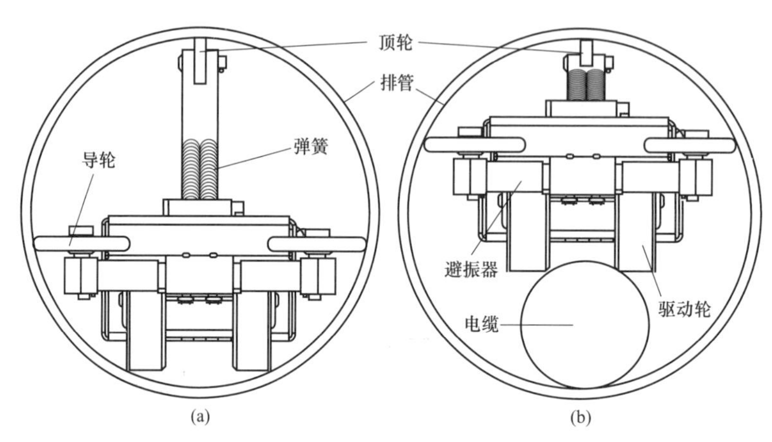

图 3-7　机器人五点支撑结构示意图

2. 运动学仿真

管道内部的电缆在铺设时会出现扭曲不平现象，为验证机器人在此特殊情况下的运行稳定性，使用机械系统动态仿真分析软件 ADAMS 对机器人的运动学进行仿真分析。仿真条件为：内径为 200mm 的排管内敷设有两段相连接的电缆，机器人开始沿直径 90mm 的电缆前进，并在前进过程中过渡到直径 70mm 的电缆继续沿电缆前行。图 3-8 为机器人质心在排管横截面上水平及竖直方向上的位移轨迹，机器人于 7s 开始过渡到小直径电缆，并于 10s 时刻完成过渡。整个过程中机器人水平位移有 3mm 以内的波动，竖直方向的位移因为电缆直径的减小而下降，最终机器人水平及竖直方向位移都趋于平稳。

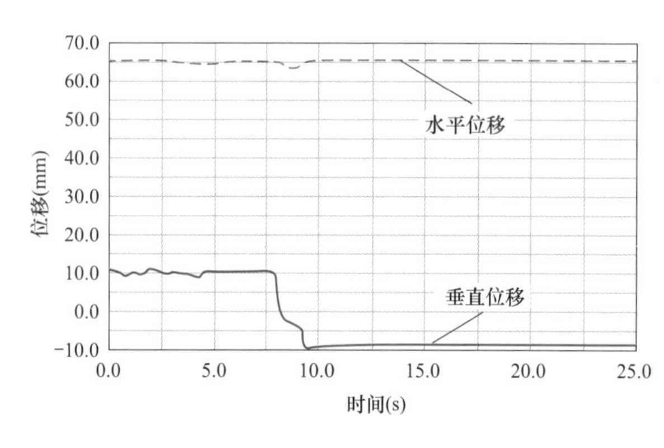

图 3-8　机器人质心在排管横截面上水平及竖直方向上的位移轨迹示意图

3. 驱动机构

驱动机构由电机、驱动器以及减速器在内的驱动装置、传动轴、履带、传动齿轮、同步带轮等多个部分共同组成。传动齿轮带动驱动装置输出轴以及其上的同步带轮进行转动，既能够推动履带抓地展开运动，也能够实现机器人的前进、转弯、后退等动作。对该行走机构进行应用，在坡度不大于 30°的斜坡上正常行走，即使不应用摆臂，高度在 50mm 以下的障碍物也能够轻松通过，使机器人的巡检速度在一定程度上得到提升。

为了实现机器人在排水沟内外行走的特性，检测机器人至少装配有 2 对轮距可调的行进轮。驱动机构包括驱动轴、驱动齿轮和一对车轮；伸缩调整机构包括调整电机、一对传动齿轮、螺杆轴和一对 Z 形曲轴机构。当机器人在沟内行走时，调整电机控制螺杆轴旋转，使得两侧车轮轴向距离收缩，此时装置具有一般的驱动功能；当检测机器人需要在沟外行走时，较小的轮距无法继续前进，调整电机控制螺杆轴反向旋转，使得两侧车轮处于伸长状态，轮距变大，使装置可以继续前进。这种驱动系统使得机构同时具有了伸缩功能和驱动功能，提高了巡检机器人的越障性能。

考虑到机器人必须以一定的速度行驶于小管径（直径 150～200mm）排管内，并且要提供至少 10kg 的牵引力，传统的采用减速齿轮系传递电机动力到驱动轮的方法虽然可以提供足够力矩，但会使机器人整体结构复杂，横向体积增加。因此，机器人前后轮分别采用单电机加减速器加锥齿轮箱的传动方式，这种方式充分利用了管道纵向的空间，且驱动轮直接与锥齿轮箱紧固在一起，提高了传动效率。锥齿轮箱传动系统如图 3-9 所示。

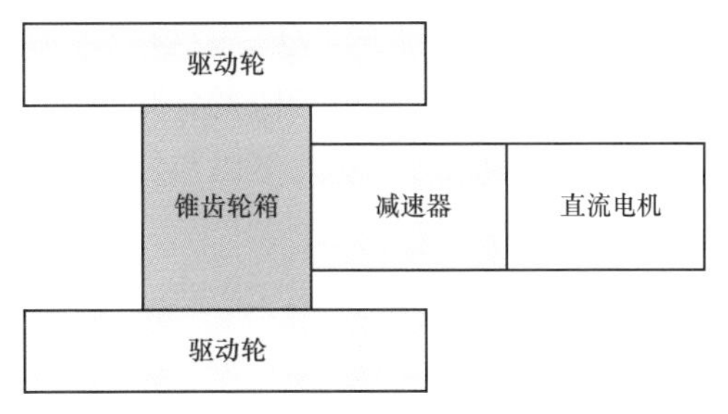

图 3-9 锥齿轮箱传动系统示意图

3.2.2.2 传感器组

机器人沿着电缆坑道运动，行走的速度应是可控制的。为了图像获取的全面性，在电缆坑道的某些特殊位置（如转角处），机器人要以最慢的速度通过，这样拍摄的图像就最多，从而保证图像采集的密度。机器人采用传统的轮式行走机构，包括 1 个支撑轮和 2 个驱动轮，驱动方式采用步进电机驱动的方式。由于电缆的敷设位置位于电缆坑道的中央，图像中有价值的信息也集中在图片的中央位置，因此对这类图像可以进行裁剪，去掉四边。另外，由于机器人是在电缆坑道内运动并拍摄图像，拍摄环境比较明暗不一，图片难免会模糊，要提取这些图片最主要的特征，对图片进行锐化处理，从而强化图片的特征。

机器人携带的传感器组包括视觉检测系统、红外热成像仪和声发射传感器。

（1）机器人视觉检测系统主要包括图像获取和视觉处理两部分。该机器人使用广角防水 CCD 作为视觉传感器，白光 LED 为照明系统，能够使机器人在黑暗、潮湿和狭窄的电缆排管内获取清晰的管内图像信息。

（2）地下电缆绝缘层对温度很敏感，当绝缘材料连续处于过热状态时，其使用寿命将大大减少。该机器人采用红外热成像仪对过热点进行检测，红外热成像仪具有体积小、准确度高的特点，可以很好地满足巡检机器人移动中非接触测量的需求。

（3）绝缘材料中局部放电源快速释放能量产生瞬态弹性波的现象称为声发射，由于声能与放电释放的能量之间是成比例的，因此机器人选择使用不受电磁干扰、可在带电电缆上工作的声发射传感器来检测电缆局部放电情况。

3.2.2.3 嵌入式控制系统

嵌入式系统是机器人本体中的关键组件，是机器人运动控制、传感检测和机器人与地面监控站之间通信的重要平台。

电缆管道作业与巡检工作对机器人本体控制系统提出的技术需求包括：对电缆温度进行实时监测，发现过热点时对电缆进行局部放电检测，并实时反馈机器人在管道内的姿态信息以及实时采集管道内的视频信息等。传统的 DSP 或单片机难以满足如此复杂的任务，因此采用基于 DM6446 的高性能检测和实时控制的嵌入式测控系统来进行控制。DM6446 芯片具有高速、低功耗等特点，其特有的达芬奇技术能够为视频压缩编码提高效率。DM6446 芯片采用 ARM+DSP 双核处理器架构：ARM 子系统运行嵌入式操作系统来高效地管理各设备之间的运行，协调各个进程/线程之间的通信；DSP 子系统进行数字信号处理，完成对视频信号的实时编码与传输。

1. 嵌入式硬件系统设计

硬件系统的结构如图 3-10 所示。

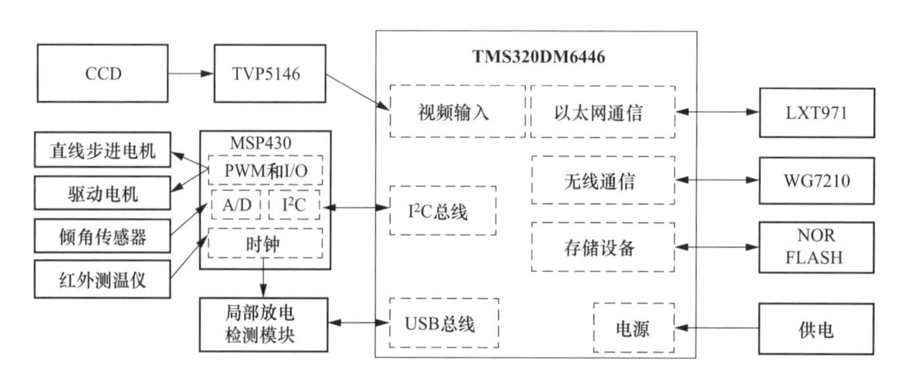

图 3-10　硬件系统结构示意图

以 DM6446 处理器为核心的硬件系统框图如图 3-11 所示，主要由处理器模块、视频模块、协处理器模块、局部放电模块、运动控制模块、网络接口模块和供电模块 7 个模块组成。

（1）处理器模块由 DM6446 微处理器、NOR 闪存、DDR2 内存等构成，实现的功能包括视频信号处理、管理协处理器的运行、数据的网络传输、运动控制等。

（2）视频模块由 CCD 夜视防水摄像头和 TVPS146 模数转换芯片构成，它将摄像头输入的 PAL 制式标准复合视频信号经过模数转换后，传入 DM6446 视频处理子系统的视频处理前端（video processing front end，VPFE），以实现视频信号的压缩编码。

（3）协处理器模块由 MSP430 系列单片机、红外热成像仪和两轴倾角传感器构成，完成电缆温度和机器人姿态信息的采集与处理，并通过集成电路互连通信电路（inter-integrated circuit，I^2C）总线将经过 A/D 转换后的数据发送到 DM6446。

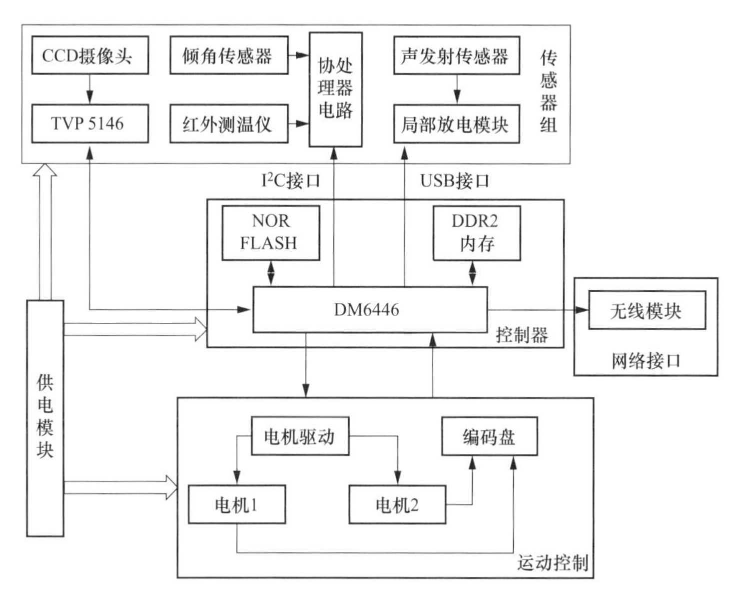

图 3-11　以 DM6446 处理器为核心的硬件系统框图

(4) 局部放电模块负责采集过热点处的局部放电信息，并通过 USB 接口传输至 DM6446。该模块由声发射传感器和高速 A/D 转换芯片构成。

(5) 运动控制模块包括有刷直流电机、电机驱动、编码器等，通过接收决策层发出的指令控制电机的转速和方向，同时将电机的运行状态实时反馈回处理器。

(6) 网络接口模块采用 802.11b 无线通信协议，由 WG721O 芯片通过串口与 DM6446 相连构成，负责将采集到的视频、温度、倾角、局部放电等数据传输至监控站进行显示，并接收监控站发送的控制指令。802.11b 通信协议的传输速率最大可达 11Mbit/s，室外通信距离最远可达 300m，能够满足数据传输的要求。

(7) 供电模块由 12V 大容量锂电池构成，通过稳压芯片转换后，提供 5、3.3V 和 1.8V 电源供系统使用。

2. 嵌入式软件系统架构

软件开发基于 Linux 的层次化架构和多进程/多线程管理实现了运动控制、视频采集、参数检测、网络传输等功能。根据典型的嵌入式软件系统开发特点，结合电缆巡检实际任务需求，将机器人嵌入式软件系统设计成如图 3-12 所示的一种层次化的软件系统架构，该架构分为三层。

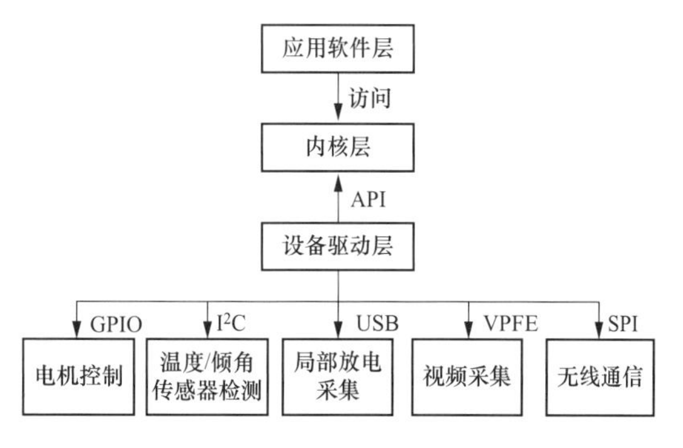

图 3-12　嵌入式软件系统架构示意图

（1）设备驱动层：在已移植好的嵌入式 Linux 操作系统上，完成设备驱动软件的设计，主要包括电机控制的通用输入/输出端口（general purpose I/O ports，GPIO）驱动、温度/倾角数据传输的 I^2C 总线驱动、局部放电模块 USB 传输驱动、视频采集驱动、无线网卡驱动等。设备驱动运行在内核空间，负责为应用层提供物理设备的相关功能，需要实现对设备初始化及释放、内核与硬件之间和内核与应用层之间的数据读写、检测和处理设备出现的错误等功能。

（2）内核层：嵌入式系统的内核采用抢占式 Linux2 6.10 内核，结合硬件系统资源进行了裁剪和移植，有较好的实时性和适用性。

（3）应用软件层：在嵌入式操作系统和设备驱动都已完成的基础上，进行应用软件层的开发，是该机器人嵌入式软件系统的主要组成部分。

3. 应用软件层设计与编程实现

设计的应用软件层流程如图 3-13 所示，可以概括为以下三个步骤。

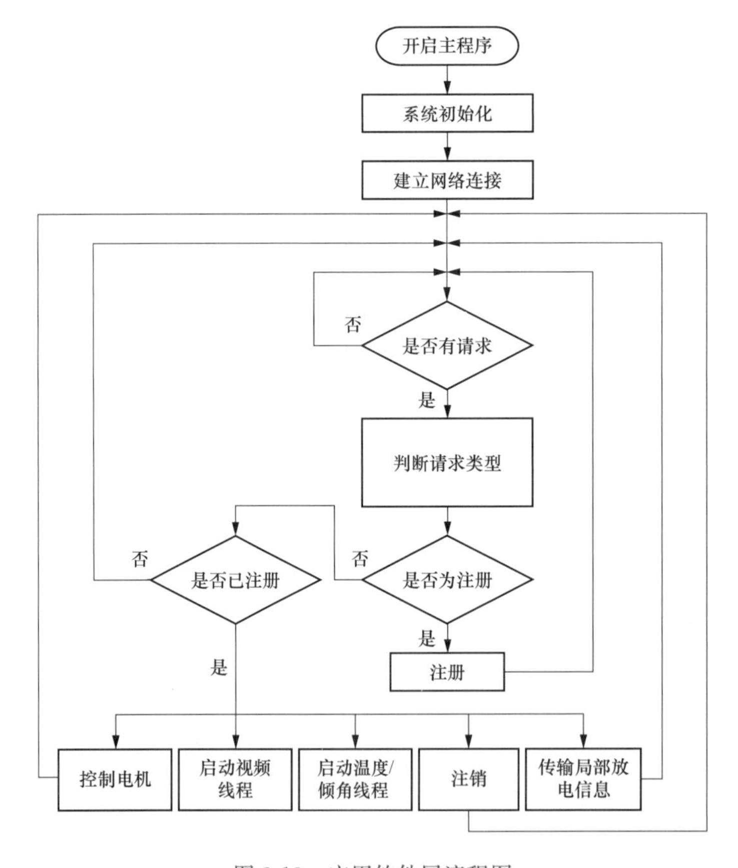

图 3-13　应用软件层流程图

（1）系统初始化：主要功能包括 DSP 对数字视频信号进行压缩编码，并把处理的数据存入 DSP 与 ARM 共享的缓存，为协处理器和局部放电模块的数据传输打开 I^2C 设备和 USB 设备。

（2）建立网络连接：通过 Wi-Fi 模块建立与路由器之间的连接，使嵌入式系统、路由器和监控站构成一个局域网。由于嵌入式系统作为服务器端在运行，因此需要等待监控站客户端的网络连接。

（3）创建各监控线程：嵌入式系统通过监控站发送的注册信息判断网络连接是否有效，注册成功后为监控站返回一个用户身份标识（identity document，ID），监控站通过此 ID 向嵌入式系统发送控制命令并得到对应的回应；当回应正确后，嵌入式系统将建立各监控线程，向监控站发送采集到的数据。

4. 达芬奇技术的应用与实现

该嵌入式软件系统开发的重点之一是对大数据量的视频信号进行有效的压缩编码，从而为监控站提供每秒 25 帧的实时图像信息。

达芬奇技术充分利用 DM6446 双核架构资源，DSP 子系统只运行编码算法，ARM 子系统通过 Linux 嵌入式操作系统完成对外部设备的管理，两个子系统之间的数据通信和交互通过编解码引擎（codec engine，CE）完成。

CE 是调用 TMS 320 DSP 算法标准（expressDSP algorithm interface standard，XDAIS）的一组应用程序接口（application programming interface，API）集合，应用程序必须通过调用这些 API 才能访问 DSP。系统中视频编码的实现过程如下。

（1）设计与实现编码算法。该系统采用的压缩编码算法基于 H-264 技术进行开发，并在视频压缩编码时采用每 10 帧有一关键帧的技术。关键帧是一个完整的压缩编码图像帧，压缩后的大小在 20kB 左右。剩余 9 帧非关键帧在关键帧的基础上进行数据的修改，如果两帧之间的变化很小，那么非关键帧的数据量则会很小。采用这种压缩编码算法，可以在不降低图像质量的情况下显著减少数据流量。

（2）集成编码算法。将上一步开发完成符合数字媒体软件标准（eXpressDSP digital media，xDM）的编码算法集成到 CE 中。需要配置的两个脚本文件：其中一个表明编码算法的使用和配置信息；另一个描述编码算法在达芬奇上的存储信息。接着使用 make 命令将脚本生成以 X64P 为后缀的 CE 文件，它可被应用程序直接调用。

（3）应用程序中调用 CE。应用程序通过 CE 的 3 个核心引擎 API 打开和关闭解码引擎，接着通过 VISA API 的视频编码接口创建和删除编码算法。

（4）加载 DSPUNK 和 CMEM 驱动。在实际运行应用程序前，还需加载相关驱动，以实现 ARM 和 DSP 的底层通信，加载完后即可运行已完成的应用程序。

5. 多进程和多线程管理

在嵌入式系统应用层编程实现时，运用多进程和多线程技术实现视频压缩编码、协处理器控制、USB 数据传输等功能同时独立运行，从而提高程序的处理效率和系统稳定性。在嵌入式系统实际运行时，通过实时监测主进程的运行状态避免机器人无法操作的情况出现：在监测进程中采用 fork 函数加 exec 函数簇的方式开辟主进程完成机器人巡检的任务需求，并使用 wait 函数判断主进程是否意外中断退出；若主进程意外退出，则 wait 函数返回“1”，这时监测进程重新开辟一个新的主进程等待监控站的网络连接。主进程通过网络连接接收到监控站发送的请求后，通过 pthread _ create 函数开辟多个子线程完成视频传输、温度/倾角传输等功能。在不同的子线程中会出现对同一变量进行操作的情况，因此在操作这一变量之前调用线程锁 pthread _ mutex _ lock 函数进行保护。完成操作后，调用 pthread _ mutex _ unlock 函数进行解锁。嵌入式系统和监控站之间的通信方式采用 TCP/IP 协议，子线程需要各自的网络套接字完成数据交换。

3.2.2.4 检测系统

声发射技术是一种动态检测方法。声发射探测到的能量来自被测试物体本身，这与超声或射线探伤有很大不同，后者探测到的能量由无损检测仪器提供。由于声发射技术可提供活性缺陷跟随载荷、时间和温度等变化的实时或连续信息，因此被用于工业过程在线监控、早期或临近破坏预报。

国内外运行经验和研究成果表明：电力电缆性能早期劣化很大程度上取决于其绝缘介质的老化程度，而局部放电测量是定量分析绝缘老化程度的有效方法之一。声能与放电释放的能量之间是成比例的，相关文献也以实验证明了这一点。因此，可以利用局部放电伴随声发射波作为一种放电检测的判据来判断局部放电是否发生，并进一步判断绝缘的劣化和老化。但是声发射传感器容易受到噪声的干扰，因此须对采集到的数据进行数字信号处理，提取混合信号中的有用信号对局部放电检测是非常重要的一环。

1. 声发射检测系统基本构成

局部放电过程中发出一种应力脉冲，这种应力脉冲波使机械振动波在声发射源所在材料中传播；当机械波传播到材料表面时，声发射传感器接收到的机械波信号即为声发射信号；传感器将机械信号转换为电信号后，通过与之相连的前置放大器放大后送到 DM6446 主控板上的高速采集模块上，采集模块再将其经 A/D 转换为数字信号；最后传输至上位机监控平台显示、存储，并对信号做进一步处理分析。声发射检测系统的结构如图 3-14 所示。

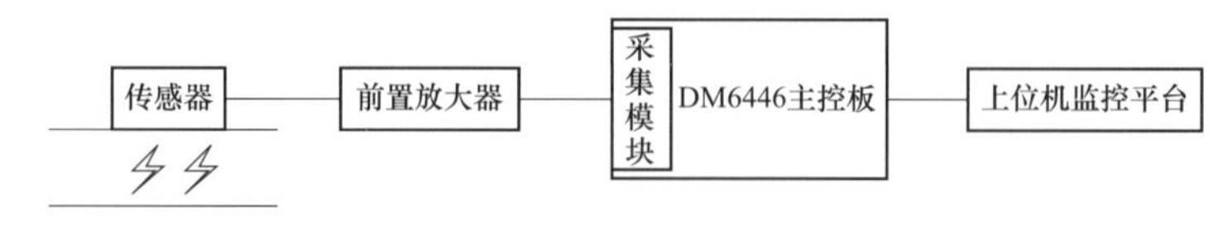

图 3-14　声发射检测系统结构示意图

2. 声发射传感器

局部放电具有一定的随机性，其产生的声发射信号也具有一定的随机性。每次局部放电现象发生时，它的声波信号频谱不是相同的，但从整个局部放电来看，其声波信号的频率分布范围并没有太大变化，基本处于 50～300kHz 频段。大量研究表明，局部放电产生的声波信号的频谱大多集中在150kHz左右。因此，机器人系统选用的声发射传感器为单端谐振式传感器，主要组成部分是压电晶片（单端接收模式工作），此外还包括保护膜、外壳、电极引线、插座、磁铁等组成部分。将压电元件的电极面用胶粘贴在底座上，另一面焊出一根很细的引线与高频插座的芯线连接，外壳接地。声发射传感器的结构如图3-15所示。

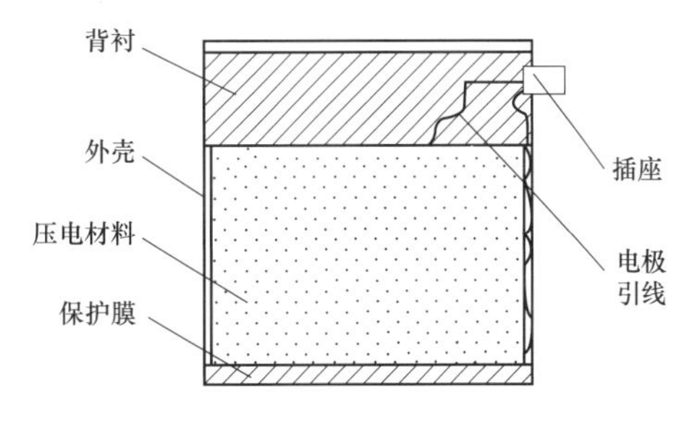

图3-15 声发射传感器结构示意图

3. 前置放大器

传感器输出的信号电压是很低的，有时甚至会低至微伏数量级，如此微弱的信号在通过长距离传输之后，其信噪比就会变低。因此，在传感器附近设置前置放大器，信号可以得到有效的增强，再经由高频电缆传输给信号处理单元（采集模块）。简单来说，前置放大器接收传感器输出的模拟信号之后，再输出增强后的模拟信号。前置放大器是一个模拟电路，其工作电源由电源信号共线方式输送。

因为前置放大器关系着一个系统的噪声大小，所以它在声发射系统中是极其重要的。前置放大器必须具备高增益和低噪声的性能，才能有效提高整个系统的信噪比。除此之外，前置放大器还必须具备较强的抗干扰能力及排除噪声的能力。通常，在声发射检测的环境里存在着较高的机械噪声（频带通常低于50kHz）、液体噪声（频带通常在100kHz～1MHz）和电气噪声。

4. 高速数据采集模块

局部放电引起的声发射因电缆绝缘材料的不同，表征出来的信号频率和幅值不同。该机器人内部的声发射信号高速数据采集系统对信号的放大和滤波采用多量程数字可调，且利用高速模数转换器AD9260实现对放大滤波后的声发射信号高速数字化。其特点如下：

（1）利用可变增益运算放大器AD603和可编程数字电位器实现程控放大，中间级采用高带宽运算放大器ADA4899-1。

（2）利用二阶巴特沃斯滤波电路实现带通滤波，电路采用模拟开关控制接入电路阻值大小，实现程控滤波。

（3）利用高速模数转换器AD9260实现对放大滤波后声发射信号的采集，采集速率和输出字节速率可调，最大采样频率为1.25MHz。

3.2.3 传输/接受设备

传输/接收设备由被复线、路由器和绕线装置组成，完成机器人故障状态下的回收和通信中继功能。地面监控站通过传输/回收设备向嵌入式系统发送控制命令并接收其发送的数据。

3.2.4 上位机监控平台设计

监控软件是基于 LabVIEW 开发的一种设计新颖、运行可靠、功能实用的新型远程测控系统。远程监控模块主要包括以下三个方面的内容：

（1）机器人在管内采集的各种信息，包括电缆温度、局部放电情况、机器人姿态及定位、机器人速度、电池剩余电量等。

（2）相关检测信息进行特征提取及信息融合处理，分析判断管道内故障是否发生及危险等级。

（3）机器人发送控制指令，包括机器人速度设置、局部放电检测设置机器人运动方式（前进、后退、停止、加速、减速等）。

远程测控系统的结构框图如图 3-16 所示，机器人本体为服务器端，上位机为客户端。服务器端连接温度、倾角传感器、摄像头等设备。现场信息由各传感器采集，经无线与有线两种方式传送至上位机，两种方式均采用 TCP/IP 协议。首选通信方式为无线，通过 DM6446 带有的 Wi-Fi 模块发送信息至现场路由器，上位机通过无线网卡连接路由器并接收信息。在无线信号较弱或其他特定情况下，服务器端采用备用的有线方式连接至路由器，即采用基于 VDSL2 技术的 VDSL BRIDGE 调制解调器连接一对双绞线来通信，速率最高可达 100Mbit/s。

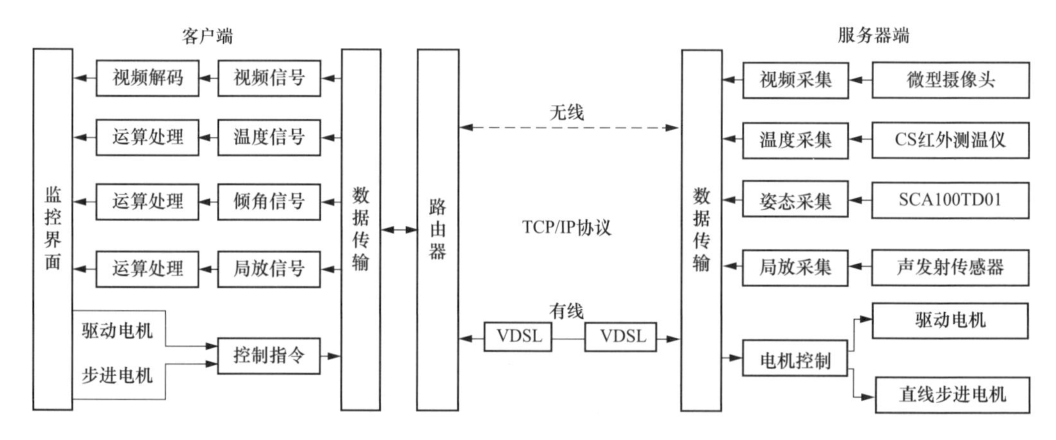

图 3-16　远程测控系统结构框图

上位机监控平台具有良好的人机交互显示界面，机器人的运动控制、温度显示、视频呈现、姿态反馈等都可以在界面中完成遥测，点击显示界面中的不同选项按钮将出现对应的软件界面。机器人用开发的软件系统实现人工远程遥控，即监控人员通过无线或有线通信对机器人的运动方式进行控制，并通过相应检测指令控制机器人对排管或电缆特定位置进行检测，然后将采集到的数据进行相应处理和存储，同时更新工作日志。监控平台显示界面如图 3-17 所示。

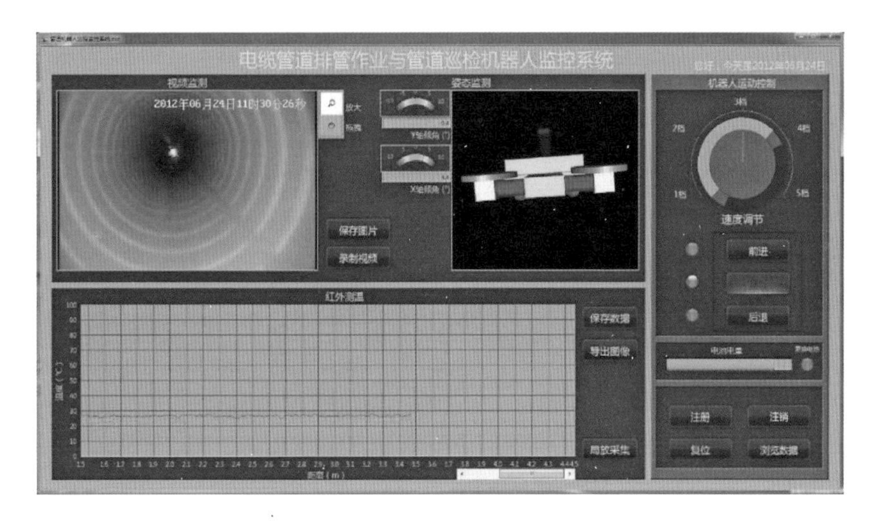

图 3-17 监控平台显示界面

电缆管道巡检机器人的系统组成如图 3-5 所示。机器人本体能够在 150～200mm 的双壁波纹管内，或管内带电缆情况下运行。

电缆管道巡检工作对机器人提出的技术需求包括：对电缆温度进行实时监测，发现过热点时对电缆进行局部放电检测，实时反馈机器人在管道内的姿态信息以及实时采集管道内的视频信息等。传统的 DSP 或单片机难以满足既采集每秒 25 帧图像信息的同时，又完成运动控制和检测任务。因此提出一种基于 DM6446 的高性能检测和实时控制的嵌入式测控系统实现方法。DM6446 芯片具有高速、低功耗等特点，其特有的达芬奇技术能够为视频压缩编码提高效率。DM6446 芯片采用 ARM+DSP 双核处理器架构，ARM 子系统运行嵌入式操作系统来高效地管理各设备之间的运行 E，协调各个进程/线程之间的通信，DSP 子系统进行数字信号处理，完成对视频信号的实时编码与传输。

3.2.5 测试结果

3.2.5.1 视频传输测试

监控站接收经过嵌入式系统压缩编码后的视频数据，直接计算出每秒帧数和每秒数据流量，视频采集测试结果见表 3-1。监控站进行解码显示的电缆管道内图像如图 3-18 所示。

表 3-1 视频采集测试结果

时间	帧数（帧）	大小（KB）
第 1 秒	25	171.54
第 2 秒	25	156.16
第 3 秒	25	163.64

图 3-18　解码显示的电缆管道内图像

通过表 3-1 和图 3-18 的测试结果可以看出，每秒的数据流量在 160kB 左右，适合无线通信的带宽，表明嵌入式系统实现了 25 帧/s 的视频数据实时压缩和数据传输，监控站接收的视频数据经过解码后能够清晰地显示管内状况。

3.2.5.2　局部放电数据采集

通过监控站得到的局部放电信号波形如图 3-19 所示，结果表明嵌入式系统的局部放电采集功能正常。

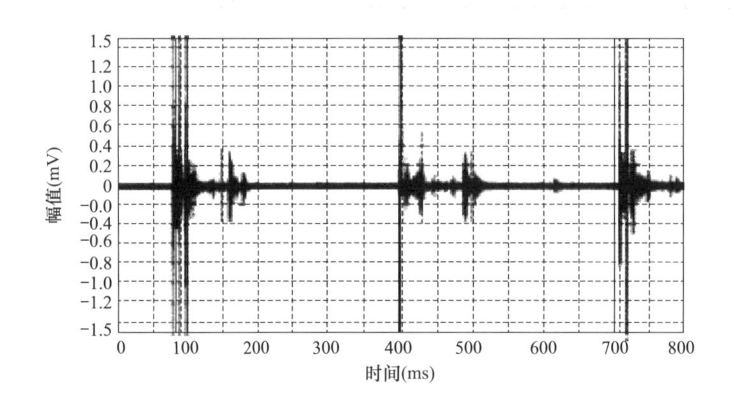

图 3-19　局部放电信号波形

3.2.5.3　电机控制

根据监控站不同挡位的调节，嵌入式系统输出不同的脉冲宽度调制（pulse width modulation，PWM）占空比和高低电平给电机驱动，得到的行驶速度调节测试结果见表 3-2。测试结果表明，嵌入式系统能有效完成电机调速控制。

表 3-2　**行驶速度调节测试结果**　(m/min)

挡位	1 挡	2 挡	3 挡
速度	1.02	4.01	7.03

3.3　电力排管与电缆检查机器人的通信

3.3.1　电缆管道巡检机器人通信系统简介

机器人在隧道内巡检时，需要与控制站建立通信，将结果上传，同时，控制站也需要经过通信系统对机器人下达指令。当前的通信方式主要有有线通信、光纤通信及无线通信。早期，由于缺乏高效的远距离通信方式，有线通信一度被用于机器人通信系统；但是对于电缆隧道内的巡检任务，如果由机器人拖拽通信电缆移动，容易引发各种事故，因此不具备可行性。而光纤通信受限于光的传播方式，只能用于长直隧道，应用受到限制。综上所述，机器人在电缆隧道内采用 Wi-Fi 无线信号网络。与自由空间不同，电缆隧道空间狭长，存在拐角和岔口，加上隧道内装设有大量的电力电缆，构成了一种闭域空间传播环境。无线电波在这种环境中传播时，电波会在电力电缆表面及隧道表面不断进行反射和折射，致使无线接收机除接受直射波外，还接受反射波和折射波，而在拐角处主要接收反射波、折射波和绕射波。同时，隧道内的电力电缆对电磁波也有吸收、反射、散射及绕射等作用。无线接收机收到来自不同路径的反射、散射等信号，造成了隧道内无线电波的多径传播现象。多径传播虽然可以使信号绕过障碍物，改善隧道内信号的覆盖情况，但是会导致接收信号的时延扩展、瑞利衰落以及多普勒频移，这些都给信号的传播带来严重困难。传统的天线系统无法从根源上解决这个问题，造成隧道内无线通信传输距离短、信号衰减快、场强分布不稳定，因此有必要研制一套面向电缆隧道巡检机器人的无线通信系统。

隧道内无线信号的多径传播如图 3-20 所示，对于一个特定的无线信号接收端来说，它所接收到的信号，是由大量经过隧道内壁反射后的散射波组成。由于不同的散射波、反射波经过的路径不同，因此最后到达接收端的信号，其场强、延时均不相同。由这些各个方向的波叠加，在接收端形成了驻波场强，造成了信号的快衰落。

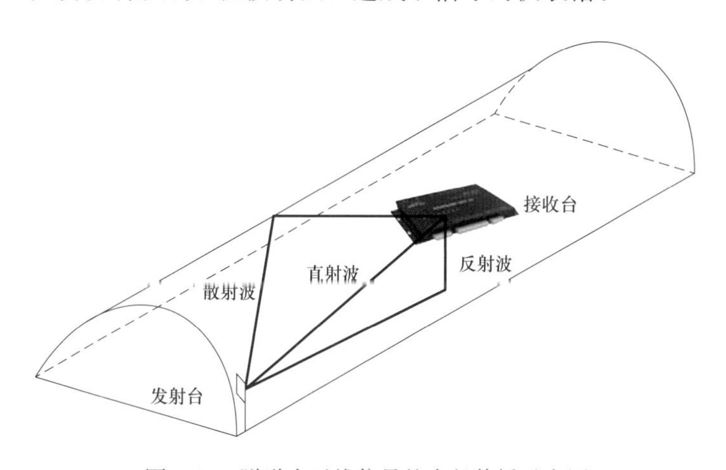

图 3-20　隧道内无线信号的多径传播示意图

3.3.2　电缆管道电力线路对通信线路的影响

3.3.2.1　电影响特点及保护措施

单线电力电缆作用下，通信电缆感应电流在两电缆轴线夹角等于 0°处达到最大，并随着夹角的增大而呈指数衰减。但是所有的感应电流均超过 50mA，不满足《电信线路遭受强电线路危险影响的容许值》（GB 6830—1986）中关于电力线路正常运行状态下，人体碰触邻近通信导线时由电感应引起的流经人体的电流 15mA 容许值的规定。三相电力电缆线路在通信电缆上产生的感应电流较单线电力线路小得多，这正是三相电压产生的电场有一部分相互抵消的结果。水平布线和三角形布线方式对减少正常运行状况下的通信电缆的感应电流有较好的效果，其次为垂直布线方式。

根据电影响的产生机理，为了减小电力线路产生的电影响，可采取以下措施：

（1）将长漏泄同轴电缆（简称“漏泄电缆”）分成多段漏泄电缆并接入光纤干线进行光电隔离，通过减小每段漏泄电缆的长度来降低其上的感应电流。

（2）利用静电屏蔽原理，将通信电缆的金属护套进线接地处理，可起到良好的屏蔽作用。

3.3.2.2 磁影响特点及保护措施

单线电力电缆同负荷作用下，对于不同大地电导率，通信电缆感应纵电动势都是在中轴线（水平隔距等于 0）处达到最大，并随着水平隔距的增大而呈指数衰减。但是所有的感应纵电动势均超过 350V，不满足《电信线路遭受强电线路危险影响的容许值》（GB 6830—1986）中关于电力线路正常运行状态下磁场耦合在通信电缆上产生的纵向感应电动势 60V 容许值的规定。三相电力电缆线路在通信电缆上产生的感应纵电动势较单线电力线路小得多，这正是三相电流产生的磁场一部分相互抵消的结果。三角形布线方式能够较好地降低通信电缆感应纵电动势，其次为水平布线方式和垂直布线方式。

为了减小由电力电缆线路产生的磁影响，可采取以下措施：

（1）在通信线路中采用特高频以上的载波信号以及相应的滤波器来切断干扰耦合路径，从而消除工频磁场及其高次谐波对通信信号的干扰。同时，采用数字化通信机制也可以有效减少此类干扰。

（2）将一条长漏泄电缆分成多段漏泄电缆并接入光纤干线进行光电隔离，通过减小每段漏泄电缆的长度来降低其上的感应电流。

3.3.2.3 电缆排管无线通信分析

根据菲涅耳区域理论，电磁波在隧道中传播时，可将隧道分为近区和远区两个传播区域：在近区，波的传播方式主要为多模传播；在远区，波的传播方式主要是稳定地引导传播。两个传播区域的转折点可通过菲涅耳区域理论来确定，隧道中两种传播区域的界面为发射天线到转折点的最大距离 d_{NF}，即：

$$d_{NF} = \mathrm{Max}\left(\frac{h^2}{\lambda}, \frac{w^2}{\lambda}\right) \tag{3-1}$$

式中：h 为隧道的高度；w 为隧道的宽度；λ 为电磁波的波长。

可见，d_{NF} 与隧道的高或宽的平方成正比，与波长成反比。

根据以上分析，隧道的传播空间分为两个区域。在传播距离小于 d_{NF} 的近区，引导传播尚未建立起来，电磁波的主要传播方式是多模传播，与波在自由空间的传播类似。因此，可以用自由空间的传播模型来计算传播损耗，即：

$$P_L = 32.5 + 20\log f + 20\log d \tag{3-2}$$

式中：P_L 为自由空间的传播损耗（dB）；f 为工作频率（MHz）；d 为收发天线之间的距离（km）。

而在传播距离大于 d_{NF} 的远区，高次模基本上已被衰减掉，电磁波主要以主模的形式传播，与波在波导中的传播类似，因此这个区域的传播损耗可用波导传播模型来计算。但由于波导传播模型计算繁复，根据相关模型校正结果可知，当传播距离大于 d_{NF} 的远区时，可用以下传播模型来计算传播损耗：

$$P_L = 20\log f + n\log d - A \tag{3-3}$$

式中：A 为损耗补偿值。

在具体实例中，由于隧道巡检机器人工作的环境是工业隧道，相较于交通隧道而言，其物理尺寸更小，且隧道内由于安装多种功能设施，远不及交通隧道空旷。但是相对来说，工业隧道主要实现的是安置功能而非通行功能，因此隧道内环境不如交通隧道多变。

3.3.3 漏泄电缆排管无线通信系统设计

漏泄电缆的结构和普通的同轴电缆基本一致，由内导体、绝缘介质以及外导体三部分组成。漏泄电缆工作机理比较简单，在普通同轴电缆的外导体上周期性开设槽孔，电磁波在漏泄电缆中纵向传输的同时，通过开设的槽孔向外辐射电磁波，形成连续的无线电磁波漏泄场；外界的电磁场也能通过槽孔感应到漏泄电缆内部，进而传输到接收端。

3.3.3.1 漏泄电缆分布系统组成

与室内覆盖分布系统相比，漏泄电缆分布系统一般也是由信号源以及合路器、功率分配器、放大器以及耦合器等射频器件组成，这些射频器件在系统中起着信号分配与信号合成的作用。不同的是，由于漏泄电缆兼有传输与天线的作用，漏泄电缆分布系统中一般没有天线与同轴馈线。图 3-21 所示为一个简单的漏泄电缆分布式系统组成。

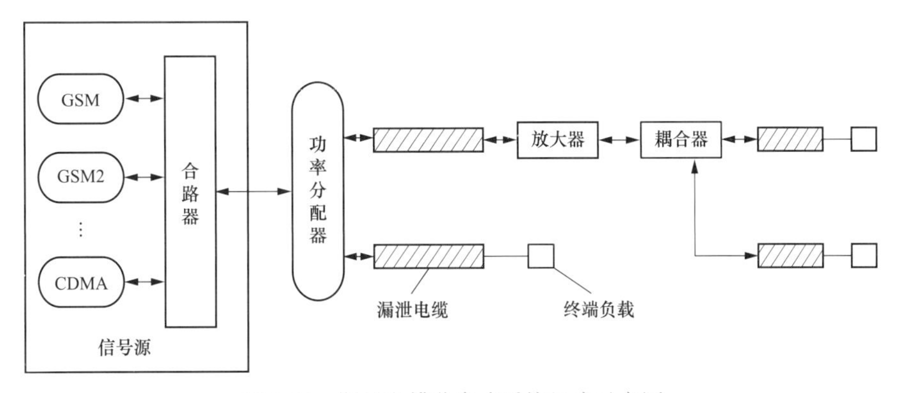

图 3-21　漏泄电缆分布式系统组成示意图

由于本章设计的漏泄电缆无线通信系统具有双向通信的能力，因此信号源有控制站和机器人发送端两个。

合路器的主要作用是信号合路，即把各种不同频率、不同通信体制的信号合成一路输出。不等功率分配器（通常称为耦合器）在端口间分配不同的功率。功率分配器和耦合器可以把一路信号分成多个功率相等的分支。功率分配器会引入损耗，损耗取决于分配的端口数。

由于信号会在馈管、连接器、功率分配器等器件上有损耗，在分布系统中需要通过射频放大器来提升功率以保证足够的覆盖电平。在隧道覆盖中需要多少功率放大器，取决于隧道的长度及需要的覆盖电平。由于放大器噪声累积效应会对系统性能有影响，并且系统中加入放大器后会使以后的扩容比较困难，放大器应该尽量少用，级联不应超过 3 级。

漏泄电缆末端要加入终端负载，防止信号由于反射造成过大驻波影响系统正常工作。终端可以是天线或者专用的负载，其阻抗和漏泄电缆阻抗相同。

3.3.3.2　隧道内电缆通信分析

针对电磁场的理论基础，漏泄电缆主要通过在电缆导体配置专业的槽孔，使电磁波沿电缆轴向传输时接触槽孔辐射到四周，实现传输线的同时也实现连续天线。

为确保电缆中横向电磁场（transverse electric and magnetic field，TEM）型电磁波向外辐射，保证通信信号传输正常，可以刻意减小屏蔽作用，以便对外导体切割形成槽孔。若漏泄电缆外导体电流经过槽孔被切断，则形成不断向外辐射的激励源。根据外导体上方槽孔位置各有不同，对应的漏泄辐射原理也有一定区别。

由于工业隧道尺寸整体偏小，而且环境相对稳定，因此在工程设计上，可将漏泄电缆的敷设路径与隧道巡检机器人的运行轨道匹配；这样做既能减少敷设电缆所需的工程量，又能减少机器人与漏泄电缆的垂直距离，减少无线通信的耦合损耗，使得无线通信的链路预算更宽裕。

实际运行中，参考机器人的吊臂长度（0.3m）巡检机器人与漏泄电缆的垂直距离通常在 0.5m 左右，此时的漏泄电缆耦合损耗为 35dB 左右。

电缆隧道中采用板状天线和漏泄电缆的无线信号对比见表 3-3。漏泄电缆和板状天线的安装分别如图 3-22 和图 3-23 所示。

表 3-3　　隧道无线信号对比表

项目内容	优势	不足
漏泄电缆	（1）信号可全方位无死角覆盖，无信号盲区，且无线可靠性突出。 （2）对无线发射基站要求不高，少量无线发射基站即可满足要求，系统整体网络稳定性突出。 （3）可适应大多数工作环境，在恶劣环境下仍可以正常工作。 （4）对于复杂隧道布局可稳定运行。 （5）在潮湿环境下仍可安全运行	设备需大量经济成本投入

续表

项目内容	优势	不足
板状天线	（1）安装成本较低。 （2）具有良好的防水、防潮能力	若要实现信号无死角全部覆盖，需增加无线基站及天线密度，操作复杂

图 3-22　漏泄电缆安装

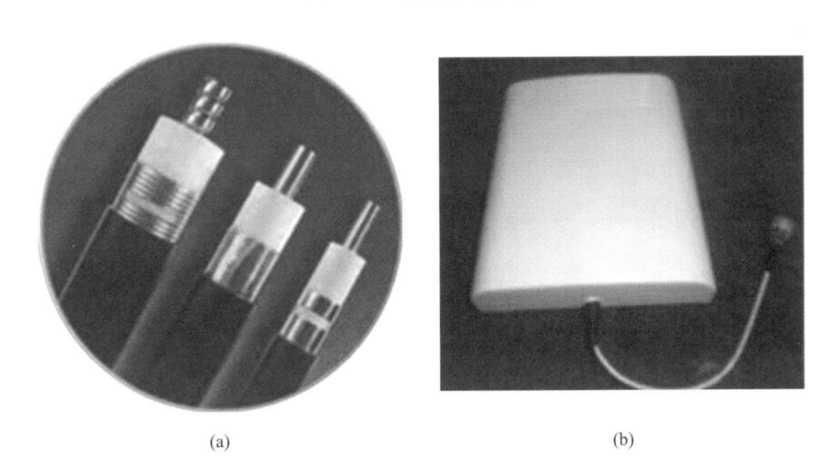

(a)　(b)

图 3-23　板状天线安装

（a）板状天线；（b）安装图

3.4　电缆管道机器人系统试验

3.4.1　机器人基本功能试验

3.4.1.1　主要的单项测试

对机器人的单项测试主要包括以下五个方面。

1. 牵引力测试

在内径180mm的、管内无任何障碍物的双壁波纹管内进行牵引力测试。测试方法：在机器人本体尾部挂钩处连接标准化测力传感器，传感器另一端固定于管口的钢架处。上位机监控站控制机器人全速前进，当发现机器人在管道中走过一定距离后4个驱动轮同时在管道内壁上打滑，此时则认为力传感器上电子显示屏的数字为机器人的最大牵引力，并通过多次测量求均值的方法计算牵引力均值。机器人牵引力测试结果见表3-4，根据不同的牵引力使用需求，可选择更换不同弹性系数的顶部支撑弹簧，以改变机器人所受摩擦力的大小。机器人牵引力测试结果说明，机器人满足最大10kg牵引拉力的技术需求。

表3-4　机器人牵引力测试结果

弹簧型号	弹性系数(N/mm)	原长(mm)	线径(mm)	初始张力(N)	牵引力均值(N)
AWY10.60轻载弹簧	0.30	60	1.2	3.73	41
AWT12.90重载弹簧	4.52	90	2.0	34.3	73.3
AWT14.90重载弹簧	5.91	90	2.3	45.11	111.6

2. 视频传输测试

当机器人在管内行进时，监控站接收经过嵌入式系统压缩编码后的视频数据，直接计算出每秒帧数和每秒数据流量，视频采集测试结果见表3-5。监控站进行解码显示的电缆管道内图像如图3-24所示。

表3-5　视频采集测试结果

时间	第1秒	第2秒	第3秒	第4秒	第5秒	第6秒
帧数（帧）	25	26	25	25	24	25
大小（kB）	171.54	156.16	163.64	165.87	160.59	169.32

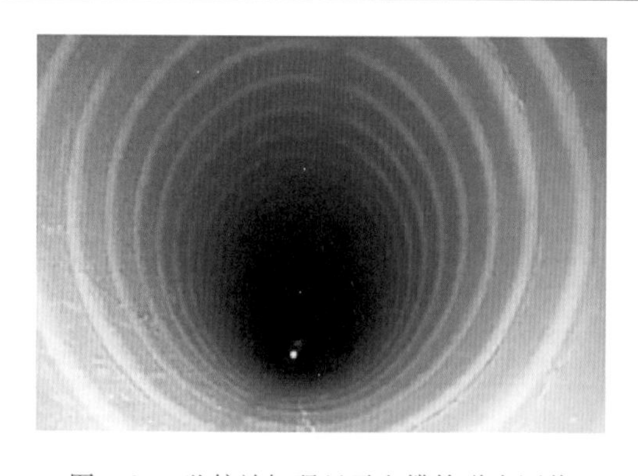

图3-24　监控站解码显示电缆管道内图像

通过表3-5和图3-24的测试结果可看出，视频数据的传输流量在160kB/s左右，适合无线通信的带宽，说明嵌入式系统实现了25帧/s的视频数据实时压缩和数据传输，监控站接收的视频数据经过解码后能够清晰地显示管内状况，说明视频数据的压缩编码格式正确。

3. 过热点检测试验

在管内敷设有横截面规格为240mm^{2}的三芯10kV电缆的、内径200mm的双壁波纹管内，距机器人入口8m处的电缆表面，缠绕

12V 低压硅胶加热板以模拟电缆过热点。控制机器人沿电缆前进，进行过热点红外热成像仪检测试验，试验结果如图 3-25 所示。

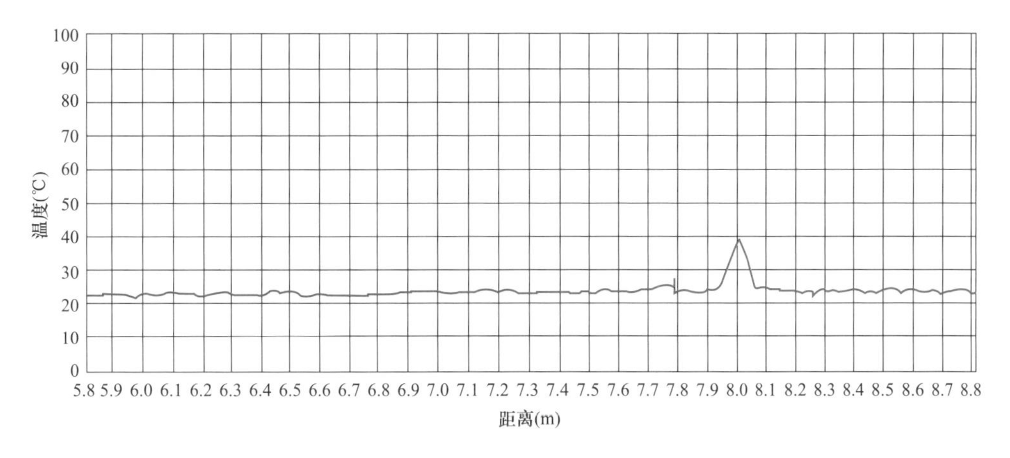

图 3-25 红外热成像仪检测过热点试验结果

通过测试结果可以看出，机器人携带的红外热成像仪能够准确检测到电缆过热点温度变化，故障定位误差在 0.1m 以内。

4. 电机控制试验

在内径 200mm 的双壁波纹管内，通过监控站调节机器人的行进速度，电机速度调节测试结果见表 3-6。

表 3-6 电机速度调节测试结果

挡位	1 挡	2 挡	3 挡	4 挡	5 挡
速度(m/min)	1.02	2.51	4.03	5.54	7.03

通过电机速度调节测试结果可以看出，监控站能够实时、准确地对机器人进行调速控制，最大行进速度可达到 7.03m/min。

5. 边缘检测试验

在内径 200mm 的双壁波纹管内，模拟两处电缆管道内壁破损现象，控制机器人在管内正常行驶，得到的边缘检测试验结果如图 3-26 所示，图中管道内壁破损处用加粗线标记。边缘检测试验结果说明，监控站能够实时、准确地显示管道内壁是否有破损，进而自动提醒运检人员对破损处进行进一步判断、核查，避免因管道破损对电缆造成损害的事故发生。

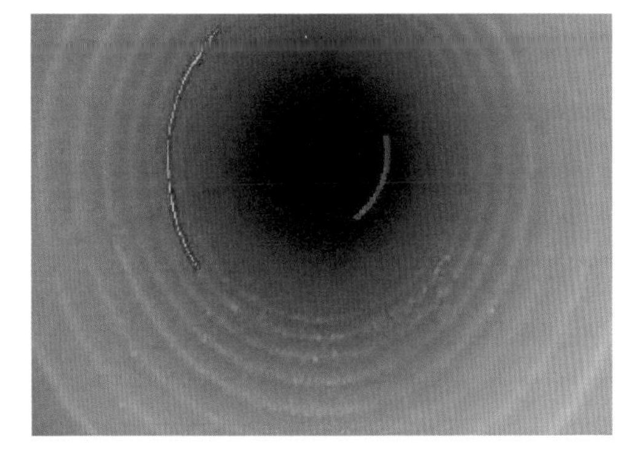

图 3-26 边缘检测试验结果

3.4.1.2　实验室环境下的功能测试

对机器人进行功能测试，测试结果见表 3-7。

表 3-7　　机器人功能测试结果

序号	测试项	测试结果	备注
1	适用于 ϕ180～200mm 的管道	满足	
2	机器人探测距离大于 100m（即在 20m 管道中连续往返行驶 5 次），最长达 250m	满足	
3	机器人能够在管内攀爬或下行 20°的斜坡	＞20°	
4	机器人能够克服管道内部及电缆上小于 15mm 的坡鼓	满足	
5	机器人行进速度可达 6m/min，速度可分挡调节	满足	
6	电池电源可供机器人完成三次 250m 连续探测任务	满足（实测 800m）	在 20m 管道中连续往返行驶 40 次至因电池电量报警停止
7	电源电量实时检测功能	有	
8	实时监测机器人在管内的姿态，并反馈管道坡度功能	有	
9	防水等级	IP65	
10	机器人装备带光源摄像头，在弱光或无光状态下获取管内图像信息，实时视频传输速率：10～25 帧/s	满足	
11	故障定位精度小于 1m	满足	
12	牵引质量不小于 10kg	满足	
13	机器人能够在电缆管道内部进行环境图像检测、故障定位	满足	
14	机器人能够引导电缆牵引线通过排管，辅助电缆敷设	满足	
15	机器人能够对完成敷设后的电缆红外测温和绝缘状态及管内环境情况实行在线移动检测	满足	
16	机器人通信距离大于 250m	满足	
17	上位机监控台具备对机器人行为（前进、后退、停止、加速、减速等）进行遥操作功能	有	
18	监控软件图形化界面具备实时显示管道内情况、机器人移动速度、位置姿态信息、电缆绝缘老化信息等功能	有	
19	实现机器人收集到的各种数据和工作日志的存储功能	有	

在实验室环境下进行了 200mm 排管空管检查试验、200mm 排管带电缆巡检试验和爬坡试验等，试验结果如下。

（1）200mm 排管空管检查试验如图 3-27 所示。试验结果表明：机器人能够顺利通过 200mm 空管，能够完成管内视频、温度、机器人倾角等信号的采集与数据传输；监控站收到数据后能够在监控界面实时显示如上信息并进行数据保存和日志记录；机器人具备不小于 10kg 的牵引质量，能够完成辅助电缆敷设任务；最大行进速度为 6m/min。

（2）200mm 排管带 240mm^2 电缆巡检试验如图 3-28 所示。试验结果表明：机器人能够顺利通过敷设有 240mm^2 三芯电缆的 200mm 电缆管道，具备视频、温度、姿态等信号的采集功能；监控站能够实时显示如上信息并进行数据保存和日志记录。机器人能对电缆绝缘性能进行检查并完成故障定位；最大行进速度为 6m/min。

图 3-27　200mm 排管空管检查试验

图 3-28　200mm 排管带 240mm^2 电缆巡检试验

（3）200mm 排管机器人爬坡试验如图 3-29 所示。试验结果表明：机器人能够在倾角为 20°的电缆管道内正常行驶，完成温度、倾角和视频信息的采集；监控站能对接收的数据进行实时显示和保存；机器人最大行进速度为 6m/min。

图 3-29　200mm 排管机器人爬坡试验

3.4.1.3 现场测试

(1) 在现场环境试验中，进行了 200mm 空管巡检试验。试验结果表明：机器人能够顺利通过 200mm 空管，完成管内视频、温度和机器人倾角等信号的采集与数据传输；监控站收到数据后能够在监控界面实时显示如上信息并进行数据保存和日志记录；机器人具备不小于 10kg 的牵引质量，能够完成辅助电缆敷设任务；最大行进速度为 6m/min。

(2) 在现场环境试验中，进行了 160mm 空管巡检试验。试验结果表明：机器人能够顺利通过 160mm 空管，完成管内视频、温度和机器人倾角等信号的采集；机器人具备不小于 10kg 的牵引质量，能够完成辅助电缆敷设任务；最大行进速度为 6m/min；管内部分区域有少量积水，机器人防水等级为 IP65。

(3) 在现场环境试验中，进行了 200mm 带电缆管道巡检试验。试验结果表明：机器人能够顺利通过敷设有 240mm^2 三芯电缆的 200mm 电缆管道，具备视频、温度、姿态等信号的采集功能；监控站能够实时显示如上信息并进行数据保存和日志记录；机器人能对电缆绝缘性能进行检查并完成故障定位；最大行进速度为 6m/min。

从上述试验结果可以看出，现场环境较实验室环境更加复杂，不确定因素（如管内积水情况、电磁场干扰等）更多，机器人具备较高的防水等级和较好的抗干扰能力，使得其能够克服这些不利因素，在现场环境下顺利运行。同时，独特的机械结构设计还使得其具备跨越一定障碍的能力。部分现场试验场景如图 3-30～图 3-35 所示。

图 3-30　200mm 排管现场检查试验

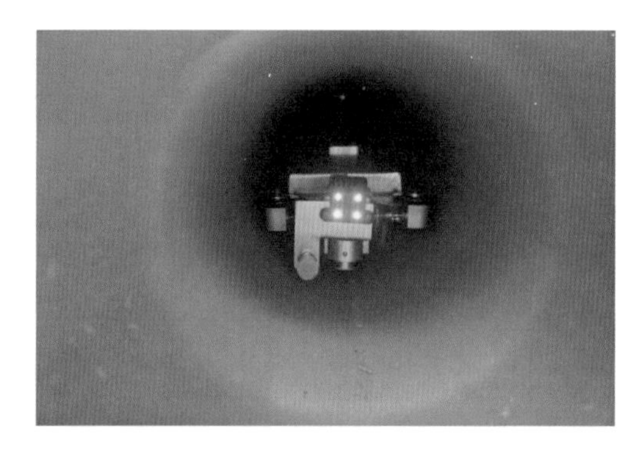

图 3-31　机器人在 200mm 排管内运行

图 3-32　200mm 排管现场检查试验

图 3-33　160mm 排管现场检查试验

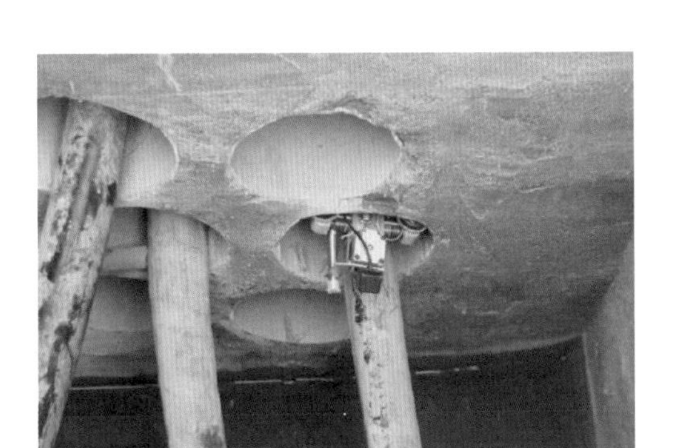

图 3-34 整套机器人系统放置在 200mm 排管内 $240mm^2$ 电力电缆上的现场巡检试验

图 3-35 机器人放置在运检车上

3.4.2 实测局部放电声发射信号综合处理

为验证本章提出的信号处理算法，用机器人的局部放电声发射检测系统在四川大学高压实验室局部放电试验电缆试验台进行了局部放电实测试验（见图 3-36），并对采集到的声发射信号进行了相应的处理。由于小波去噪会对原始信号除噪声以外的部分造成影响，而 Duffing 混沌振子的小信号检测对信号的初始条件及完整性有比较高的要求，因此本综合算法优先进行窄带干扰的去除，其次再进行去噪。

图 3-36 局部放电实测试验

用机器人系统的声发射采集装置获取的实验室环境下的局部放电声发射信号，实测局部放电信号波形如图 3-37 所示。由于在实验室环境下采集到的信号具有比较高的信噪比，为便于分析和验证算法，在采集到的信号中加入两种窄带干扰构成待测信号 $S(t)$，混合窄带干扰信号波形如图 3-38 所示。其中，窄带干扰包含有 100kHz 和 150kHz 两个频率信号：

$$C_1 = 10\sin\left(2\pi \times 10^5 t + \frac{\pi}{4}\right) \tag{3-4}$$

$$C_2 = 15\sin\left(2\pi \times 1.5 \times 10^5 t + \frac{5\pi}{6}\right) \tag{3-5}$$

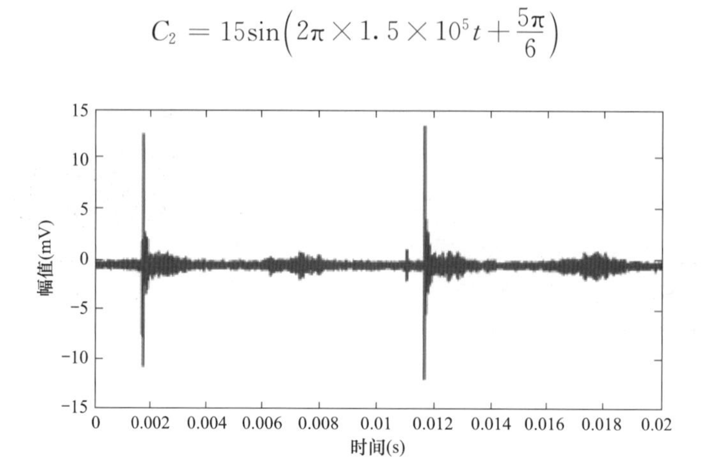

图 3-37　实测局部放电信号波形

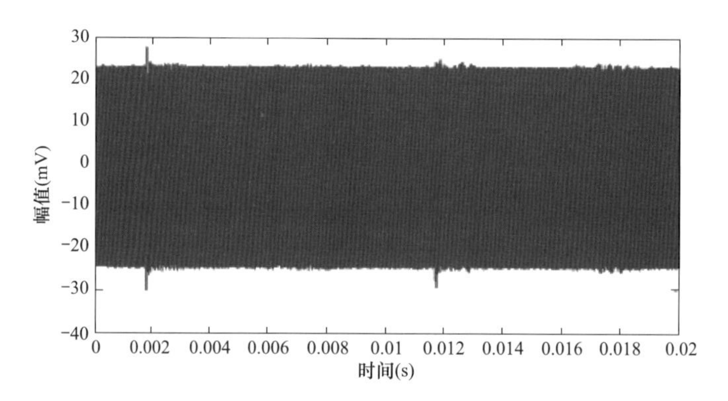

图 3-38　混合窄带干扰信号波形

3.4.2.1　去除周期窄带干扰

(1) 对 $S(t)$ 进行频谱分析，得到的波形如图 3-39 所示，获得两个主要频率 $f_1=10^5$ kHz，$f_2=1.5\times10^5$ kHz。

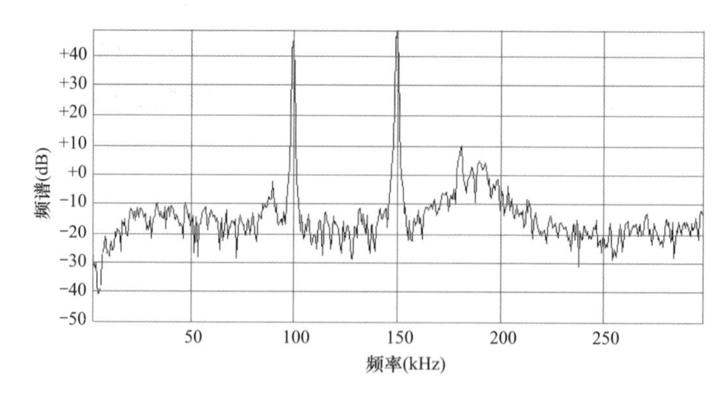

图 3-39　$S(t)$ 频谱分析波形

（2）设置与 C_1 频率相同的参考信号 $\sin(2\pi\times10^5 t)$，使其与 $S(t)$ 互相关，估计 C_1 的相位 $\varphi_1=-5.5294$。

（3）根据 Duffing 方程的动力学方程组在 MATLAB 中建立混沌振子的仿真模型，针对窄带干扰 C_1 设置内驱动力频率为 100kHz。

（4）在未加入 $S(t)$ 时调整内驱动力幅值，观察系统输出的相轨迹图，使系统处于临界混沌状态，此时系统分叉值 $R_d=0.8260$。

（5）将 $S(t)$ 缩小至 1/1000 后输入混沌系统，系统输出状态会发生改变，调整内驱动力幅值，让混沌系统回到临界混沌状态，此时 $R_0'=0.8191$。

（6）根据信号幅值计算公式求出 C_1 的幅值 A_1：

$$A_1=\left(\frac{R_d-R_0'}{\cos\varphi_1}\right)\times1000=9.5 \tag{3-6}$$

（7）针对窄带干扰 C_2 重复步骤（1）～（5），分别测出 $\varphi_2=-3.7701$；$R_d=0.8260$；$R_0'=0.8382$；根据信号幅值计算公式求出 C_2 的幅值 $A_2=15.0$。

由以上步骤得到的窄带干扰信号分别为：

$$C_1'=9.5\sin(2\pi\times2\times10^5 t-5.5294) \tag{3-7}$$

$$C_2'=15.0\sin(2\pi\times1.5\times10^5 t-3.7701) \tag{3-8}$$

在待测信号 $S(t)$ 中去掉这两个信号后，得到经过第一次处理后的信号，窄带干扰明显被有效抑制，窄带干扰被抑制信号波形如图 3-40 所示。

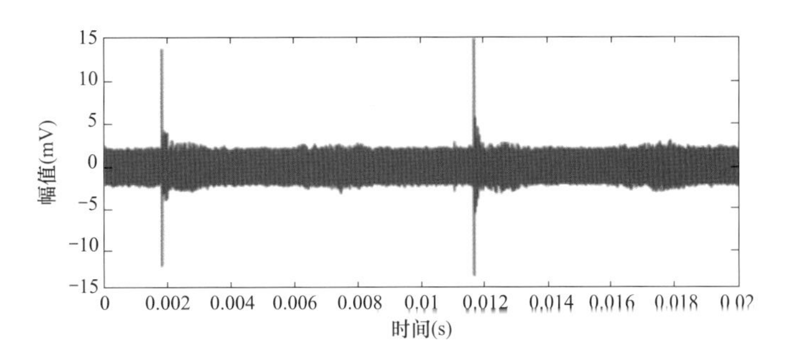

图 3-40　窄带干扰被抑制信号波形

3.4.2.2　小波去噪

根据关于小波去噪的研究与仿真结果，选用 db7 作为母小波，对 $S'(t)$ 进行 6 层分解，分别采用软阈值函数、基于 Stein 无偏似然估计阈值及硬阈值函数、固定阈值两种方法进行小波去噪，其去噪结果如图 3-41 和图 3-42 所示。

由图 3-41 可知，信号中的噪声得到有效的抑制，保留的局部放电声发射信号较平滑，但软阈值的去噪算法对声发射信号幅值有一定的削弱。图 3-42 显示在实测信号处理中，硬阈值去噪后的波形有轻微毛刺和振荡，但能较大程度地保留声发射信号能量。

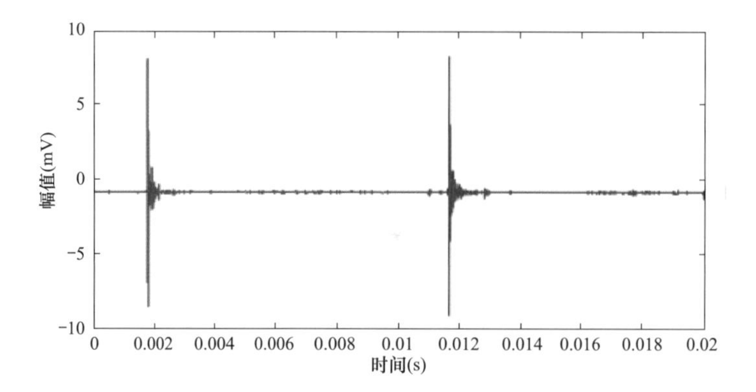

图 3-41　基于 Stein 无偏似然估计软阈值去噪波形

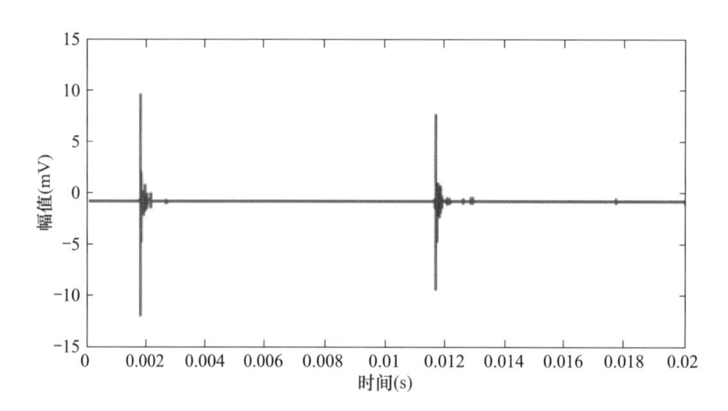

图 3-42　固定阈值和硬阈值去噪波形

参考文献

[1] 王昌长，李福祺. 电力设备的在线检测与故障诊断 [M]. 北京：清华大学出版社，2006.

[2] LYLE R. Effect of testing parameters on the outcome of the accelerated cable life test [J]. IEEE Transactions on Power Delivery，1988，3 (2)：434-439.

[3] SAWADA J，KUSUMOTO K，MAIKAWA Y，et al. A mobile robot for inspection of power transmission lines [J]. IEEE Transactions on Power Delivery，1991，6 (1)：309-315.

[4] JIANG B，STUART P，RAYMOND M，et al. Robotic platform for monitoring underground cable systems [C]. Transmission and Distribution Conference and Exhibition：Asia Pacific，2002 (2)：1105-1109.

[5] BING JIANG，SAMPLE A P，WISTORT R M，et al. Autonomous robotic monitoring of underground cable systems [C]. Proceedings of the 12th International Conference on Advanced Robotics. 2005：673-679.

[6] OHNISHI H，TSUCHIHASHI H，WAKI S，et al. Manipulator system for constructing overhead distribution lines [J]. IEEE Transactions on Power Delivery，1993，8 (2)：567-572.

[7] MELLO C，GONCALVES E M，ESTRADA E，et al. TATUBOT-robotic system for inspection of undergrounded cable system [C]. IEEE Latin American Robotic Symposium，Piscataway，NJ，

USA：IEEE，2000：170-175.
[8] 姜芸，付庄．一种小型电缆隧道检测机器人设计［J］．华东电力，2009（1）：95-97.
[9] 戚伟．电缆管道机器人视频监测系统的开发［D］．上海：上海交通大学，2008.
[10] DIAN Songyi，LIU Tao，LIANG Yan，et al．A novel shrimp rover based mobile robot for monitoring tunnel power cables：Proceedings of the 2011 IEEE International Conference on Mechatronics and Automation［C］．Beijing，China August 2011：892-897.
[11] 周龙．基于CCD的管内作业机器人管道检测实验系统研究［D］．北京：北京工业大学，2007.
[12] 郭卫东．虚似样机技术与ADAMS应用实例教程［M］．北京：北京航空航天大学出版社，2008.
[13] ANON．Partial discharge testing of gas insulated substations［J］．IEEE Trans on Power Delivery，1992，7（2）：499-506.
[14] LI Huadong，ZHONG Yufang，WU Mingguang．Research on network of remote real．time surveillance system based on LabVIEW［C］．IEEE International Conference on Industrial Informatics，2009：60-65.
[15] 邱昌容，王乃庆．电工设备局部放电及其测试技术［M］．北京：机械工业出版社，1994.
[16] 谢建华．一维混沌动力学引论［M］．北京：科学出版社，2013.
[17] 周伟．MATLAB小波分析高级技术［M］．西安：西安电子科技大学出版社，2006.
[18] 杨霁．基于小波多尺度变换的局部放电去噪与识别方法研究［D］．重庆：重庆大学，2004.
[19] DONOHO D L．De-noising by soft thresholding［J］．IEEE Transactions on Information Theory，1995，141：613-627.
[20] 张玉环．基于小波变换的局部放电信号消噪研究［D］．长沙：长沙理工大学，2009.
[21] 刘秉正，彭建华．非线性动力学［M］．北京：高等教育出版社，2004.
[22] ELIOT T．Robots repair and examine live lines in sever condition［J］．Electrical World，1989（5）：71-72.
[23] 彭聿松，佃松宜，刘涛，等．电缆管道巡检机器人嵌入式系统的设计与实现［J］．计算机工程与设计，2013，34（5）：1630-1634.

4 GIS/GIL 维护作业机器人

4.1 GIS/GIL 维护作业机器人发展现状

气体绝缘全封闭组合开关 GIS 包括断路器、隔离开关、接地开关、电压互感器、电流互感器、避雷器、母线、电缆终端、进出线套管等，经优化设计有机地组合成一个整体。GIS 在电力传输中起着至关重要的作用，其安全可靠的运行是保障电力生产的关键。由于 GIS 为全封闭设备，内部设有导电杆和支撑绝缘子，其检修过程较为复杂，在 GIS 维修时需要及时了解管道内部的情况，根据 GIS 内部情况才能判断 GIS 故障类型及故障位置，由于 GIS 内部空间相对狭小，给故障检测工作带来一定的困难。

随着机器人技术的发展，机器人在电力设备巡检中的应用越来越成熟，利用移动机器人及图像采集技术可实现 GIS 管道内部的故障巡检，将设备内部的实时情况展现在设备维修人员面前，以便做出维修方案。

针对 GIS 内部异物颗粒引起设备内部电场畸变，从而造成设备闪络故障问题，通过对异物颗粒的产生原因及影响因素进行分析，研制了一种 GIS 罐体内部异物颗粒清理机器人，实现了 GIS 设备内部可视化异物清理功能。其研发带来的效益主要如下：

（1）GIS 罐体内部异物清理机器人的研发，使操作人员可以通过机器人的可视化功能有效检查设备内部缺陷，避免设备内部异物缺陷的漏检。

（2）机器人通过弧形结构、麦克纳姆轮的构架，与 GIS 设备及罐式断路器内部弧形的筒体结构相适应，不仅可以灵活地前进及后退，还能实现横向位移，为可视化提供广阔的视野。

（3）机器人采用大功率的吸尘模块，当发现异物的时候可以通过控制平台的吸力水平，适用于不同大小的异物颗粒收集。

（4）机器人采用基于 Android 操作平台与蓝牙手柄的人机交互模式，不仅为设备投运前的内部检查提供了新的手段，更避免了设备故障时解体检查接触有毒分解物对操作人员的安全危害，提升了 GIS 设备状态检修的效率及安全性。

国网江苏省电力有限公司自主研发的轨道式 GIS/GIL 智能带电检测机器人系统在特高压泰州换流站顺利通过试运行。这是国内首个适用于 GIS/GIL 设备的无人化智能带电检测机器人系统，实现了 GIS/GIL 带电检测的智能化、全自动化，可极大提高检测效率。

变电站内较为危险的工作环境使得移动机器人在其内的应用成为一个热门趋势。变电站内复杂的结构要求移动机器人有很好的灵活性和较强的越障能力，因此研制了一个四轮驱动的、可以远程控制、能灵活运动的移动机器人。该移动机器人可以代替人工进行日常的巡检，设备维修、应急事务处理等，大大降低了变电站工作人员受高压辐射的程度，提高了变电站的运行效率，为社会带来巨大的经济价值。

随着六氟化硫封闭式组合电器逐渐成为电力系统的主流变电设备，变电站气体绝缘金属封闭开关内部的检修和清洁日渐重要，成为日常运维的重点项目。急需一种变电站气体绝缘金属封闭开关内部的爬壁机器人，稳定爬行在变电站气体绝缘金属封闭开关内部作业。但气体绝缘金属封闭开关内部空间具有以下特征：内部空间狭小，爬行壁面为光滑的圆柱曲面或者交叉的光滑圆柱曲面，爬行壁面材料不是磁吸附材料。

针对气体绝缘金属封闭开关内部空间的特点，相关文献提供了一种仿壁虎四足爬壁机器人以及机器人配套的控制系统，设计了一款适合在气体绝缘金属封闭开关内部空间作业的具有较高实用性的机器人。该机器人体积小、结构紧凑，具有空间运动能力，四足末端对爬行壁面的贴合良好；控制系统采用 STM32 单片机为硬件平台，移植开源 FreeRTOS 实时控制系统，具有良好的鲁棒性和实时性。该机器人为变电站气体绝缘金属封闭开关内部的检修和清洁提供了有效技术，为社会发展带来了巨大的经济效益。

由于管廊隧道型 GIL 大多需要敷设于十几米甚至几十米的地下，隧道空间狭小，且受其全封闭特性的影响，极大增加了巡检工作的难度，如何及时发现并诊断运行中 GIL 的安全隐患一直以来都是高压电气设备巡检工作的重点和难点。传统巡检方式下，隧道型 GIL 巡检工作主要依靠人工完成，该方法工作量大、工作效率低、极易出现漏检、智能化水平较低且对于巡检人员也存在一定安全风险。

智能巡检机器人系统为在 GIL 管廊中的应用提供了新的方式，不仅降低了巡检人员的危险性，减少了人力成本，而且极大地提升巡检工作效率和质量。相比于常规变电站轮式巡检机器人，智能巡检机器人研发了全自动局部放电检测定位功能，解决了长距离 GIL 局部放电人工检测困难的问题；研发的管廊环境检测功能，避免了有毒气体环境的人工检测，为工作人员提供了安全保障。

4.2 GIS/GIL 维护作业机器人组成架构及功能需求

4.2.1 GIS 维护作业机器人组成架构及功能需求

4.2.1.1 组成架构

GIS 检测清理机器人系统主要包含检测设备系统、人机交互系统和移动小车系统，其整体架构如图 4-1 所示，由此设计的 GIS 检测清理机器人样机如图 4-2 所示。

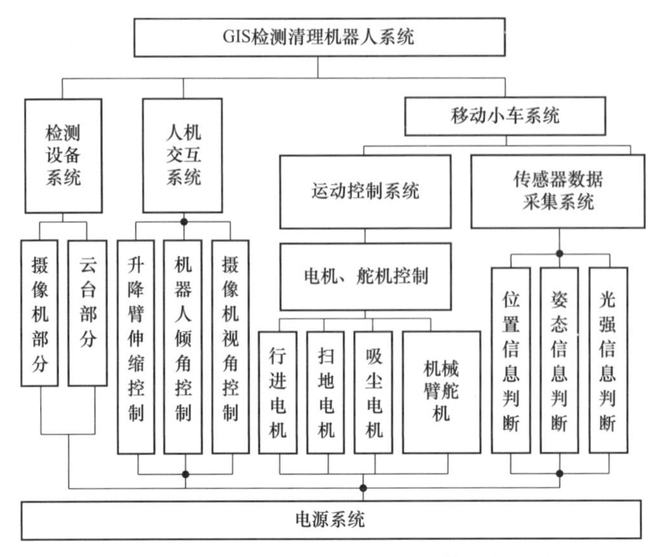

图 4-1　GIS 检测清理机器人系统整体架构示意图

1. 检测设备系统

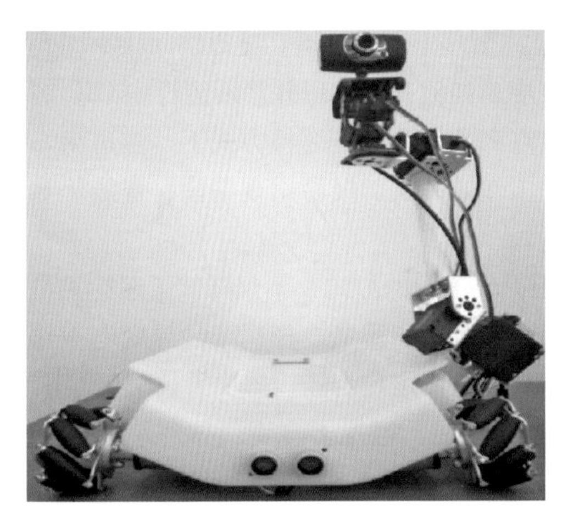
图 4-2　GIS 检测清理机器人样机

检测设备系统主要包含摄像机系统和云台系统两部分，高清摄像头安装在具有六轴升降功能的云台上，云台底部固定于移动小车的右侧。当移动小车位置和姿态发生变化时，云台舵机能随之输出相应的转矩，保证摄像头始终处于最佳拍摄角度，降低摄像头视野盲区。地面运维人员通过人机交互界面能随时调整云台的伸缩高度、偏移角度、摄像机的拍摄角度，远程实现相机的调焦，并根据拍摄的画面信息判断腔体内壁的状况。

(1) 摄像机部分采用具有夜视功能且支持 Linux 系统的高清摄像头，其硬件像素为 130 万，传输速率为 30 帧/s，插值为 1200 万，分辨率最大为 1024×768。为保证摄像头始终处于最佳拍摄状态，在摄像机系统中增加了摄像头补光方案：当 GIS 检测清理机器人进入 GIS 腔内时，利用光线传感器的反馈值来调节 LED 亮度，即通过改变电机控制器(motor control unit，MCU）的脉冲宽度来实现 LED 的亮度调节，进而使摄像头拍摄的图片或视频更加清晰。

(2) 云台部分由机械臂结构和旋转台构成。在云台系统中，总共有 6 个舵机，其中旋转台部分 2 个、机械臂部分 4 个。为满足机器人行进过程中的稳定性要求，旋转台部分采用质量较轻、尺寸较小的航拍摄像头旋转台。舵机的外壳和旋转台的支架均为塑料材质，其质量为 9g。为承受来自舵机旋转台和机械臂升降杆的重力，机械臂升降杆采用脉冲范围为 500～2500μs，质量为 62g 的舵机。机械臂单臂长度超过 150mm，整体举升高度为 473mm。机器人行进和监控的指令来源于监控终端，当机器人运动指令下达后，在旋转台、机械臂的配合下，云台系统将摄像头调整到合适的位置，视频采集腔体内部的信息。云台架构如图 4-3 所示。

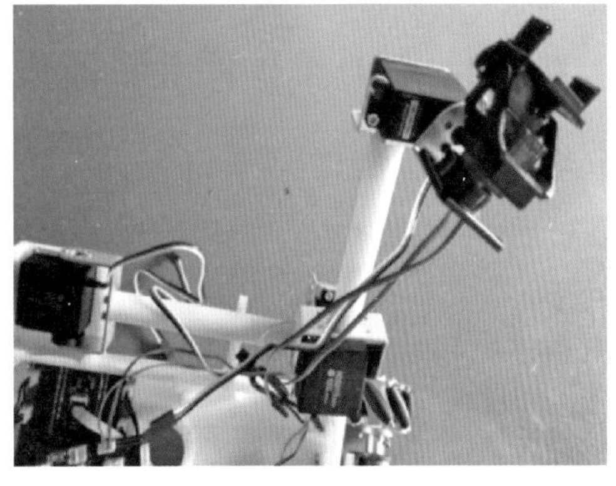

图 4-3　云台架构

2. 人机交互系统

人机交互系统是 GIS 检测清理机器人在巡检后反映给运维人员的 3D 画面信息，负责显示 GIS 机器人当前的位置、姿态和 GIS 腔体内壁的状况，运维人员根据监控的需要将不同的运动指令通过人机交互中心传输给控制器解算成控制指令，并驱动电机和舵机控制 GIS 检测清理机器人完成对应的动作。

3. 移动小车系统

移动小车系统包含运动控制系统和传感器数据采集系统。

（1）运动控制系统主要是对电机以及舵机的控制：在电机控制中，主要完成机器人移动小车的行进、扫地、吸尘等操作；舵机控制则实现对摄像头、六轴机械臂长度的收缩以及偏移角度的控制。

（2）传感器数据采集系统主要由布置在移动小车上的各类传感器组成，传感器数据采集系统采用 I^2C 和模数转换器（analog to digital converter，ADC）通信的方式与微处理器连接，用以判断行进过程中的障碍、小车当前的位置姿态、摄像头采集信息时需要的光照强度等。

4.2.1.2　功能需求

为更好地达到检测清理的目的，确保机器人安全稳定运行，开发出的 GIS 检测清理机器人要求具备以下几个功能：

（1）腔体可视化功能满足 110kV 及以上电压等级 GIS 设备母线内可视化的要求，达到清晰检测的目的。

（2）摄像头具备夜视功能，在 GIS 腔体内运行时，能有效地检测到对应的缺陷，同时摄像头能实现伸缩长度及角度控制，且伸缩距离不小于 30cm。

（3）腔体可视化功能采用移动终端与图像实现实时传输，并进行实时存储，摄像头角度可调，机器人可通过移动终端控制。

（4）机器人本身具备感应停止功能，当遇到导杆、绝缘子等障碍物时可自动绕过障碍物或停止，防止对 GIS 设备内部造成损伤。

（5）机器人能对腔体内部异物进行清扫，完成 GIS 罐体底部自由颗粒的收集及清理。

（6）具有装置整体回收功能，在装置本身控制失效的情况下可通过人工进行装置回收归位。

4.2.2 GIL 维护作业机器人组成架构及功能需求

4.2.2.1 组成架构

GIL 智能巡检机器人系统主要包含综合监控平台系统、机器人本体、轨道系统、通信配电系统，其系统整体架构如图 4-4 所示。机器人由本体控制单元、结构单元和应用检测单元组成，由此设计的 GIL 智能巡检机器人如图 4-5 所示。

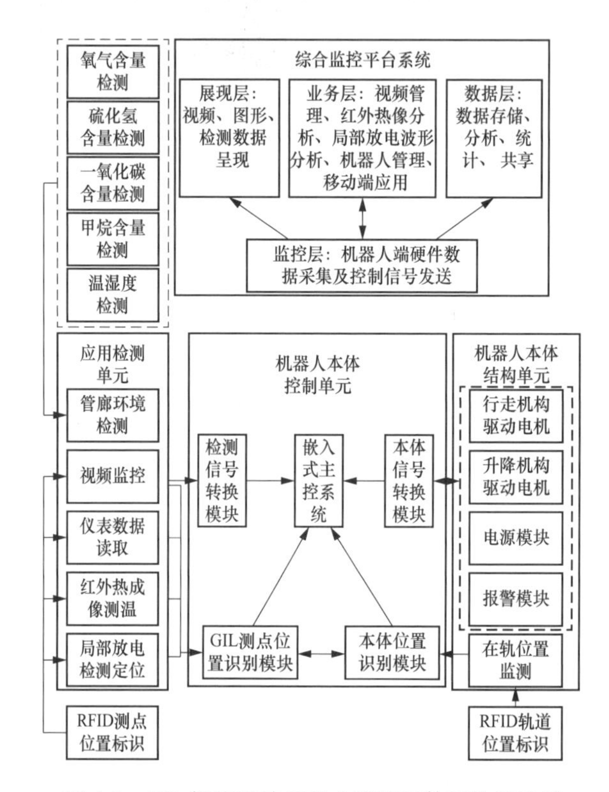

图 4-4 GIL 智能巡检机器人系统整体架构示意图

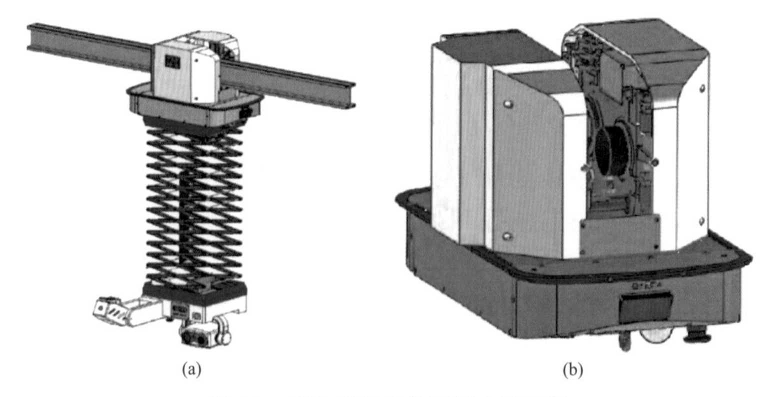

图 4-5 GIL 智能巡检机器人示意图

（a）机器人本体；（b）行走机构

1. 机器人本体控制单元

本体控制单元是 GIL 智能巡检机器人的核心部分。基于轨道系统的 RFID 轨道位置标识及 GIL 设备上的 RFID 测点位置标识，能够实现 GIL 待测点的定位，明确待检测内容。基于对驱动电机的控制，一方面可实现对机器人本体运动的实时控制，包括机器人在轨运动控制、垂直升降控制；另一方面可实现对检测机构云台的实时控制，包括云台左右、俯仰旋转，局部放电检测模块机械臂水平伸缩、前后俯仰以及局部放电检测模块机械臂涂硅脂及硅脂擦除等动作控制。基于机器人搭载的检测单元，可实现管廊环境检测、视频监控、仪表数据读取、红外热成像测温、局部放电检测等功能。而基于通信配电系统，可实现机器人本体与综合监控平台系统间的通信，包括机器人本体状态信息和检测数据的上传，远程发出机器人控制指令、实现与管廊内巡检人员实时对话等功能。

2. 机器人本体结构单元

机器人本体结构单元主要包含行走机构、升降机构和应用检测单元，其结构如图 4-5（a）所示。机器人本体能适应含有粉尘、飞虫等环境，质量不大于 40kg，垂直方向升降高度达 4m，升降速度为 0～0.2m/s 可调，行走速度为 0～1m/s 可调，采用 RFID 卡和接近传感器定位方式，水平方向定位精度不大于 5mm、垂直方向定位精度不大于 3mm、最小转弯半径不小于 0.3m，机器人沿水平和垂直方向的测试数据良好。由于工程应用中每隔 2.4m 装有 RFID 校准装置，因此机器人测试移动最大距离定为 2.4m，升降最大距离为 4m，当行走速度和升降速度均为设计最大值时，水平方向和垂直方向的定位精度误差均满足设计要求。

（1）行走机构：使智能巡检机器人本体沿管廊轴向运动的机构为行走机构，如图 4-5（b）所示。动力传动采用链轮和链条，链轮与轨道上的链条啮合驱动行走机构前进、后退，确保传动不滑、噪声小，并且具备缓冲保护功能。行走机构主要由电机及电机驱动器、4 个主车轮、2 个限位滚轮、8 个尼龙导向轮、1 个主轴、充电滑块和 RFID 等主要部分组成，其剖面结构如图 4-6 所示。图 4-6 中，主车轮、限位滚轮和主轴三者配合将巡检机器人固定于轨道上，通过车轮驱动巡检机器人沿轨道行走；尼龙导向轮是弹性装置，当轨道弯曲度发生变化时，导向轮可根据曲度进行调整，保证转向时也紧贴轨道进行转向；RFID 安装盒用于安装 RFID 定位器，实现巡检机器人的行走定位。智能巡检机器人采用滑触式充电，充电桩位于轨道上方，当机器人到达充电位置时，充电滑块触头与充电桩的触头接触进行充电。

（2）升降机构：使智能巡检机器人本体在管廊内沿垂直方向运动的机构为升降机构，其采用剪叉式升降方式。剪叉机构采用刚性好、质量轻的碳纤维材料，主要用作结构的支撑及导向。在考虑云台质量和运行稳定性的前提下，需要使用尼龙带进行传动；而剪叉机构作为云台固定装置，保证云台升降过程中不出现旋转和大幅度晃动。升降机构的结构如图 4-7 所示。

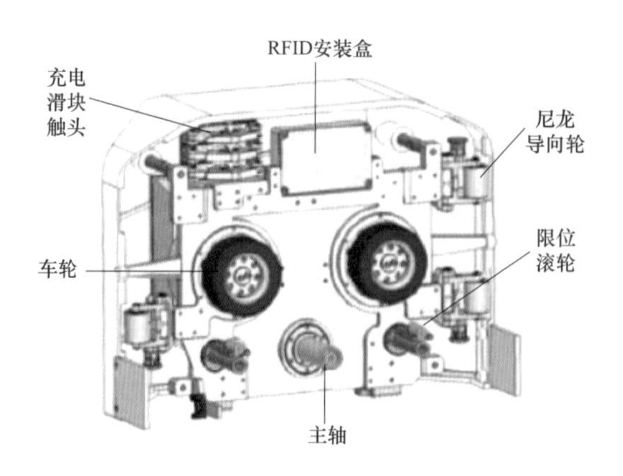

图 4-6 行走机构剖面结构示意图

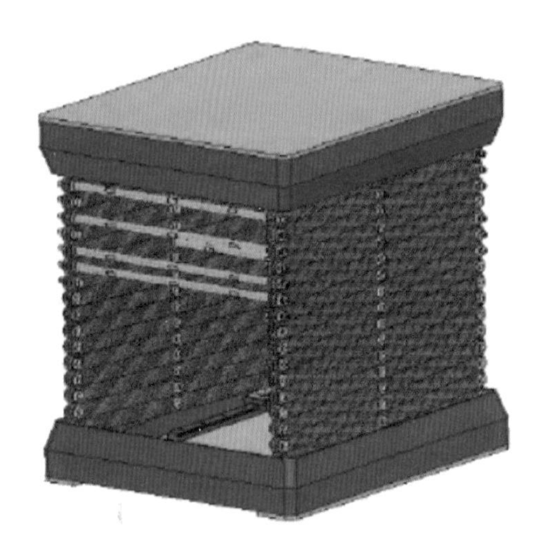

图 4-7 升降机构结构示意图

（3）应用检测单元：应用检测单元实现对 GIL 智能巡检机器人的实时监测与故障检测，包含管廊环境检测、实时视频监控、仪表数据读取、红外热成像测温、局部放电检测定位以及 RFID 测点位置标识等功能。

4.2.2.2 功能需求

就系统整体设计而言，为满足日常巡检需求、确保巡线质量，开发出的 GIL 智能巡检机器人应具备以下几个功能：

（1）相比于常规变电站轮式巡检机器人，根据管廊特点，智能巡检机器人采用了轨道式运动结构，优化了视频监控、仪表数据识别、红外热成像测温等功能；针对长距离 GIL 局部放电人工检测工作难度大的问题，研发了全自动局部放电检测定位功能；考虑到一些 GIL 管廊穿越一些有害气体区域，特别研制了管廊环境检测功能。

（2）智能巡检机器人具有包括管廊轴向和径向在内的多方向及位置检测能力，无须借助工具，能够保证大量巡检工作的质量，且几乎不受人工巡检人员主观意识的影响，极大地避免了误检和漏检的发生。

（3）管廊内 GIL 设备发生故障时，为保证人员安全，不能立即开展人工巡检工作，而智能巡检机器人能进行 GIL 设备故障工况下的第一时间巡检，为故障处理决策制定提供信息支持，避免了将巡检人员置于危险环境中。

（4）智能巡检机器人综合监控平台系统具有基于声音、图片、视频等技术指标的诊断分析功能，具有分析缺陷发展趋势、控制机器人开展设备异常状态巡检及跟踪记录的功能，可为评估设备状态、制定检修策略提供参考，确保管廊内设备的安全稳定运行。

4.3 GIS/GIL 维护作业机器人系统设计

4.3.1 GIS 检测清理机器人系统设计

4.3.1.1 GIS 检测清理机器人硬件设计

由于 GIS 检测清理机器人运动空间较小，常规架构很难满足机械臂运动的要求，因此，在架构设计过程中采用弧形结构，如图 4-8 所示。通过采用弧形结构，可避免机器人在管道内移动时对腔体内部产生剐蹭、残留异物。

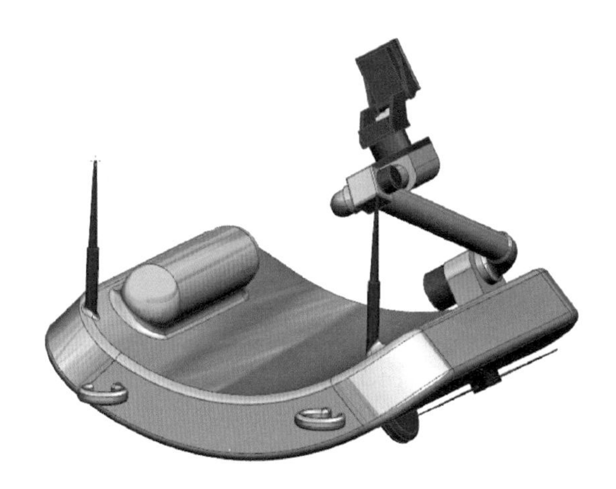

图 4-8 GIS 检测清理机器人弧形结构示意图

由于机器人采用弧形结构设计，导致其控制结构受形状大小的影响。因此，对于控制端的设计，除了要满足在 GIS 设备在特殊工作环境中稳定运行，还要保证各种传感器的正常运行，以及相关信息的正常交互，同时保证处理器能够及时响应远端操作员的各项指令。这就需要设计合理的硬件结构，以保证机器人的正常稳定工作。

机器人采用了如图 4-9 所示的硬件控制结构。结合 GIS 机器人运行的工作环境，在设计过程中，核心处理器采用了易开发、功耗低（最高功耗约为 1W，低功耗模式下约为 250nW）、尺寸小、支持 Arduino、Elipse 开发、运行在 Yocto Project Linux 系统上的 Inter Edison 平台。同时，系统采用锂电池供电，图像采集选用 USB 摄像头，视频经处理后通过 Wi-Fi 传输到手持移动端，且 Intel Edison 与手持移动端同处于一个局域网。行进电机、扫地电机、吸尘电机采用 485 总线控制方式。安全数码存储卡（secure digital memory card，SD 卡）用于存储相关数据，外围的传感器通过外部接口 I^2C、SPI、IO 等与 Inter Edison 平台进行通信。

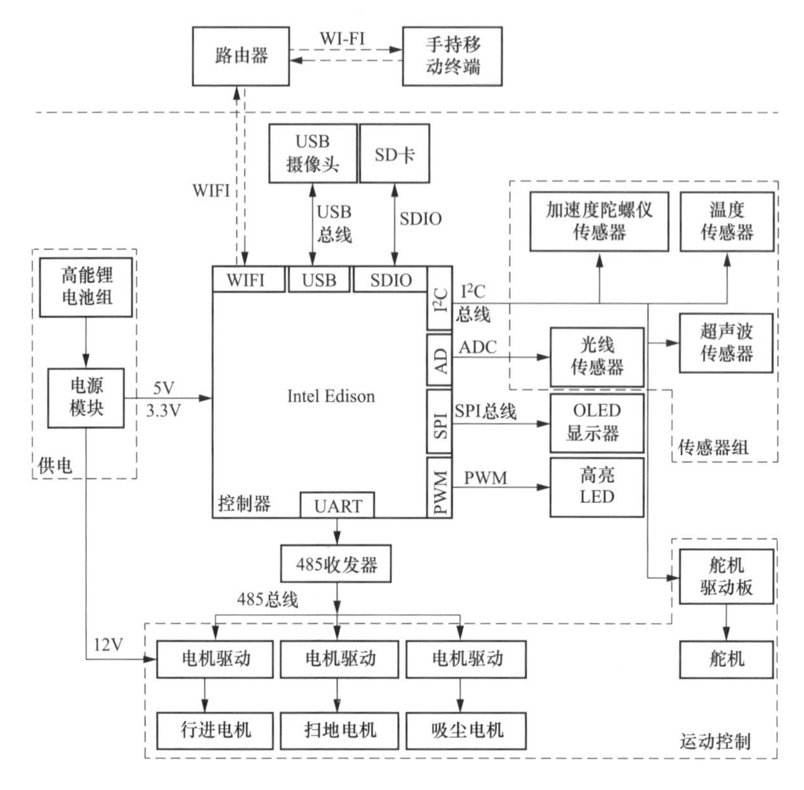

图 4-9　GIS 检测清理机器人硬件控制结构示意图

当 GIS 检测清理机器人在 GIS 腔体中运动时，由于 GIS 内腔的弧形结构，机器人运动过程中需要较高的控制精度。此外，结合机器人设计要求，其在腔体内部运行时，必须具备一定的横向移位能力（如左右各 20°的移位）。结合这些要求，在机器人驱动机构的设计中，采用了四轮（麦克纳姆轮）方式的独立悬挂驱动机构的，如图 4-10 所示。

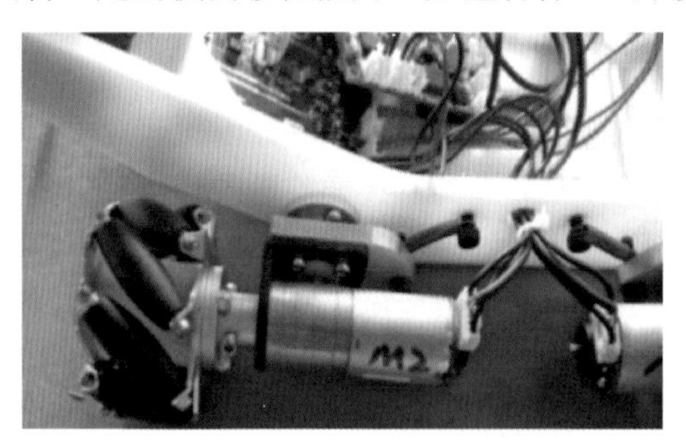

图 4-10　机器人独立悬挂驱动机构

电机控制采用 12V 直流电源供电，控制机器人的行进、扫地、吸尘等操作。为满足各电机驱动能力强、发热量小的要求，利用金属-氧化物半导体场效应晶体管（metal oxide semiconductor field effect transistor，MOS 管）搭建了 H 桥，用以驱动电机的正常运行，电机驱动电路的结构如图 4-11 所示。在通信方式上，各电机的转速质量来源于 485 总线，同时，经 MCU 处理后形成用于驱动电机、舵机运行的不同脉宽 PWM 信号，而这一过程有赖于通用异步收发传输器（universal asynchronous receiver and transmitter，UART）的正常运行。编码器的值实时反馈电机上的转速，在驱动机构中，为实现电机的过电流保护，设置有对应的电压、电流反馈；同时，通过隔离芯片，有效地隔离了驱动芯片和驱动信号之间的功率级和控制级干扰。

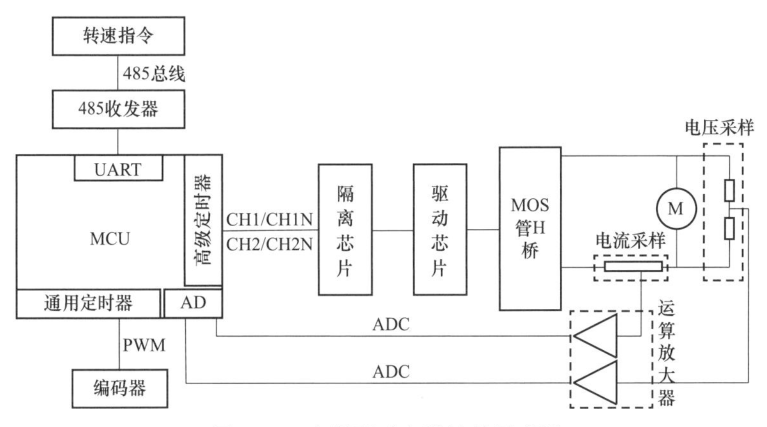

图 4-11 电机驱动电路结构示意图

综上所述，通过对硬件结构的设计，不仅可以保证机器人在 GIS 设备中的稳定运行，还能够确保机器人正常感知 GIS 环境中的各项信息，从而使得处理器能够正确解算相关信息，供远端检测人员分析以及准确判断 GIS 设备的故障情况。

4.3.1.2 GIS 检测清理机器人软件设计

当机器人传感器接收到 GIS 环境中的信息后，将在控制器端对感知信息进行处理，而检测人员需要获取感知信息及处理后的结果。因此，需要设计人机交互界面，供检测人员实时分析感知信息及进行相关的操作。

一方面，GIS 检测清理机器人的人机交互系统应能较好地反映腔体内部实际情况，实时反映机器人的运动状态；另一方面，应能方便地操控操作界面，实现运动指令的下达。为此，在人机交互系统的设计过程中采用了基于 Android 平板的控制界面，同时将整个平板系统嵌入到带蓝牙的操作手柄，以便更好地实现对控制界面的调节。设计的人机交互系统的控制结构如图 4-12 所示。

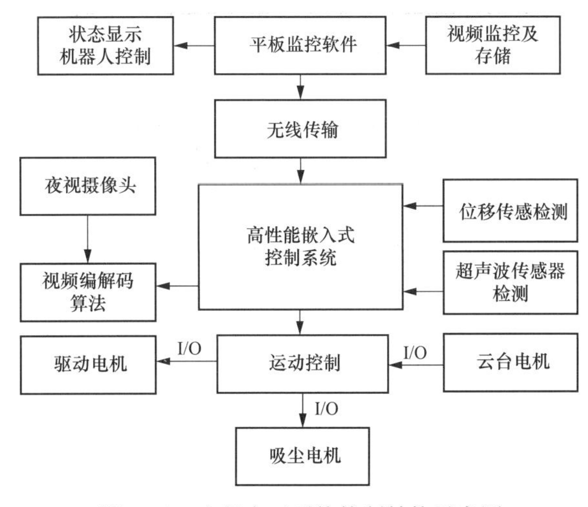

图 4-12 人机交互系统控制结构示意图

人机交互界面主要包含启动初始化、IP 登录、3D 视频监控画面、机器人 3D 模拟显示、机器人实时状态显示等几个功能选项。通过在基于 Android 平台的显示端启动初始化后，选择视频模块可以实时观察机器人摄像头端感知到的环境信息，同时面板上将会给出机器人的姿态角及摄像头的角度，通过升降机械臂可以实现对机器人视角的调整，从而能够全面地感知 GIS 设备内部的信息。通过监测模块，可以实时监测机器人本体的速度及 GIS 内部电量的检测。人机交互系统架构设置如图 4-13 所示，人机交互系统显示画面如图 4-14 所示。

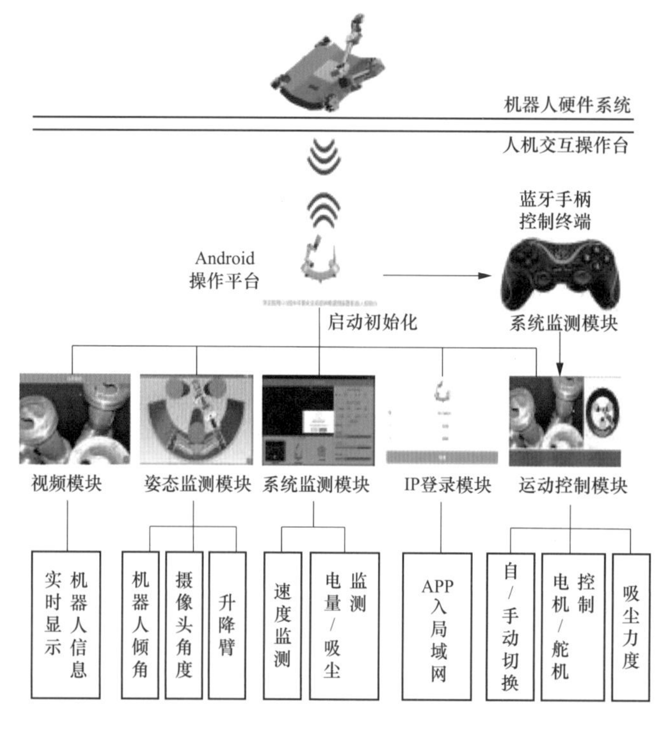

图 4-13 人机交互系统架构设置

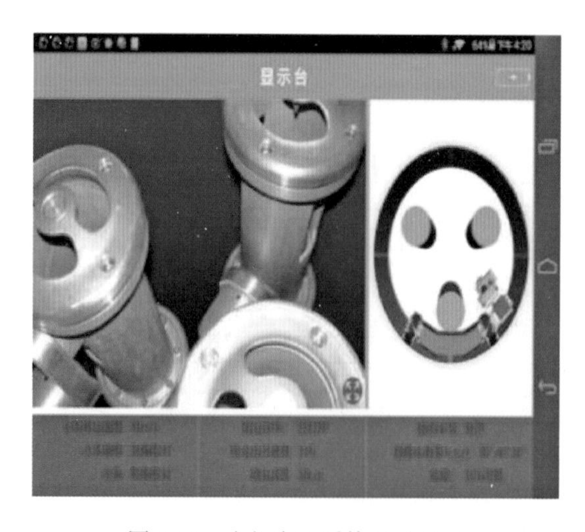

图 4-14 人机交互系统显示画面

4.3.1.3 GIS 检测清理机器人控制系统设计

1. 机器人动力学建模

为更好地分析机器人架构，实现各机械臂的精确控制。结合设计的 GIS 机器人架构，建立了其各关节的坐标系，其初始坐标系如图 4-15 所示。

在实际建模的过程中，为了能直观表示出各关节的坐标系与基坐标系之间的关系，在不改变初始坐标系的情况下，将 GIS 检测清理机器人的各关节进行了一定程度的抬升。机器人建模坐标系如图 4-16 所示。

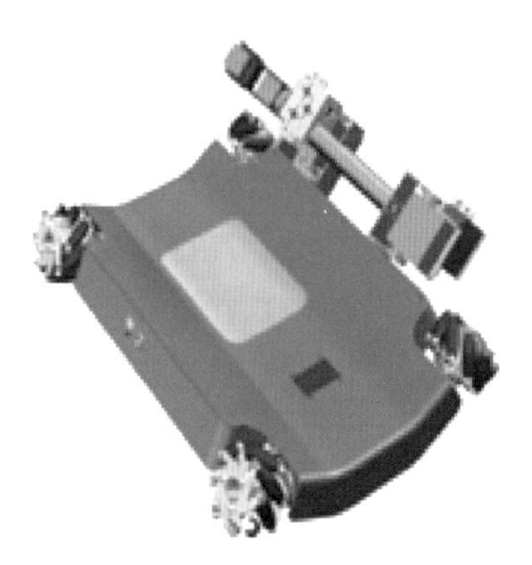

图 4-15 机器人初始坐标系示意图

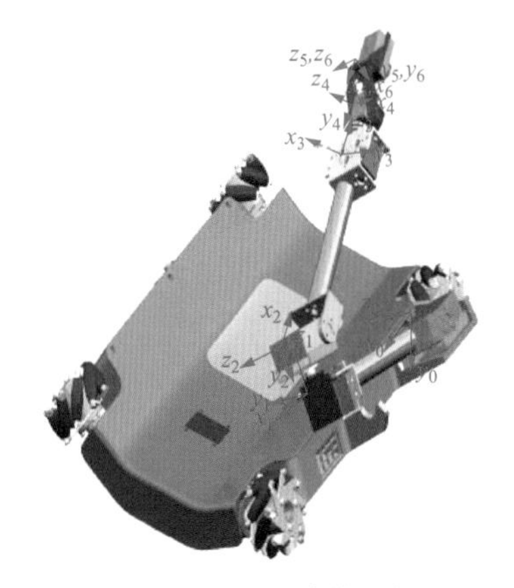

图 4-16 机器人建模坐标系

结合建立的 GIS 检测清理机器人坐标系，根据 Denavit 和 Hatenberg 提出的机器人机械臂位姿矩阵的描述方法（D-H 参数法），机器人相邻坐标系之间的齐次变换矩阵可表示为：

$$
{}^{i-1}_{i}\boldsymbol{T}=Rot(Z,\theta_i)Trans(0,0,d_i)Trans(a_i,0,0)Rot(X_i,\alpha_i)
=\begin{bmatrix}\cos\theta_i & -\sin\theta_i\cos\alpha_i & \sin\theta_i\sin\alpha_i & a_i\cos\theta_i\\ \sin\theta_i & \cos\theta_i\cos\alpha_i & -\cos\theta_i\sin\alpha_i & a_i\sin\theta_i\\ 0 & \sin\alpha_i & \cos\alpha_i & d_i\\ 0 & 0 & 0 & 1\end{bmatrix} \tag{4-1}
$$

式中：α_i 为第 i 个关节对应的扭转角；θ_i 为第 i 个关节对应的关节角；a_i 为第 i 个关节对应的连杆长度；d_i 为第 i 个关节对应的连杆偏移量。

结合建立的 GIS 检测清理机器人坐标系以及 D-H 参数法，得到 GIS 检测清理机器人对应的关节参数及各关节变量，具体 D-H 参数见表 4-1。

表 4-1 机器人的 D-H 参数

连杆	关节角 θ_i	扭转角 α_i	连杆长度 a_i(mm)	连杆偏移量 d_i(mm)
1	θ_1	−90°	150	0
2	$\theta_2-180°$	90°	0	0
3	$\theta_3+90°$	−90°	0	0

续表

连杆	关节角 θ_i	扭转角 α_i	连杆长度 a_i(mm)	连杆偏移量 d_i(mm)
4	$\theta_4+90°$	90°	0	0
5	$\theta_5-90°$	90°	50	0
6	θ_6	0	0	0

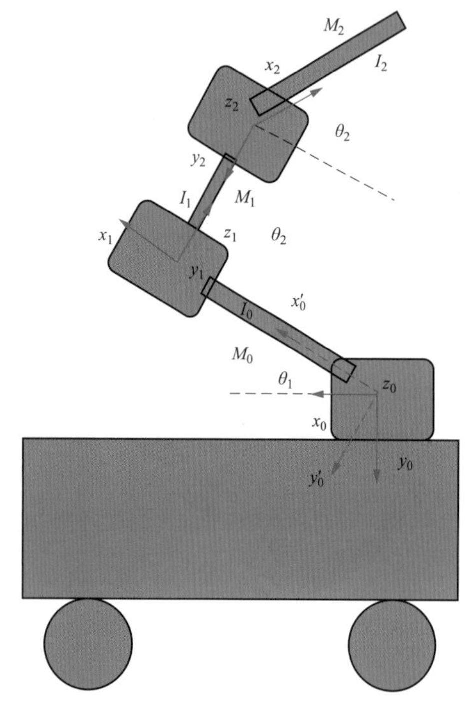

图 4-17　简化抬臂坐标系

在 D-H 参数法中，机器人各关节坐标系与基坐标系之间的位姿关系可以表示为：

$$ {}_{i}^{0}\boldsymbol{T}={}_{1}^{0}\boldsymbol{T}{}_{2}^{1}\boldsymbol{T}\cdots{}_{i}^{i-1}\boldsymbol{T} \tag{4-2}$$

结合 GIS 检测清理机器人 D-H 参数以及式（4-1）、表 4-1 和式（4-2），机器人各自由度坐标与基坐标之间的齐次变换矩阵可表示为：

$$\begin{aligned}
{}_{2}^{0}\boldsymbol{T}&={}_{1}^{0}\boldsymbol{T}{}_{2}^{1}\boldsymbol{T}\\
{}_{3}^{0}\boldsymbol{T}&={}_{1}^{0}\boldsymbol{T}{}_{2}^{1}\boldsymbol{T}{}_{3}^{2}\boldsymbol{T}\\
{}_{4}^{0}\boldsymbol{T}&={}_{1}^{0}\boldsymbol{T}{}_{2}^{1}\boldsymbol{T}{}_{3}^{2}\boldsymbol{T}{}_{4}^{3}\boldsymbol{T}\\
{}_{5}^{0}\boldsymbol{T}&={}_{1}^{0}\boldsymbol{T}{}_{2}^{1}\boldsymbol{T}{}_{3}^{2}\boldsymbol{T}{}_{4}^{3}\boldsymbol{T}{}_{5}^{4}\boldsymbol{T}\\
{}_{6}^{0}\boldsymbol{T}&={}_{1}^{0}\boldsymbol{T}{}_{2}^{1}\boldsymbol{T}{}_{3}^{2}\boldsymbol{T}{}_{4}^{3}\boldsymbol{T}{}_{5}^{4}\boldsymbol{T}{}_{6}^{5}\boldsymbol{T}
\end{aligned} \tag{4-3}$$

机器人对应的运动学模型可将表 4-1 中所示的 D-H 参数分别带入式（4-3）中，进而求解出机器人各自由度对应的位姿。

机器人抬臂时，其对应状态即机器人第一关节和第三关节各抬高一定的角度，第二关节旋转一定角度，其他各关节固定。此时，图 4-16 所示的坐标系可简化为图 4-17，对应参数变量见表 4-2。

表 4-2　机器人参数变量

参数	参数描述	
	定义	数值
m_0(kg)	关节 0 质量	0.13
m_1(kg)	关节 1 质量	1.31
m_2(kg)	关节 2 质量	0.74
I_0(kg·m^2)	关节 0 惯性力矩	0.73
I_1(kg·m^2)	关节 1 惯性力矩	0.81
I_2(kg·m^2)	关节 2 惯性力矩	1.24

此时，连杆 0 的质心 M_0 在基坐标系｛0｝中的坐标可表示为：

$$\begin{cases}
{}_{M_0}^{0}x=\dfrac{1}{2}l_0\cos\theta_1\\
{}_{M_0}^{0}y=\dfrac{1}{2}l_0\sin\theta_1\\
{}_{M_0}^{0}z=0
\end{cases} \tag{4-4}$$

式中：l_0 为对应连杆的长度；θ_1 为对应关节抬升的角度。

连杆 1 的质心 M_1 在基坐标系{0}中的坐标可表示为：

$$\begin{cases} {}_{M_1}^{0}x = l_0\cos\theta_1 - \dfrac{1}{2}l_1\cos(90^\circ - \theta_1) \\ {}_{M_1}^{0}y = l_0\sin\theta_1 + \dfrac{1}{2}l_1\sin(90^\circ - \theta_1) \\ {}_{M_1}^{0}z = 0 \end{cases} \tag{4-5}$$

式中：l_0 为对应连杆的长度；l_1 为舵机 2 和舵机 3 之间的距离；θ_1 对应关节抬升的角度。

连杆 2 的质心 M_2 在基坐标系{0}中的坐标可表示为：

$$\begin{cases} {}_{M_2}^{0}x = l_0\cos\theta_1 - l_1\cos(90^\circ - \theta_1) - l_2\cos(\theta_3 - \theta_1) \\ {}_{M_2}^{0}y = l_0\sin\theta_1 + l_1\sin(90^\circ - \theta_1) + l_2\sin(\theta_3 - \theta_1) \\ {}_{M_2}^{0}z = l_2\cos\theta_2 \end{cases} \tag{4-6}$$

式中：l_0、l_2 为对应连杆的长度；l_1 为舵机 2 和舵机 3 之间的距离；θ_1、θ_3 为对应关节抬升的角度；θ_2 为关节 2 的旋转角度。

依据拉格朗日函数法，构造 GIS 检测清理机器人的动力学模型。其中，拉格朗日函数可表示为：

$$L = K_\Sigma - P_\Sigma \tag{4-7}$$

式中：K_Σ 为对应系统的动能；P_Σ 为对应系统的势能。

依据式（4-7），对其中的变量关节角速度、关节角位置以及时间 t 求导，则可得到拉格朗日方程，即对应的动力学方程为：

$$F_i = \frac{\mathrm{d}}{\mathrm{d}t}\left(\frac{\partial L}{\partial \dot{q}_i}\right) - \frac{\partial L}{\partial q_i}, i = 1,2,\cdots,n \tag{4-8}$$

式中：F_i 为第 i 个关节的广义力矩；q_i 为第 i 个关节的广义坐标；$\dot{q}_i$ 为第 i 个关节的广义速度。

因此，GIS 检测清理机器人的动能可表示为：

$$\begin{aligned} K_\Sigma &= K_0 + K_1 + K_2 \\ &= \frac{1}{2}m_0({}_{M_0}^{0}\dot{x}^2 + {}_{M_0}^{0}\dot{y}^2 + {}_{M_0}^{0}\dot{z}^2) + \frac{1}{2}m_1({}_{M_1}^{0}\dot{x}^2 + {}_{M_1}^{0}\dot{y}^2 + {}_{M_1}^{0}\dot{z}^2) + \frac{1}{2}m_2({}_{M_2}^{0}\dot{x}^2 + {}_{M_2}^{0}\dot{y}^2 + {}_{M_2}^{0}\dot{z}^2) \end{aligned} \tag{4-9}$$

从而可得：

$$\begin{aligned} K_\Sigma = &\frac{1}{2}m_0\frac{1}{4}l_0^2\dot{\theta}_1^2 + \frac{1}{2}m_1(l_0^2\dot{\theta}_1^2 + \frac{1}{4}l_1^2\dot{\theta}_1^2) + \frac{1}{2}m_2[l_0^2\dot{\theta}_1^2 + l_1^2\dot{\theta}_1^2 + l_2^2(\dot{\theta}_3 - \dot{\theta}_1)^2] + \\ &\frac{1}{2}m_2[2l_0l_2\dot{\theta}_1(\dot{\theta}_3 - \dot{\theta}_1)\cos\theta_3 - 2l_1l_2\dot{\theta}_1(\dot{\theta}_3 - \dot{\theta}_1)\sin\theta_3 + l_2^2\dot{\theta}_2^2(\sin\theta_2)^2] \end{aligned} \tag{4-10}$$

GIS 检测清理机器人的总势能可表示为：

$$\begin{aligned} P_\Sigma &= P_0 + P_1 + P_2 \\ &= -m_0g\frac{1}{2}l_0\sin\theta_1 - m_1g\left[l_0\sin\theta_1 + \frac{1}{2}l_1\sin(90^\circ - \theta_1)\right] - \\ &\quad m_2g[l_0\sin\theta_1 + l_1\sin(90^\circ - \theta_1) + l_2\sin(\theta_3 - \theta_1)] \end{aligned} \tag{4-11}$$

因此，GIS 检测清理机器人对应的拉格朗日函数 L 为：

$$
\begin{aligned}
L &= K_{\Sigma} - P_{\Sigma} \\
&= \frac{1}{2}m_0\ \frac{1}{4}l_0^2\dot{\theta}_1^2 + \frac{1}{2}m_1\left(l_0^2\dot{\theta}_1^2 + \frac{1}{4}l_1^2\dot{\theta}_1^2\right) + \frac{1}{2}m_2\left[l_0^2\dot{\theta}_1^2 + l_1^2\dot{\theta}_1^2 + l_2^2(\dot{\theta}_3 - \dot{\theta}_1)^2\right] + \\
&\quad \frac{1}{2}m_2\left[2l_0l_2\dot{\theta}_1(\dot{\theta}_3 - \dot{\theta}_1)\cos\theta_3 - 2l_1l_2\dot{\theta}_1(\dot{\theta}_3 - \dot{\theta}_1)\sin\theta_3 + l_2^2\dot{\theta}_2^2(\sin\theta_2)^2\right] + \\
&\quad m_0g\ \frac{1}{2}l_0\sin\theta_1 + m_1g\left[l_0\sin\theta_1 + \frac{1}{2}l_1\sin(90° - \theta_1)\right] + \\
&\quad m_2g\left[l_0\sin\theta_1 + l_1\sin(90° - \theta_1) + l_2\sin(\theta_3 - \theta_1)\right]
\end{aligned} \tag{4-12}
$$

由式（4-8）可知，GIS 检测清理机器人系统的动力学方程可由式（4-12）得到，即对式（4-12）中的变量 θ_1、θ_2、θ_3、$\dot{\theta}_1$、$\dot{\theta}_2$、$\dot{\theta}_3$ 以及时间 t 求导。

当 $i=1$ 时：

$$
\begin{aligned}
\frac{\partial L}{\partial \theta_1} &= \frac{1}{2}m_0gl_0\cos\theta_1 + m_1g\left(l_0\cos\theta_1 - \frac{1}{2}\sin\theta_1\right) + \\
&\quad m_2g\left[l_0\cos\theta_1 - l_1\sin\theta_1 - l_2\cos(\theta_3 - \theta_1)\right]
\end{aligned} \tag{4-13}
$$

$$
\begin{aligned}
\frac{\partial L}{\partial \dot{\theta}_1} &= \frac{1}{4}m_0l_0^2\dot{\theta}_1 + \frac{1}{2}m_1\left(2l_0^2\dot{\theta}_1 + \frac{1}{2}l_1^2\dot{\theta}_1\right) + \frac{1}{2}m_2\left[2l_0^2\dot{\theta}_1 + 2l_1^2\dot{\theta}_1 - 2l_2^2(\dot{\theta}_3 - \dot{\theta}_1)\right] + \\
&\quad \frac{1}{2}m_2\left[2l_0l_2(\dot{\theta}_3 - \dot{\theta}_1)\cos\theta_3 - 2l_0l_2\dot{\theta}_1\cos\theta_3 - 2l_1l_2\cos(\dot{\theta}_3 - \dot{\theta}_1) + 2l_1l_2\dot{\theta}_1\sin\theta_3\right]
\end{aligned} \tag{4-14}
$$

从而可得：

$$
\begin{aligned}
F_1 &= \frac{\mathrm{d}}{\mathrm{d}t}\left(\frac{\partial L}{\partial \dot{\theta}_1}\right) - \frac{\partial L}{\partial \theta_1} \\
&= \left[\frac{1}{4}m_0l_0^2 + m_1\left(l_0^2 + \frac{1}{4}l_1^2\right) + m_2(l_0^2 + l_1^2 + l_2^2 - 2l_0l_2\cos\theta_3 + l_1l_2\sin\theta_3)\right]\ddot{\theta}_1 - \\
&\quad m_2l_1l_2\sin(\dot{\theta}_3 - \dot{\theta}_1)\ddot{\theta}_1 - m_2\left[l_2^2 - l_0l_2\sin\theta_3 - l_1l_2\sin(\dot{\theta}_3 - \dot{\theta}_1)\right]\ddot{\theta}_3 + \\
&\quad m_2(2l_0l_2\sin\theta_3 + l_0l_2\cos\theta_3)\dot{\theta}_3\dot{\theta}_1 - m_2l_0l_2\dot{\theta}_3^2\sin\theta_3 - \\
&\quad \frac{1}{2}m_0gl_0\cos\theta_1 - m_1g\left(l_1\cos\theta_1 - \frac{1}{2}l_0\sin\theta_1\right) - \\
&\quad m_2g\left[l_0\cos\theta_1 - l_1\sin\theta_1 - l_2\cos(\theta_3 - \theta_1)\right]
\end{aligned} \tag{4-15}
$$

当 $i=2$ 时：

$$
\frac{\partial L}{\partial \theta_2} = m_2l_2^2\dot{\theta}_2^2\sin\theta_2\cos\theta_2 \tag{4-16}
$$

$$
\frac{\partial L}{\partial \dot{\theta}_2} = m_2l_2^2\dot{\theta}_2(\sin\theta_2)^2 \tag{4-17}
$$

从而可得：

$$
F_2 = \frac{\mathrm{d}}{\mathrm{d}t}\left(\frac{\partial L}{\partial \dot{\theta}_2}\right) - \frac{\partial L}{\partial \theta_2}
$$

$$= m_2 l_2^2 (\sin\theta_2)^2 \ddot{\theta}_2 + [2m_2 l_2^2 (\sin\theta_2)\dot{\theta}_2 + (m_2 l_2^2 \dot{\theta}_2 \sin\theta_2 \cos\theta_2)]\dot{\theta}_2 \tag{4-18}$$

当 $i=3$ 时：

$$\frac{\partial L}{\partial \theta_3} = m_2[-l_0 l_2 \dot{\theta}_1(\dot{\theta}_3 - \dot{\theta}_1)\sin\theta_3 - l_1 l_2 \dot{\theta}_1(\dot{\theta}_3 - \dot{\theta}_1)\cos\theta_3] + m_2 g l_2 \cos(\theta_3 - \theta_1) \tag{4-19}$$

$$\frac{\partial L}{\partial \dot{\theta}_3} = m_2 l_2^2 (\dot{\theta}_3 - \dot{\theta}_1) + m_2(l_0 l_2 \dot{\theta}_1 \cos\theta_3 - l_1 l_2 \dot{\theta}_1 \sin\theta_3) \tag{4-20}$$

从而可得：

$$\begin{aligned} F_3 &= \frac{\mathrm{d}}{\mathrm{d}t}\left(\frac{\partial L}{\partial \dot{\theta}_3}\right) - \frac{\partial L}{\partial \theta_3} \\ &= m_2 l_2^2(\ddot{\theta}_3 - \ddot{\theta}_1) + m_2(l_0 l_2 \ddot{\theta}_1 \cos\theta_3 - l_0 l_2 \dot{\theta}_1 \dot{\theta}_3 \sin\theta_3 - l_1 l_2 \ddot{\theta}_1 \sin\theta_3 - l_1 l_2 \dot{\theta}_1 \dot{\theta}_3 \cos\theta_3) + \\ &\quad m_2[l_0 l_2 \dot{\theta}_1(\dot{\theta}_3 - \dot{\theta}_1)\sin\theta_3 + l_1 l_2 \dot{\theta}_1(\dot{\theta}_3 - \dot{\theta}_1)\cos\theta_3] - m_2 g l_2 \cos(\dot{\theta}_3 - \dot{\theta}_1) \\ &= m_2 l_2^2 \ddot{\theta}_3 - m_2(l_2^2 - l_0 l_2 \cos\theta_3 + l_1 l_2 \sin\theta_3)\ddot{\theta}_1 - m_2(l_0 l_2 \sin\theta_3 - l_1 l_2 \cos\theta_3)\dot{\theta}_1 \dot{\theta}_1 - \\ &\quad m_2 g l_2 \cos(\theta_3 - \theta_1) \end{aligned} \tag{4-21}$$

而式（4-15）、式（4-18）、式（4-21）表示的动力学方程，其动力学模型可表示为：

$$F_i = M(\theta_i)\ddot{\theta}_i + C(\theta_i, \dot{\theta}_i)\dot{\theta}_i + G(\theta_i), i = 1,2,3 \tag{4-22}$$

式中：$F_i = [F_1\ F_2\ F_3]^T$ 为控制力矩；$\theta_i = [\theta_1\ \theta_2\ \theta_3]^T$ 、$\dot{\theta}_i = [\dot{\theta}_1\ \dot{\theta}_2\ \dot{\theta}_3]^T$ 、$\ddot{\theta}_i = [\ddot{\theta}_1\ \ddot{\theta}_2\ \ddot{\theta}_3]^T$ 分别为对应关节的位置、速度、加速度；$M(\theta_i) \in \boldsymbol{R}^{3\times3}$ 为对称正惯性矩阵；$C(\theta_i, \dot{\theta}_i) \in \boldsymbol{R}^{3\times3}$ 为离心力矩阵；$G(\theta_i) \in \boldsymbol{R}^{3\times3}$ 为重力矢量。

从而 $M(\theta_i)$ 、$C(\theta_i, \dot{\theta}_i)$ 、$G(\theta_i)$ 可表示为：

$$M(\theta_i) = \begin{bmatrix} \begin{matrix} \frac{1}{4}m_0 l_0^2 + m_1\left(l_0^2 + \frac{1}{4}l_1^2\right) \\ + m_2 l_1 l_2 \sin\theta_3 - 2m_2 l_0 l_2 \cos\theta_3 \\ + m_2(l_0^2 + l_1^2 + l_2^2) \\ - m_2 l_1 l_2 \sin(\dot{\theta}_3 - \dot{\theta}_1) + I_1 \end{matrix} & 0 & \begin{matrix} - m_2 l_2^2 \\ + m_2 l_0 l_2 \sin\theta_3 \\ + m_2 l_1 l_2 \sin(\dot{\theta}_3 - \dot{\theta}_1) \end{matrix} \\ 0 & m_2 l_2^2 (\sin\theta_2)^2 + I_2 & 0 \\ \begin{matrix} - m_2 l_2^2 + m_2 l_0 l_2 \cos\theta_3 \\ - m_2 l_1 l_2 \sin\theta_3 \end{matrix} & 0 & m_2 l_2^2 + I_3 \end{bmatrix} \tag{4-23}$$

$$C(\theta_i, \dot{\theta}_i) = \begin{bmatrix} m_2(2l_0 l_2 \sin\theta_3 + l_0 l_2 \cos\theta_3)\dot{\theta}_3 & 0 & m_2 l_0 l_2 \dot{\theta}_3 \\ 0 & \begin{matrix} 2m_2 l_2^2 (\sin\theta_2)\dot{\theta}_2 \\ + m_2 l_2^2 \dot{\theta}_2 \sin\theta_2 \cos\theta_2 \end{matrix} & 0 \\ m_2(l_0 l_2 \sin\theta_3 - l_1 l_2 \cos\theta_3)\dot{\theta}_1 & 0 & 0 \end{bmatrix} \tag{4-24}$$

$$G(\theta_i)=\begin{Bmatrix}-\frac{1}{2}m_0gl_0\cos\theta_1-m_1g\left(l_1\cos\theta_1-\frac{1}{2}l_0\sin\theta_1\right)\\ -m_2g[l_0\cos\theta_1-l_1\sin\theta_1-l_2\cos(\theta_3-\theta_1)]\\ 0\\ -m_2gl_2\cos(\theta_3-\theta_1)\end{Bmatrix}\tag{4-25}$$

式中：I_1、I_2、I_3 为对应的惯性力矩。

GIS 检测清理机器人抬臂状态下的动力学模型属于多体系统动力学的基本模型，且在模型建立的过程中，结合相关软件对其 GIS 架构模型进行了对比验证，证明该模型是正确的。

结合 GIS 检测清理机器人抬臂动力学模型，在考虑其参数不确定性和外界干扰的情况下，对应的动力学模型可以表示为：

$$M^*(\theta)\ddot{\theta}+H^*(\theta,\dot{\theta})+G^*(\theta)=F+d(t)\tag{4-26}$$

式中：$M^*(\theta)$、$H^*(\theta,\dot{\theta})=C^*(\theta,\dot{\theta})\dot{\theta}$、$G^*(\theta)$ 为系统模型对应的参数；$d(t)\in\boldsymbol{R}^{n\times1}$，为系统所受的外部有界干扰。

$$\|d(t)\|\leqslant d_m,d_m>0\tag{4-27}$$

且

$$\begin{cases}M^*(\theta)=M(\theta)+\Delta M(\theta)\\ H^*(\theta,\dot{\theta})=H(\theta,\dot{\theta})+\Delta H(\theta,\dot{\theta})\\ G^*(\theta)=G(\theta)+\Delta G(\theta)\end{cases}\tag{4-28}$$

式（4-28）中，$M(\theta)$、$H(\theta,\dot{\theta})$、$G(\theta)$ 是已知的，而 $\Delta M(\theta)$、$\Delta H(\theta,\dot{\theta})$、$\Delta G(\theta)$ 为上述参数对应的不确定项。从而式（4-26）可转化为：

$$M(\theta)\ddot{\theta}+H(\theta,\dot{\theta})+G(\theta)=F+h(t)\tag{4-29}$$

式中：$h(t)$ 为系统外部干扰与参数不确定项的总和。

$$h(t)=d(t)-\Delta M(\theta)\ddot{\theta}-\Delta H(\theta,\dot{\theta})-\Delta G(\theta)\tag{4-30}$$

$M(\theta)$ 满足对称正定矩阵性质且有界，$\|M(\theta)\|\geqslant1$，且存在正实数 β_1^m、β_2^m、β_3^m、β_1^n、β_1^n 使得 $H(\theta,\dot{\theta})$、$G(\theta)$ 有界且满足：

$$\begin{cases}\|H(\theta,\dot{\theta})\|\leqslant\beta_1^m+\beta_2^m\|\theta\|+\beta_3^m\|\dot{\theta}\|^2\\ \|G(\theta)\|\leqslant\beta_1^n+\beta_2^n\|\theta\|\end{cases}\tag{4-31}$$

从而可得：

$$\|h(t)\|\leqslant\beta_0^h+\beta_1^h\|\theta\|+\beta_2^h\|\dot{\theta}\|^2+\beta_3^h\|\ddot{\theta}\|\tag{4-32}$$

式中：β_0^h、β_1^h、β_2^h、β_3^h 为正实数，且 $\|h(t)\|\geqslant\|H(\theta,\dot{\theta})\|+\|G(\theta)\|$。

在机器人运行过程中，其位置、速度信息都可通过对应的传感器来得到，但加速度只能通过位置、速度信息来表示，因此，式（4-32）可表示为：

$$\|h(t)\|\leqslant\lambda_0+\lambda_1\|\theta\|+\lambda_2\|\dot{\theta}\|^2\tag{4-33}$$

式中：λ_0、λ_1、λ_2 为正实数。

取 $\sigma = \max(1, \|\theta\|, \|\dot{\theta}\|^2)$，$\lambda = \lambda_0 + \lambda_1 + \lambda_2$，则式（4-33）可表示为：

$$\|h(t)\| \leqslant \sigma\lambda \tag{4-34}$$

2. 机器人有限时间控制

结合控制器表达式（4-26），考虑连杆 1 的受控情况，且连杆 1 存在输入受限，连杆 2 和连杆 3 此时的设计过程也是类似的。

设 $x_1 = \theta_1$，$x_2 = \dot{\theta}_1$，$sat(u) = F_1$，则此时系统可表示为：

$$\begin{cases} \dot{x}_1 = x_2 \\ \dot{x}_2 = M^{-1}(x_1)[sat(u) + h(t) - H(x_1, x_2) - G(x_1)] \end{cases} \tag{4-35}$$

运用加幂积分法，构造对应的李雅普诺夫（Lyapunov）函数，得到机器人系统非饱和有限时间稳定控制器 ν。具体设计过程如下。

第一步，构造系统在 $n=1$ 情况下的李雅普诺夫函数：

$$V_1(x_1) = \frac{1}{2}x_1^2 \tag{4-36}$$

结合式（4-26），对式（4-36）沿时间 t 方向求导有：

$$\dot{V}_1(x_1) = x_1 x_2 = x_1(x_2 - x_2^*) + x_1 x_2^* \leqslant -\beta_1 \xi_1^{1+\tau} + \xi_1(x_2 - x_2^*) \tag{4-37}$$

第二步，设计 $n=2$ 时的李雅普诺夫函数：

$$V_2(x_1, x_2) = V_1(x_2) + R_2(x_1, x_2) \tag{4-38}$$

对式（4-38）沿时间 t 方向求导有：

$$\begin{aligned} \dot{V}_2(x_1, x_2) &= \dot{V}_1(x_2) + \frac{\partial R_2(x_1, x_2)}{\partial x_2}\dot{x}_2 + \frac{\partial R_2(x_1, x_2)}{\partial x_1}\dot{x}_1 \\ &\leqslant -\beta_1 \xi_1^{1+\tau} + \xi_1(x_2 - x_2^*) + \frac{\partial R_2(x_1, x_2)}{\partial x_2}\dot{x}_2 + \frac{\partial R_2(x_1, x_2)}{\partial x_1}\dot{x}_1 \end{aligned} \tag{4-39}$$

式中：$R_2(x_1, x_2) = \int_{x_2^*}^{x_2} (s^{q_2} - x_2^{*q_2})^{2-1/q_2} \mathrm{d}s$ 。

而有：

$$\begin{aligned} \xi_1(x_2 - x_2^*) &\leqslant \frac{1}{2}\xi_1^{1+\tau} + h_{21}\xi_2^{1+\tau} \\ \frac{\partial R_2(x_1, x_2)}{\partial x_1}\dot{x}_1 &\leqslant \frac{1}{2}\xi_1^{1+\tau} + h_{22}\xi_2^{1+\tau} \end{aligned} \tag{4-40}$$

因此，由式（4-39）有：

$$\begin{aligned} \dot{V}_2(x_1, x_2) &\leqslant -(\beta_1 - 1)\xi_1^{1+\tau} + (h_{21} + h_{22})\xi_2^{1+\tau} + \frac{\partial R_2(x_1, x_2)}{\partial x_2}\dot{x}_2 \\ &\leqslant -(\beta_1 - 1)\xi_1^{1+\tau} + (h_{21} + h_{22})\xi_2^{1+\tau} + \xi_2^{2-1/q_2} M^{-1}(x_1) u + M \end{aligned} \tag{4-41}$$

令 $M = \xi_2^{2-1/q_2} M^{-1}(x_1)[h(t) - H(x_1, x_2) - G(x_1)]$，$\nu = x_3$，则由式（4-39）有：

$$\begin{aligned} \dot{V}_2(x_1, x_2) \leqslant &-(\beta_1 - 1)\xi_1^{1+\tau} + (h_{21} + h_{22})\xi_2^{1+\tau} + \\ &\xi_2^{2-1/q_2} M^{-1}(x_1)(x_3 - x_3^*) + \xi_2^{2-1/q_2} M^{-1}(x_1) x_3^* + M \end{aligned}$$

$$\leqslant -(\beta_1-1)\xi_1^{1+\tau}+(h_{21}+h_{22})\xi_2^{1+\tau}+$$
$$\xi_2^{2-1/q_2}M^{-1}(x_1)(x_3-x_3^*)-\beta_2\xi_2^{1+\tau}M^{-1}(x_1)+M \tag{4-42}$$

结合机器人对应参数设置，$\|M(\theta)\|\geqslant 1$，$\|h(t)\|\geqslant\|H(\theta,\dot{\theta})\|+\|G(\theta)\|$，则有：

$$\dot{V}_2(x_1,x_2)\leqslant -(\beta_1-1)(\xi_1^{1+\tau}+\xi_2^{1+\tau})+\xi_2^{2-1/q_2}(x_3-x_3^*) \tag{4-43}$$

$\beta_2=c_{21}+c_{22}+n-1$，控制器 $\nu=x_3^*=-\beta_2\xi_2^{1/q_3}$。所以，$\dot{V}_2(x_1,x_2)\leqslant -(\xi_1^{1+\tau}+\xi_2^{1+\tau})$。

而又：

$$V_2(x_1,x_2)=V_1(x_2)+R_2(x_1,x_2)\leqslant\frac{1}{2}x_1^2+|x_2-x_2^*||\xi_2|^{2-\frac{1}{q_2}}$$
$$\leqslant 2(\xi_1^2+\xi_2^2) \tag{4-44}$$

结合非光滑有限时间控制理论，取 $\alpha=\frac{1+\tau}{4}$，$c=2^{-(1+\tau)/4}$，因此有：

$$\dot{V}_2(x_1,x_2)+cV_2^{\alpha}(x_1,x_2)\leqslant 0 \tag{4-45}$$

因此，连杆 1 在非饱和情况下是有限时间稳定的。

3. 仿真验证

结合 GIS 检测清理机器人的运动学、动力学模型以及设计的控制器，通过仿真，验证了动力学模型的正确性，同时证明了系统是有限时间稳定的。

在仿真过程中，连杆 1 的初始状态为 $[\theta_1\quad\dot{\theta}_1]=[2\quad -1]$，且给定的控制器的上限输出为 $u_{\max}=1.5$，仿真结果如图 4-18 和图 4-19 所示。

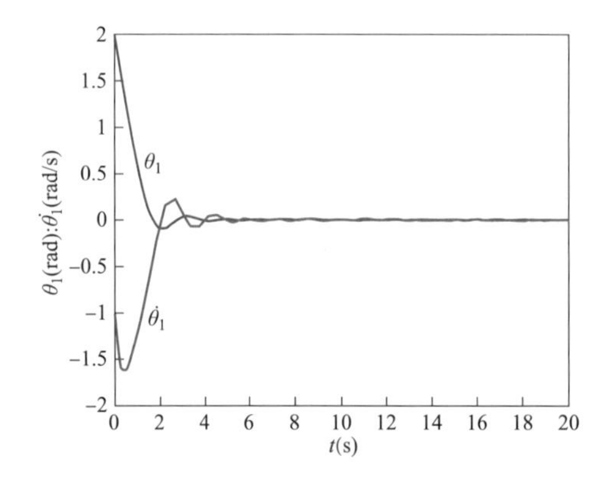

图 4-18　角位置 θ_1 和角速度 $\dot{\theta}_1$ 响应曲线

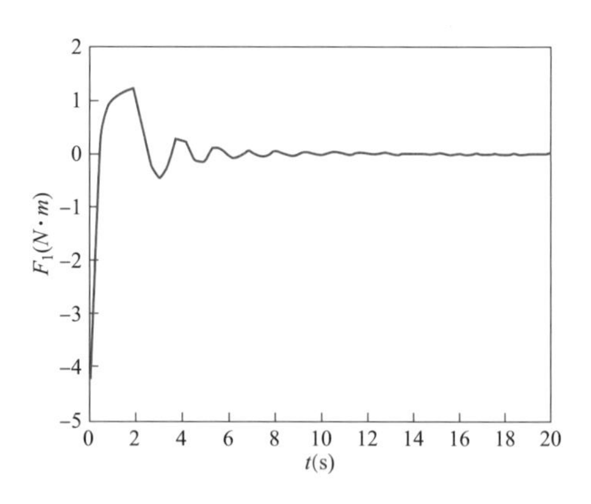

图 4-19　控制器 F_1 响应曲线

4.3.2　GIL 维护作业机器人系统设计

4.3.2.1　GIL 检测清理机器人硬件设计

1. 检测单元设计

检测单元为一集成式模块，包含视频监控模块、红外测温模块、局部放电检测定位模块、管廊环境检测模块等。检测单元及检测云台如图 4-20 所示，检测单元搭载有检测云台，检测云台主要由方位电机（水平电机）、垂直电机、水平转轴、云台方位臂以及搭载的检测模块等组成。检测云台方位电机通过带轮带动水平转轴控制云台在水平方向旋转；垂直电机控制前后转轴转动，控制检测单元的 270°俯仰角度。带轮保护罩用于保护方位电机和转轴之间的同步带，检测云台主要搭载视频监控模块和红外测温模块。局部放电检测模块为伸缩式，位于检测单元左边，围绕旋转轴可进行 360°旋转，便于紧贴 GIL 设备表面。温湿度检测均采用固定式传感器，位于检测单元中间。

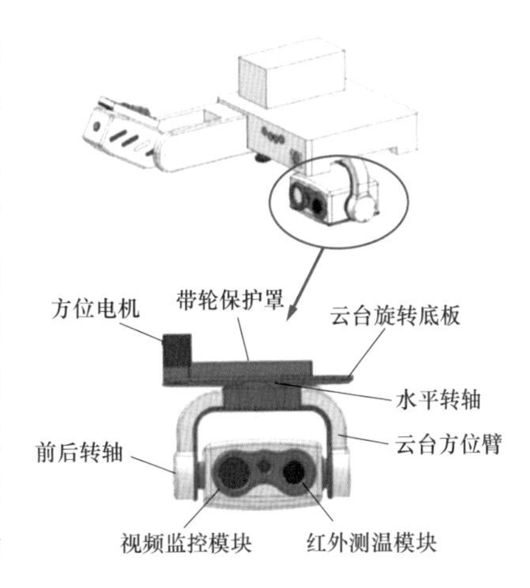

图 4-20　检测单元及检测云台示意图

2. 运行轨道设计

整个轨道由管廊两侧的直轨道和管廊两端的弧形弯轨道组成，整体呈环形。轨道采用铝合金型材，截面尺寸为 30mm×60mm，壁厚为 2.2mm。基于不同长度的直轨道和弯轨道组合，轨道能在不同的应用环境使用。轨道结构设计有 RFID 标签，用于校准机器人位置。RFID 无线通信技术基于射频信号自动识别目标对象，以达到快速进行设备追踪和数据交换的目的，包括 RFID 标签和 RFID 读卡器；智能巡检机器人行进轨道上预置有源 RFID 标签，标签存有待检测 GIL 设备信息；机器人本体装设有 RFID 读卡器，在巡检过程中，机器人沿轨道移动至待检测 GIL 设备时，读卡器读取 RFID 标签存储的信息，同时机器人本体控制单元发出停止行进命令，机器人停在待检测 GIL 设备处。基于 RFID 标签存储内容，机器人判断自身所在隧道位置，并结合隧道地理位置信息实时呈现自身地理位置，执行相应检测。

3. 通信配电系统设计

通信系统采用无线漫游通信方式。在管廊内建立 Wi-Fi 通信基站，单个通信基站 Wi-Fi 信号覆盖管廊内 150m 范围区域，为确保管廊内所有区域覆盖 Wi-Fi 信号，在 5.8km 管廊内每 120m 架设一个 Wi-Fi 通信基站，天线用射频信号馈线连接，从通信箱引出安装在管廊墙壁上。从管廊外主控楼计算机室的光纤交换机引出光纤，接入管廊内光纤交换机组成光纤环网通信网络。巡检机器人通过 Wi-Fi 无线通信方式与隧道内 Wi-Fi 通信基站实现通信，再经过光纤与主控楼的综合监控平台实现通信连接。管廊内采用 220V 供电电缆从配电箱取电，给信号覆盖设备供电。智能巡检机器人本体各模块间采用 RS485 总线通信方式。巡检机器人采用电池供电和分布式接触充电相结合的供电方式。管廊内每隔 500m 布置一个分布式充电点，采用 220V 供电电缆连接到充电站设备进行供电。机器人配备大容量锂电池，电池可以提供高达 20A 的电流供电系统，电池容量满足满负荷（充电一次）行走里程不低于8km。机器人锂电池电量低于预先设定的阈值或者一次巡检任务完成后，电源管理模块命令其就近寻找充电点充电。此外，机器人与综合监控平台失去通信后可就近寻找充电点充电，以达到机器人在管廊中永不断电的功能。

4.3.2.2 GIL检测清理机器人软件设计

智能巡检机器人综合监控平台系统采用B/S架构（浏览器/服务器架构）设计模式。巡检机器人采集数据通过局域网Web服务器对外接口向外共享，后台客户端软件及移动终端APP（应用软件）可对巡检机器人进行遥控、任务配置、视频访问、数据访问等。变电站内的综合监控平台与管廊隧道通信基站的通信局限于局域网，通信通道确保了数据的保密性。此外，数字签名可保证信息传输的完整性、鉴别认证发送者的身份，并能兼顾实时性及安全。综合监控平台系统实时监测管廊内巡检机器人的运行情况，采集检测数据，并进行分析和报警。综合监控平台系统的设计分为展现层、业务层、数据层和监控层四层，如图4-21所示。

图4-21 智能巡检机器人系统综合监控平台结构

（1）展现层：直接面向操作人员呈现系统的各类信息，例如视频信息、红外热成像、机器人位置、检测数据等，方便操作人员了解系统的运行状况。

（2）业务层：采用模块化设计，根据巡检需求支持模块的裁减和扩充。业务层包含视频图像管理模块、红外热成像分析模块、局部放电波形分析模块、机器人管理模块、移动APP服务模块。

（3）数据层：具有原始数据存储、分析、统计及数据共享功能。

（4）监控层：负责从前端硬件系统采集原始数据及向前端检测机构发送控制信号。

根据智能巡检机器人在变电站、输电线路领域的应用经验和巡检要求，智能巡检机器人系统具有四大检测功能。

1. 视频图像管理模块

基于巡检机器人搭载的1080P高清可见光摄像机，可在隧道内实现实时移动视频监控。摄像机采用一体化光学防抖动技术，可有效过滤5～15Hz范围的振动干扰。为解决隧道中照明灯一般处于关闭状态的问题，机器人搭载高亮LED探照灯实现有效照明。基于SIFT算法对GIL管廊中的仪表进行定位，然后通过霍夫变换识别仪表指针、读取数据，并存储、判定采集的数据，形成仪表历史数据信息、设备缺陷预警信息及巡检报表。基于SIFT算法对GIL管廊中的仪表进行尺度空间生成，以确定视频图像关键点位置和所在尺度，从而生成SIFT特征向量，建立仪表SIFT特征向量库。当智能机器人巡检时，视频管理模块会对视频信息进行尺度空间生成，从而生成SIFT特征向量，并与投运前仪表SIFT特征向量库进行匹配，继而定位仪表，仪表定位基本结构原理如图4-22所示。为提取仪表指针，需将图像转变为灰度图像，以去除有影响的背景。由于仪表指针在灰度图像中呈现均一值特性，因此可以将灰度图像进行二值化处理（以给定的阈值将图像信息转换为黑白两种颜色），从而将仪表指针和仪表盘背景分离。为快速识别指针，可对二值化后的图像进行细化，即将二值化处理后图像上的图形以中轴线刻画该图形，只表现图形直线特征，从而减少信息量，图像预处理示例如图4-23所示。对预处理后的图像信息进行霍夫变换，得到指针细化后的直线参数，继而得出指针角度。仪表指针读数和仪表与表盘的角度存在对应关系，根据视频管理模块调试时设置好的仪表指针与表盘读数对应关系得出具体的仪表读数，并将数据信息传输至后台系统进行存储、分析、判断和预警。仪表视频图像识别效果如图4-24所示。

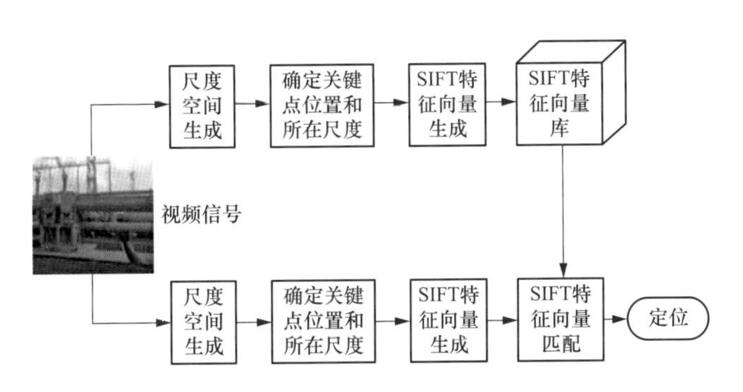

图4-22 仪表定位基本结构原理图

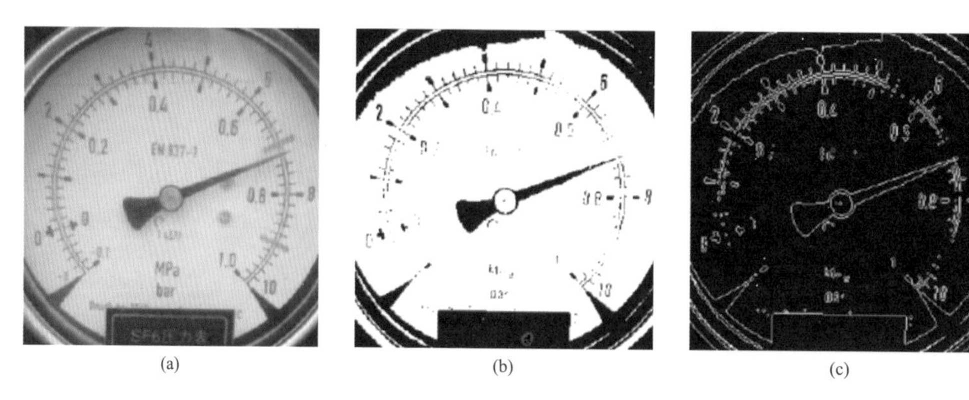

图 4-23　图像预处理示例
（a）原始图像；（b）二值化图像；（c）预处理完成图像

图 4-24　仪表视频图像识别效果

2. 红外热成像分析模块

红外热成像分析模块携带高灵敏度热成像仪，具有红外普测、红外精确测温、发热缺陷跟踪测温三种工作模式，且具有历史数据对比分析功能，基于热像图像处理技术能有效识别低温差环境下的设备。

（1）红外普测模式下，机器人在行走过程中对视野内的所有设备进行区域性的扫描式温度采集，实时检测视野内温度最高点，保留普测历史巡检图像，有效避免设备被漏巡，确保发现设备异常时可通过检测历史数据记录进行数据追溯，如图 4-25 所示。

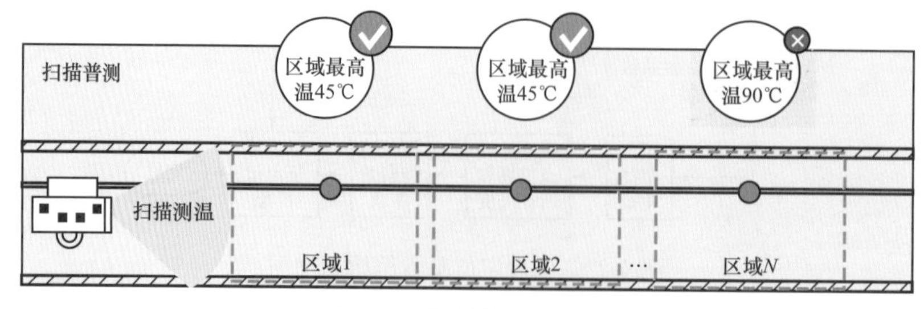

图 4-25　红外普测示意图

（2）红外精确测温模式下，对于管廊内交叉接地箱、GIL中导体接插部位、金属短接排等易发热的关键输电设备进行精确测温与监控。红外普测时检测到异常发热点时，将自动启动对该异常发热设备的精确测温，实施进一步的故障排查。设备检修投运后、新设备试运行期间、系统输电线路过负荷等情况下，可对设备进行精确测温监控。此外，精确测温时，机器人会从多个方位对设备的多个关键部分进行全面监控，从而有效发现发热缺陷。

（3）发热缺陷跟踪测温模式下，为获得某处发热缺陷变化趋势、跟进处理情况，可进行对点或对区域热缺陷的定时定点巡检，并采集数据，根据需要可以直方图、曲线等方式直观展现所需数据集。巡检机器人系统采用全自动定点检测，系统自动设定检测位置和检测参数，而且每次到达同样的检测点时，可以对历次检测的数据进行分析对比。机器人定点测温流程如图4-26所示。

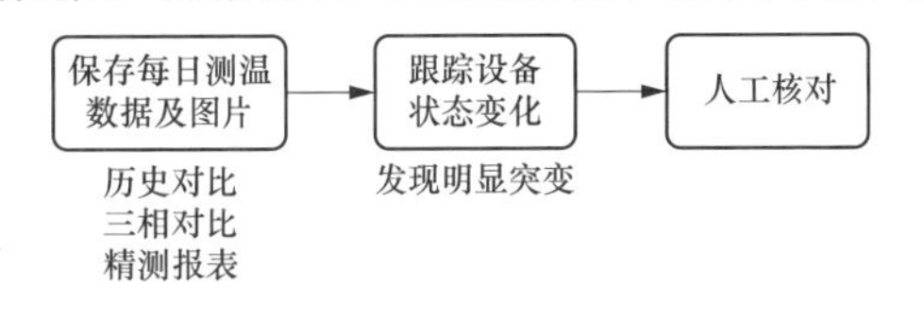

图4-26 机器人定点测温流程图

基于图像处理技术，机器人上携带的高灵敏度热成像仪可以在低温差的管廊环境中将设备的温度与环境背景温度进行有效区分，使被检测设备清晰成像，并对设备进行精确的温度检测。图像处理算法为获取可见光图像，需要对其进行高斯滤波去噪和浮雕处理后，再与红外图像进行融合处理和伪彩色处理。红外热像图像处理结果如图4-27所示。

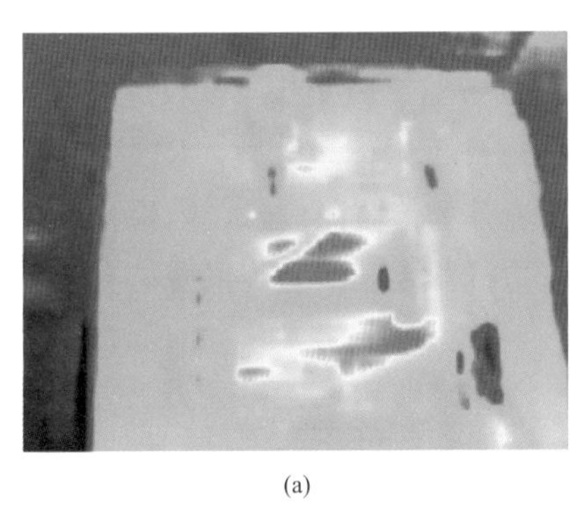

(a)

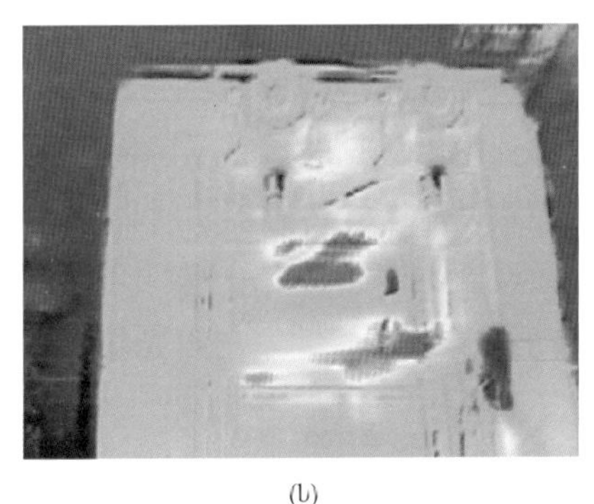

(b)

图4-27 红外热像图像处理结果

（a）图像处理前；（b）图像处理后

3. 局部放电检测定位模块

局部放电检测定位模块集成了超声波传感器，固定于机器人机械臂上，机械臂可围绕主轴旋转并感知压力。将超声波局部放电检测装置上的超声波传感器探头压力适中地紧密贴放在GIL设备待测试点表面，包括局部放电普测、局部放电精测及局部放电诊断模式，具有基于信号幅值图谱特征的GIL局部放电检测数据分析及报警功能。超声波传感器为表贴式，可存储数据，具备自检、校准、睡眠和唤醒功能，支持幅值图谱、波形图谱、脉冲图谱和相位图谱的采集，支持无线、以太网模块和RS485通信接口，供电为24V，由机器人提供。

（1）局部放电普测即对GIL设备开展定点、自动普测，并存储检测数据、输出检测报告。普测流程是定时执行的，监测点固定，机器人负责控制局部放电检测模块采集数据，并实时传回后台分析，能够展示相位、幅值、脉冲和波形四种图谱；若无异常则不显示数据，若发现疑似缺陷则进入局部放电精测模式。

（2）局部放电精测即对局部放电检测异常的数据进行实时自动诊断及报警，并在异常设备周围多点开展局部放电检测，综合分析信号特征。精测流程为：

1）普测时发现a点疑似缺陷；

2）开始A轮诊断，以a点为基准测量0.5m范围内8个点，数据传输至后台；

3）后台在9个点中找出最大值点b，开始B轮诊断；

4）以b点为基准，测量0.25m范围内8个点位，数据传输至后台；

5）解析完成后绘制成局部放电超声波检测信号幅值、波形、脉冲图谱和相位图谱展示。

（3）局部放电诊断即在局部放电精测发现异常数据时，系统会基于局部放电诊断算法进行自诊断，确定局部放电的类型，并发出报警信号。GIL常见局部放电缺陷类型有导体金属尖刺、壳体上的金属尖刺、悬浮电位、绝缘子内部气隙及自由金属颗粒等。

4. 管廊环境检测模块

智能巡检机器人本体携带的环境检测模块，具备监测隧道中O_2、H_2S、CO、CH_4气体质量分数和温湿度信息的传感器。LEL为气体爆炸下限体积分数，RH为相对湿度。管廊环境检测模块基于上述传感器实时监测隧道环境并上传监测信息，当检测到隧道内某种气体质量分数或温湿度超越安全范围时，智能巡检机器人立即上传报警信息至后台综合监控平台和移动终端APP，并发出声光报警信号。

4.4 GIS维护作业机器人应用分析

4.4.1 应用背景概述

宁夏电网某750kV变电站800kV断路器在交接试验时，通过超声波局部放电检测发现罐体内部存在自由颗粒缺陷。由于罐体内部结构复杂，操作人员通过断路器手孔无法对内部状态进行有效检查，并且残留的SF_6气体会造成人员安全风险，人员不宜进入罐体内部进行检查。使用机器人对罐体内部异物状态进行检查及清理，很好地解决了这一难题。机器人由断路器手孔部位进入罐体内部，操作人员在罐体外部通过可视化功能进行检查，机器人在罐体内部行走检查发现断路器内部存在异物颗粒，通过高清摄像头将影像传递给操作人员；操作人员使用异物清扫功能指挥机器人进行清理，异物清理工作全部完成后，机器人退出罐体。机器人在罐体内部检查状态如图 4-28 所示，检查发现的罐体内部异物颗粒如图 4-29 所示。

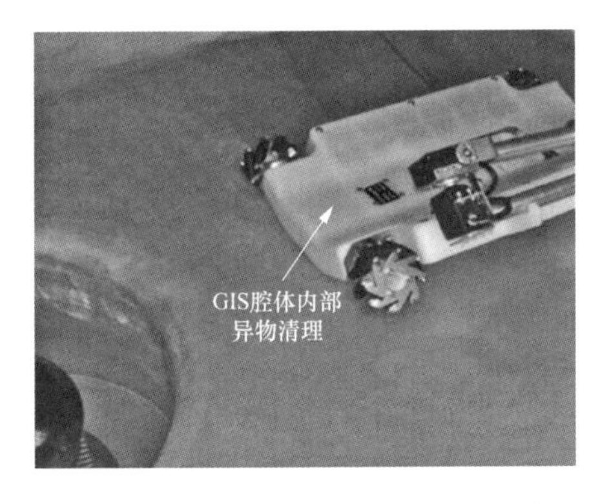

图 4-28 机器人在罐体内部检查状态

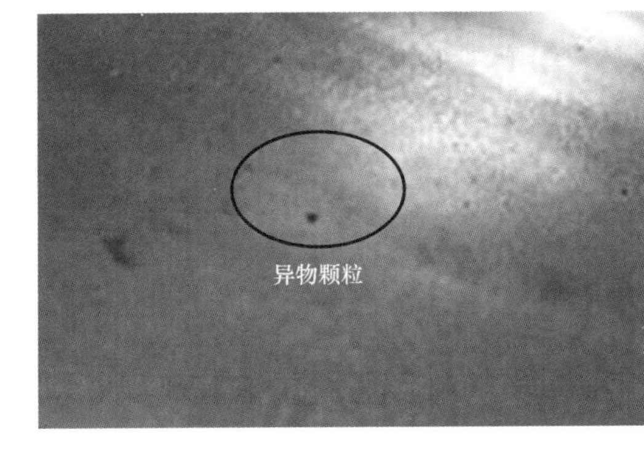

图 4-29 罐体内部异物颗粒

GIS 水平腔体内部环境复杂，布置有较多的内部组件、存在较多的未知障碍物且空间狭小紧凑，是典型的非结构化环境。为提升检修机器人在 GIS 腔体中的自主规划能力和检修作业能力，必须研究多传感器融合的环境感知算法，实现 GIS 腔体环境的场景三维重建以及 GIS 检修机器人自身的定位；为了避免 GIS 检修机器人与 GIS 内部障碍物、导电柱等发生碰撞，造成 GIS 检修机器人和腔体损坏，必须结合环境感知算法研究 GIS 检修机器人的路径规划算法，实现机器人的自主避障路径规划；还需要基于路径规划的避障路径，研究 GIS 检修机器人的轨迹跟踪控制算法。多种算法的有机融合，可以提高多因素动态耦合约束条件下移动本体和柔性臂作业的有效性、可靠性与准确性。

在多传感器环境感知方法中，首先设计 GIS 腔体低光环境的图像增强算法，获取 GIS 腔体内部高质量图像；在高质量的图像信息基础上，设计多传感器融合的视觉惯性感知算法，实现 GIS 腔体内部环境的三维重建与 GIS 机器人定位，并设计单双目结合的全景感知算法，实现 GIS 腔体内部较大范围的环境感知。在路径规划和智能避障控制中，首先设计基于深度强化学习神经网络（deep Q-learning network，DQN）算法，实现 GIS 检修机器人的避障路径规划，基于避障路径，设计基于模糊神经网络和广义预测控制的 GIS 机器人智能控制算法。在虚拟仿真与精准遥操作技术中，设计基于环境感知算法和 Unity3D 的临场感遥操作界面。本节各研究内容的关系如图 4-30 所示。

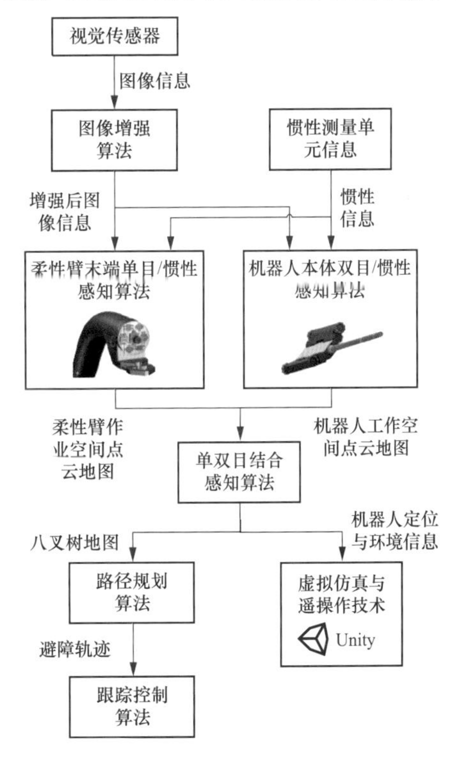

图 4-30 本节各研究内容关系示意图

4.4.2 GIS腔体内环境感知算法方案设计

GIS水平腔体检修机器人本体搭载有双目视觉传感器与IMU，面向机器人本体感知周围环境的需求，设计基于ORB-SLAM2的双目/惯性稠密建图方案。原ORB-SLAM框架采用稀疏建图，主要用于机器人定位；而对于GIS机器人的智能检修任务，在路径规划与避障规划的设计中，稀疏的点云图不能满足需要，因此必须设计稠密建图方案，实现GIS机器人对腔体的环境感知和三维重建，为后续的路径规划与智能避障提供必要的环境基础。另外，针对GIS腔体内部光线少、视觉纹理弱的环境，若添加点光源进行辅助建图，金属部分会产生反射，降低图像质量；而采用双目在此类环境来进行稠密建图，由于本身具有精度高、成本低、不易受日光干扰等特点，可以避免三维重建时单目尺度不确定性引起的精度不足的问题，以及RGB-D（三通道彩色图像＋灰度图）在遇到GIS腔体内部金属反射引起的误差较大的问题。GIS检修机器人柔性机械臂末端不同于机器人本体，搭载单目视觉传感器与IMU。基于VINS-MONO设计单目/惯性SLAM方案，充分融合IMU信息与单目视觉传感器信息，既避免了IMU的累积误差，又解决了单目视觉传感器容易出现运动模糊，纹理缺失等问题，实现柔性机械臂末端高精度自主定位。

GIS检修机器人本体和柔性机械臂各有一个SLAM系统完成自主环境感知，但其感知信息是相对分离的，必须设计全景感知算法，从算法层面充分融合GIS检修机器人本体与柔性臂传感装置信息，实现狭小腔体环境的全景感知技术。

4.4.2.1 多传感器融合的环境感知算法总体方案

1. GIS检修机器人本体双目/惯性SLAM系统设计方案

设计的双目稠密建图主要框架采用3个并行线程（跟踪线程、局部建图线程、闭环检测线程）和1个独立的稠密建图线程的方式，实现GIS腔体内部环境的感知和三维稠密重建，其多线程的功能介绍如下。

（1）跟踪线程：对左、右的图像提取ORB特征并进行匹配，通过针孔相机模型和双目测距原理得到空间点的深度和三维坐标；同时，对IMU获得的数据进行预积分，得到位姿预估计；依据估计的位姿信息，将局部地图中的路标点投影到当前帧，并在当前帧寻找匹配特征点；通过最小化特征点的重投影误差和IMU残差优化当前帧位姿，并设置条件生成关键帧。

（2）局部建图线程：对跟踪线程中的关键帧进行处理，利用关键帧的路标点、特征点的位置关系对位姿进行优化。同时剔除地图中新添加的但被观测量少的地图点；随后对共视程度高的关键帧通过三角化恢复地图点，检查关键帧与相邻关键帧的重复地图点，并剔除冗余关键帧。

（3）闭环检测线程：处理局部地图线程插入的关键帧，主要包含三个过程，分别是闭环检测、计算相似变换矩阵和闭环矫正。闭环检测通过计算词袋相似得分选取候选关键帧；随后对每个候选关键帧计算相似变换矩阵，通过随机采样一致性选取最优关键帧；而后通过本质图（Essential Graph）优化关键帧位姿；最后执行含 IMU 位姿信息的全局捆集调整，得到全局一致性环境地图和相机运行轨迹。

（4）稠密建图线程：对新建立的关键帧执行地图点深度范围搜索，随后在该深度范围内建立匹配代价量，执行立体匹配得到关键帧初始深度图；基于相邻像素深度相近原则，对获得的初始深度图进行相邻像素逆深度融合和填充空缺像素点，通过相邻关键帧深度图融合优化深度信息，进一步执行帧内填充和外点剔除得到最终深度图；最后利用点云库（point cloud library，PCL）点云拼接得到环境稠密地图。

2. GIS 检修机器人柔性机械臂单目/惯性 SLAM 系统设计方案

GIS 腔体内部空间狭小、结构复杂、障碍物多，为了使 GIS 检修机器人适配有能适应不同气室结构、可弯曲伸缩的柔性机械臂，柔性机械臂末端搭载有微型单目视觉传感检测装置，单目相机用来实现基于非线性滚动优化，结合场景结构模型的三维点约束配准关系的 VINS-SLAM 算法，以此完成 GIS 检修机器人对非结构化环境 GIS 管道腔体的环境感知与信息融合。通过多线程并行的 VINS-SLAM 算法，实现 GIS 检修机器人在 GIS 腔体内部的定位和构图，GIS 腔体内部环境感知框图如图 4-31 所示。

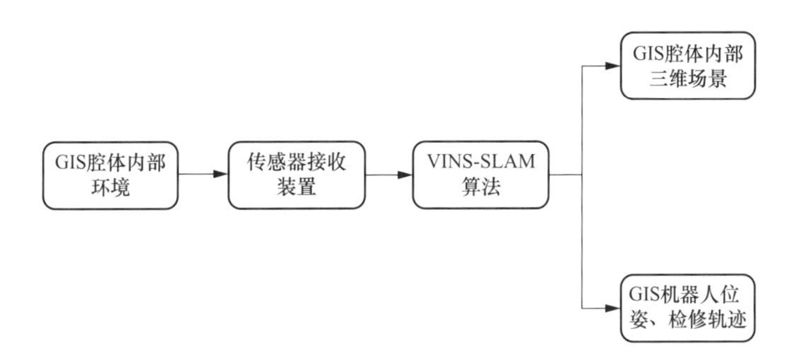

图 4-31　GIS 腔体内部环境感知框图

GIS 检修机器人在 GIS 腔体内部作业，首先根据柔性臂末端单目相机采集到的连续图像帧，通过 VINS-MONO 算法完成 GIS 腔体内部环境地图的构建，然后在此基础上完成异物识别并清除或者越障并跟踪预定路径的操作。

3. GIS 检修机器人全景感知方案设计

GIS 检修机器人本体搭载双目视觉传感器以及 IMU，柔性机械臂配置有单目视觉与 IMU 传感器，定位系统则分别采用 ORB-SLAM 与 VINS-MONO 框架。面向 GIS 检修机器人对广范围感知技术的需求，充分融合检修机器人本体 SLAM 系统与柔性机械臂 SLAM 系统，按图像提取、转移矩阵 $\boldsymbol{T}$ 以及地图融合进行研究设计，形成单双目结合全景感知的总体技术实现路线。单双目视觉重叠部分融合方案流程如图 4-32 所示。

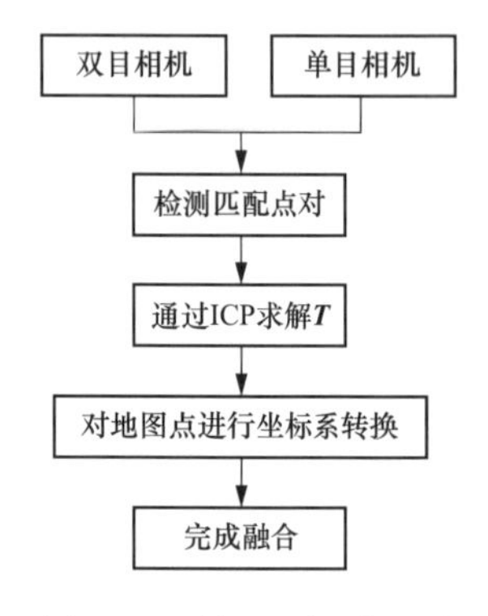

图 4-32 单双目视觉重叠部分融合方案流程图

ORB 与 VINS（视觉惯性系统）有着独立的全局坐标系或者说参考坐标系，两个 SLAM 系统在没有统一坐标系的情况下是相对分离、缺乏联系的。因此，全景感知技术的关键在于将两个 SLAM 系统融合于统一的坐标系之下，然后组合双目与单目的视觉信息，达到 GIS 腔体内全景感知效果。整个全景感知系统的实现可以总结为以下三个步骤：

（1）提取双目传感器左相机视图与单目相机视图；

（2）检测三维匹配点对，并求取转移矩阵 $\boldsymbol{T}$；

（3）对坐标系进行统一调整，完成地图融合，实现全景感知技术。

4.4.2.2 环境感知算法详细方案设计及验证

1. GIS 检修机器人本体双目/惯性 SLAM 系统

（1）GIS 检修机器人本体双目/惯性 SLAM 系统稠密建图线程具体方法介绍如下。

步骤 1：场景深度范围估计。将双目中的左相机图像作为关键帧输入图像，对任意时刻关键帧观测到的每一个地图点，将其投影到关键帧图像中，计算地图点在关键帧坐标系下的深度值。选取最大、最小深度设置场景逆深度搜索范围，即（ρ_{min}，ρ_{max}）。

步骤 2：立体匹配。采用基于水平树结构的可变权重代价聚合立体匹配算法计算像素深度。通过步骤 1 计算的场景深度范围限制立体匹配中匹配代价量（cost volume）的层数，只在逆深度（ρ_{min}，ρ_{max}）对应的视差范围内搜索，减少计算量。同时删除立体匹配中视差后处理步骤，在左右一致性匹配中只保留视差相同的像素点逆深度。

步骤 3：帧内平滑、外点剔除。对步骤 2 得到的逆深度图进行填充和剔除。

步骤 4：逆深度融合。在跟踪线程已计算关键帧位姿的基础上，通过后续 6 幅关键帧逆深度图优化当前关键帧深度信息。

步骤 5：帧内平滑、外点剔除。对逆深度融合后获得的逆深度图进行逆深度点的填充与剔除。

前述部分设计了基于 ORB-SLAM2 的双目惯性三维稠密建图方法，通过双目相机实时采集图像，对 ORB-SLAM2 跟踪线程创建的关键帧进行场景深度估计，只在该深度范围内构建匹配代价量，这在很大程度上减少了立体匹配花费时间。基于相邻像素深度相近原则，在获得初始深度图后进行帧内平滑与外点剔除环节，增加了深度图的稠密度和剔除了可能存在的孤立匹配点。针对立体匹配获得的初始深度估计精度不高，且出现严重的视差分层现象，提出了多关键帧逆深度融合方法，对每个候选逆深度假设进行高斯融合，优化当前关键帧深度值。

（2）以下结合图 4-33 所示双目视觉惯性感知算法框架，对双目视觉惯性感知算法做进一步描述。

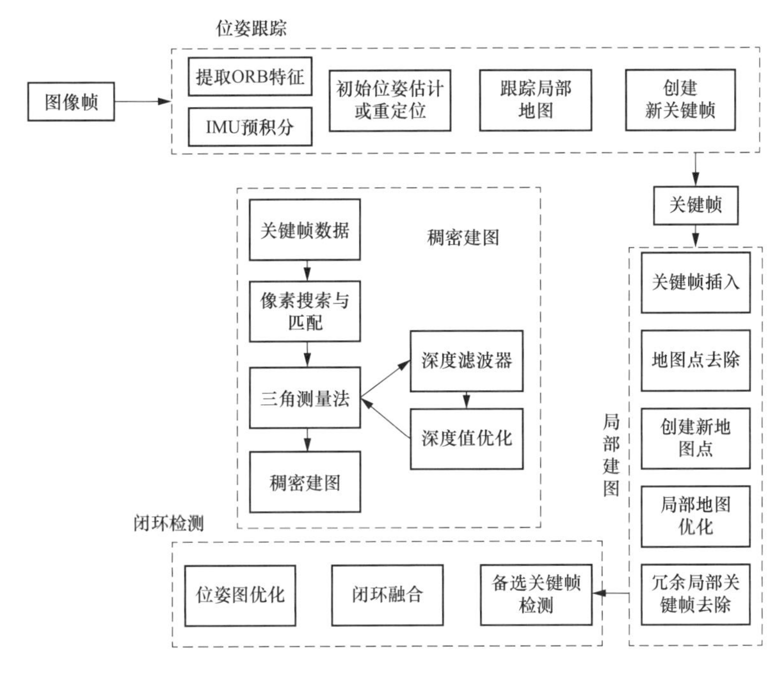

图 4-33 双目视觉惯性感知算法框架示意图

基于 ORB-SLAM2 的双目三维稠密建图方法包含以下步骤：

步骤 1：场景深度范围估计。将双目中的左相机图像作为关键帧输入图像，对任意时刻关键帧观测到的每一个地图点，将其投影到关键帧图像中，计算地图点在关键帧坐标系下的深度值。选取最大最小深度设置场景逆深度搜索范围。

令 P_i 为地图点在世界坐标系下的 3D 坐标的齐次表示，$\boldsymbol{T}_k \in SE(3)$ 为 k 时刻相机坐标系与世界坐标系的位姿变换，为地图点在 k 时刻相机坐标系下的 3D 坐标的齐次表示。场景深度搜索范围为（$\rho_{\min}$，$\rho_{\max}$）。

步骤 2：立体匹配。采用基于水平树结构的可变权重代价聚合立体匹配算法计算像素深度。通过步骤 1 计算的场景深度范围限制立体匹配中匹配代价量的层数，只在逆深度（$\rho_{\min}$，$\rho_{\max}$）对应的视差范围内搜索，减少计算量。同时删除立体匹配中视差后处理步骤，在左右一致性匹配中只保留视差相同的像素点逆深度。

步骤 3：帧内平滑、外点剔除。假设立体匹配获得的视差服从方差为 1 的高斯分布，即 $d : N(d_0, 1)$。

对立体匹配阶段得到的逆深度图进行填充和剔除孤立外点。详细方案如下：

1）对每一个存在逆深度分布的像素点，计算它与周围 8 个逆深度分布满足卡方分布小于 5.99 的个数，当个数小于 2 时，将其逆深度剔除；当个数大于 2 时，进行逆深度融合。

2）对每个不存在逆深度分布的像素点，检测其周围 8 个像素点之间的逆深度分布是否满足卡方分布，当满足卡方分布的个数大于 2 时，进行逆深度融合；同理，方差为融合前的逆深度最小方差。

步骤 4：逆深度融合。在跟踪线程已计算关键帧位姿的基础上，通过后续 6 幅关键帧逆深度图优化当前关键帧深度信息。具体步骤如下：

1）将当前关键帧逆深度图对应的地图点投影到相邻关键帧，读取投影点的逆深度 ρ_0 与逆深度方差。

2）将相邻关键帧中逆深度为 $\rho_0+\sigma_0$、ρ_0 与 $\rho_0-\sigma_0$ 对应的地图点逆投影到当前关键帧，保留逆投影后的逆深度 ρ_1、ρ_2 与 ρ_3。

3）构造候选融合逆深度假设 ρ：$N[\rho_2, \max(|\rho_1-\rho_2|, |\rho_3-\rho_2|)]$。

4）循环上述步骤获得 6 个候选融合逆深度假设，利用卡方分布小于 5.99 选取待融合逆深度假设。

步骤 5：帧内平滑、外点剔除。基于场景中相邻区域的深度相近的假设，对逆深度融合后获得的逆深度图进行帧内平滑和外点剔除，提高地图点的精度和增加点云的稠密度。具体步骤如步骤 2 的逆深度填充与剔除环节。GIS 检修机器人本体 ORB-SLAM2 双目稠密建图运行 TUM 数据集测试如图 4-34 所示，图 4-35 所示为生成的 PCL 点云图。在 gazebo 平台上实现 GIS 建模仿真，最终用 ORB-SLAM2 框架实现 GIS 腔体仿真测试，如图 4-36 所示。

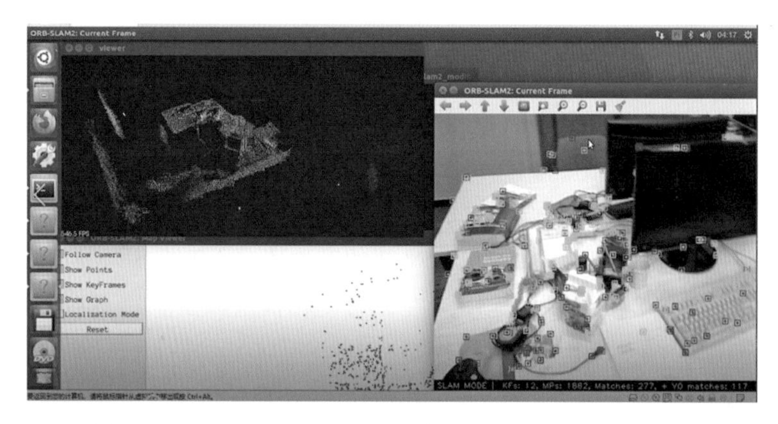

图 4-34　ORB-SLAM2 双目稠密建图运行 TUM 数据集测试

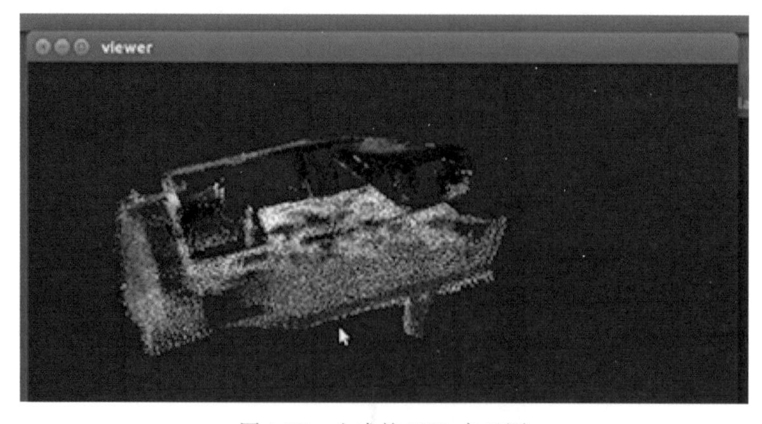

图 4-35　生成的 PCL 点云图

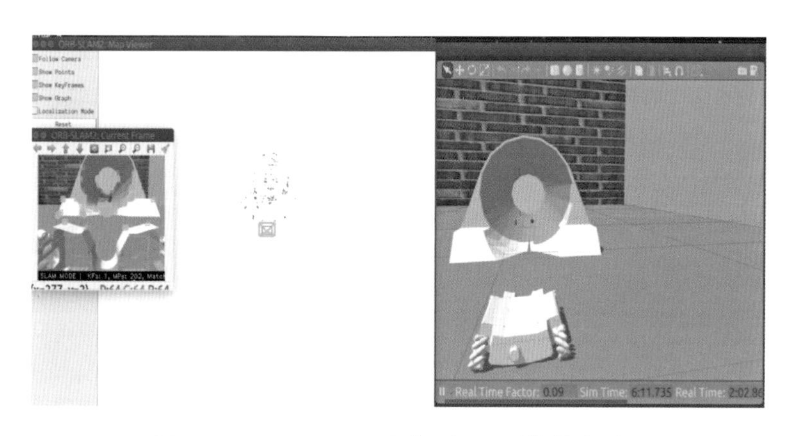

图 4-36 ORB-SLAM2 框架下 GIS 腔体仿真测试

2. GIS 检修机器人柔性机械臂单目/惯性 SLAM 系统

VINS-SLAM 是一种鲁棒性很强的视觉惯性里程计（visual inertial odometry，VIO）系统，它将相机信息和 IMU 信息通过紧耦合的方式进行数据融合，提高定位算法的鲁棒性。单目视觉惯性 VINS-SLAM 算法总体框架如图 4-37 所示。

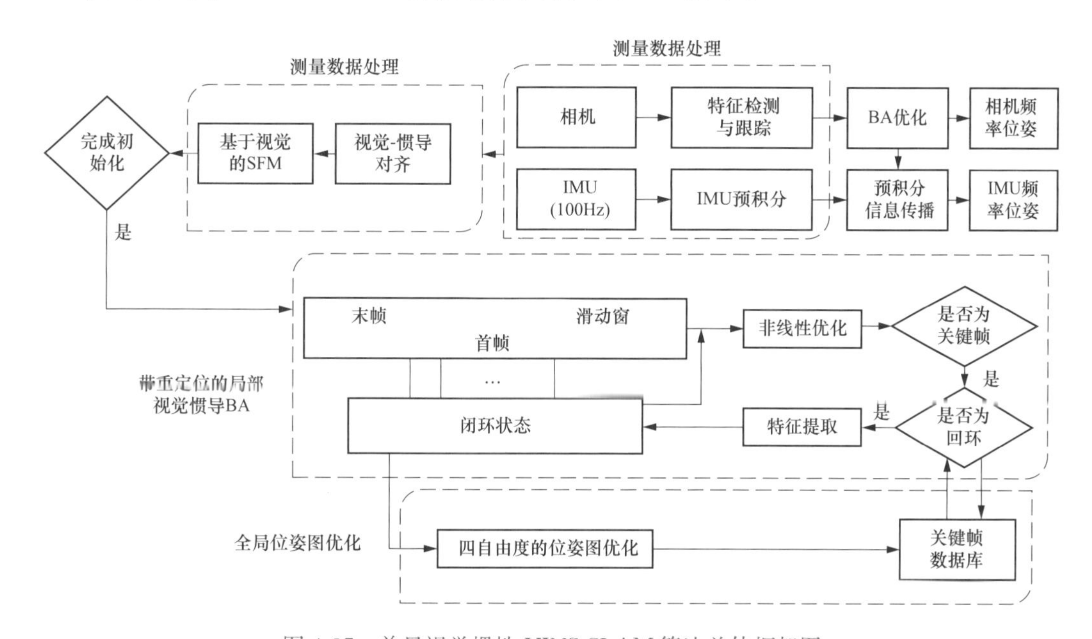

图 4-37 单目视觉惯性 VINS-SLAM 算法总体框架图

这个系统主要概述为以下几个过程：数据测量处理、初始化、后端非线性优化（BA 优化）、闭环检测、全局位姿图优化。

（1）数据测量处理：对单目相机采集到的连续图像帧和 IMU 传感器采集到的尺度信息、重力信息和速度信息进行数据预处理。其中，视觉传感器部分首先提取 Harris 角点，并利用 KLT（Bruce D Lucas and Takeo Kanade）金字塔光流跟踪相邻帧；为特征点先矫正为不失真的，需通过外点剔除后投影到一个单位球面上，然后进行 $\boldsymbol{F}$ 矩阵测试，通过 RANSAC 算法（随机抽样一致算法）去除异常点；接着进行关键帧选取。在进行关键帧选取时，因为视差可以根据平移和旋转共同得到，而纯旋转则导致不能三角化成功，所以这一步需要 IMU 预积分进行补偿；即将 IMU 数据预处理，计算预积分误差的雅克比矩阵和协方差项，避免每次姿态优化调整后重复 IMU 信息的传播。

前端的位姿估计通过提取两帧图像中的特征点并进行两帧图像之间特征点的匹配，最后利用对极约束原理进行两帧之间的里程计计算。

$$\begin{cases} x_2^T \boldsymbol{E} x_1 = 0 \\ p_2^T \boldsymbol{F} p_1 = 0 \end{cases} \tag{4-46}$$

式中：$\boldsymbol{F}$ 为基础矩阵；$\boldsymbol{E}$ 为本质矩阵；x_1、x_2 为像素点归一化坐标；p_1、p_2 为像素坐标。

（2）初始化：采用松耦合的传感器融合方法得到初始值。首先用 SFM 进行纯视觉估计滑动窗内所有帧的位姿以及路标点逆深度，完成单目视觉进行关键帧及三维点的初始化；然后与 IMU 预积分对齐，继而分步恢复对齐尺度 s、重力 g、IMU 速度 ν 和陀螺仪偏置 b_g。

IMU 测量在固定时间间隔 Δt 传感器的三轴加速度 α_{B} 和角加速度 w_{B}，测量值包含加速度计和陀螺仪零偏 a_{B} 和 b_g 以及随机噪声。IMU 姿态 R_{WB}、速度 ${}_{\mathrm{W}}\nu_{\mathrm{B}}$、位置 ${}_{\mathrm{W}}P_{\mathrm{B}}$ 更新方程为：

$$\begin{aligned} R_{WB}^{k+1} &= R_{WB}^{k}\mathrm{Exp}[(\omega_B^k - b_g^k)\Delta t], \\ {}_W\nu_B^{k+1} &= {}_W\nu_B^k + g_W\Delta t + R_{WB}^k(a_B^k - b_g^k)\Delta t, \\ {}_WP_B^{k+1} &= {}_WP_B^k + {}_W\nu_B^k\Delta t + \frac{1}{2}g_W\Delta t^2 + \\ &\quad \frac{1}{2}R_{WB}^k(a_B^k - b_g^k)\Delta t^2 \end{aligned} \tag{4-47}$$

（3）后端非线性优化：基于非线性优化的视觉/惯性导航紧耦合。在导航过程中，根据地图点是否更新（插入新关键帧时，更新地图点）设计了两种优化模型，分别为当前帧-邻帧优化模型和当前帧-关键帧优化模型，基于优化模型，结合全局地图三维点的滑动窗口优化实现视觉/惯性导航的紧耦合。其中，位姿估计针对单目视觉信息和惯性导航信息的融合，基于图论实现单目视觉和惯性导航多状态信息的多边约束关系构建，明确表述多变约束关系，实现机器人多状态变量的求解。局部优化与建图针对单目惯性导航系统中采用的多关键帧局部优化与建图问题，基于局部后端非线性优化和滚动窗口边缘化的方法，实现局部机器人姿态优化和稀疏地图构建。基于滚动窗口边缘化的局部优化如图 4-38 所示。

（4）闭环检测：完成对 GIS 腔体环境地图构建的重定位。尽管滑动窗和边缘化减小了计算复杂度，但是引进了系统的累计漂移误差。VINS-MONO 算法采用紧耦合重定位模块与单目 VIO 进行组合实现漂移误差的消除。其中回环检测采用词袋模型，除了单目 VIO 的角点特征外，还添加了 500 个角点并使用 BRIEF 描述子，描述子用作视觉词袋在数据库里进行搜索，这些额外的角点能用来实现更好的回环检测。

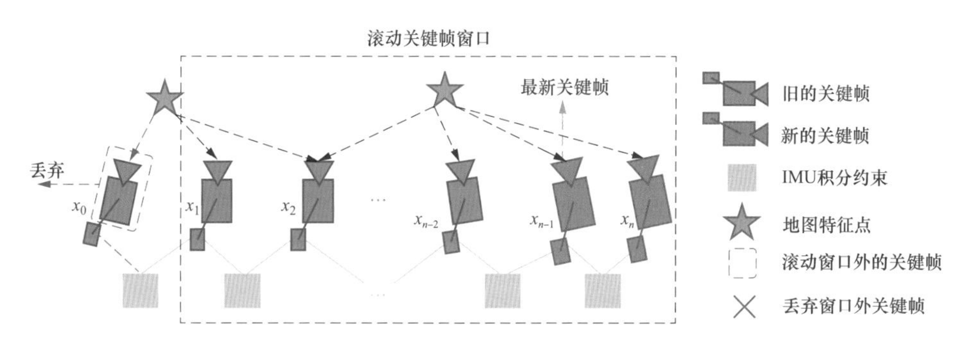

图 4-38　基于滚动窗口边缘化的局部优化示意图

（5）全局位姿图优化：为了确保基于重定位结果对过去的位姿进行全局优化，主要概述为以下步骤。

步骤 1：位姿图中添加关键帧。当一个关键帧被滑动窗口中边缘化掉后，它会被添加到位姿图中。该关键帧会作为位姿图中一个定点，通过顺序边和回路闭合边与其他顶点相连接。

步骤 2：4 自由度位姿图优化。由于视觉-惯性使得横滚角和俯仰角完全可以观测，因此只有 4 个自由度（xyz 三轴和 yaw 航向角）存在累积漂移。

步骤 3：位姿图管理。随着行程距离的增加，位姿图的大小可能会无限增长，限制了长时间系统的实时性。因此，位姿图数据库需要保持在有限的大小内。具体来说，所有具有回环约束的关键帧都将被保留，而其他与相邻帧过近或方向非常相似的关键帧可能会被删除，关键帧被移除的概率和其相邻帧的空间密度成正比。

配置在柔性机械臂末端的单目传感器与 IMU 主要实现位姿估计、局部优化建图和回环检测三个并行线程同时存在的视觉惯性 VINS-MONO 算法。基于数据集的 VINS-MONO 算法测试如图 4-39 所示。

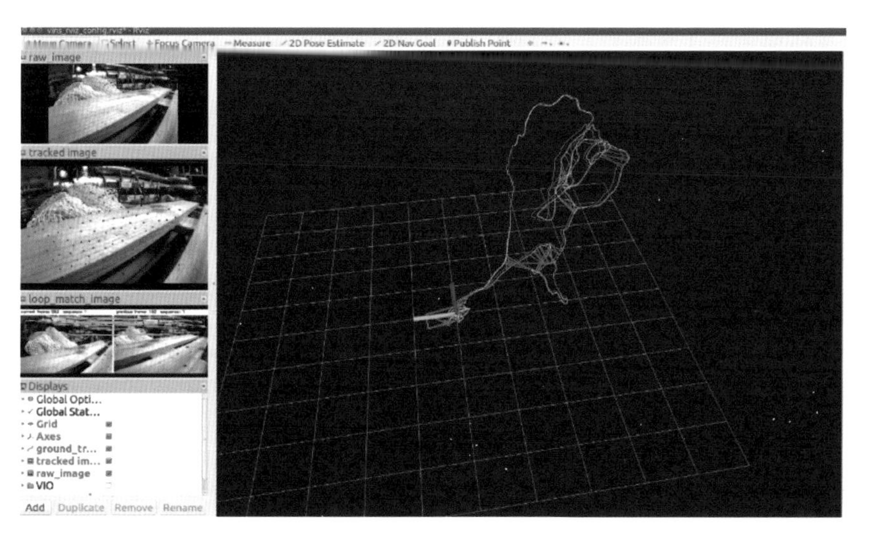

图 4-39　基于数据集的 VINS-MONO 算法测试

3. GIS检修机器人全景感知方案

为实现更大范围的GIS水平腔体检修机器人全景感知，需要将机器人本体的双目视觉惯性SLAM系统与柔性机械臂末端的单目视觉惯性SLAM系统进行点云融合和坐标统一；在点云融合和坐标统一的过程中，转移矩阵 $\boldsymbol{T}$ 的求解尤为重要。检修机器人在GIS腔体内作业时，柔性机械臂与本体相对位置并不固定，因此矩阵 $\boldsymbol{T}$ 无法通过离线标定直接获得。IMU可以获得机器人本体与柔性机械臂的加速度、角速度信息，但不适合用于长期精确定位。因此结合双目视觉传感器与单目视觉传感器的图像信息，完成相对定位从而求得转移矩阵 $\boldsymbol{T}$。

（1）转移矩阵 $\boldsymbol{T}$ 求解步骤如下：

1）检测GIS腔体维护机器人本体SLAM系统与柔性机械臂末端SLAM系统之间的相似关键帧，分别记为 K_{C} 和 K_{C0}。

2）寻找 K_{C} 和 K_{C0} 的匹配点对，因两套视觉惯性SLAM系统有着三维度量重建能力，可以直接获得相互匹配的三维坐标点对。

3）参考ORB-SLAM方案所采用的Horn文献中提到的办法，以RANSAC迭代求解，计算出两帧之间的 SE（3）变换矩阵 $\boldsymbol{T}_{\mathrm{CC0}}$。

上述方法采用重定位技术相关的知识，并将回环检测中闭环的办法扩展到不同相机之间相对位姿求解。GIS腔体内全景感知技术的实现，需要结合机器人本体SLAM系统与柔性机械臂SLAM系统的视觉信息。

（2）综合转移矩阵 $\boldsymbol{T}$ 的求解方法，全景感知算法设计如下：

1）结合GIS腔体维护机器人本体与柔性机械臂SLAM系统的关键帧信息，求得转移矩阵 $\boldsymbol{T}$。

2）柔性机械臂末端SLAM全局坐标下某点 x，将其转换到某时刻在柔性机械臂末端相机坐标 $\{C_0\}$ 下，即 x_{C0}。

3）通过转移矩阵 $\boldsymbol{T}$ 求得点 x 在机器人本体相机坐标 $\{C\}$ 下的位置，即 x_{C}。

4）最后转换到GIS腔体维护机器人本体SLAM坐标系下。

5）对柔性机械臂末端SLAM系统得到的地图点重复进行步骤2）～4），完成地图融合。

为验证GIS检修机器人单双目融合算法的可行性，利用MATLAB仿真平台实现不同坐标系点云数据融合仿真。图4-40为不同坐标系下点云图；图4-41展示仿真坐标系调整效果与地图融合效果。依据融合方案步骤，将不同相机视角下的点云数据通过转移矩阵 $\boldsymbol{T}$ 进行调整、融合，实现广范围的感知技术，从而验证GIS检修机器人单双目结合全景感知算法可行性。

4.4.3 基于深度强化学习的机器人路径规划算法方案设计

为提高机器人的作业能力和检修效率，确保机器人不对GIS腔体内壁、绝缘子、导电杆等造成损伤，必须研究机器人检修作业任务规划技术。传统方法利用三维感知技术构建GIS 腔体的三维 PCL 点云地图，点云地图提供了基本的可视化地图，但表达的地图信息有限，即没有物体表面信息，可视化的直观度差，且无法直接用于导航避障。考虑到点云地图的缺点，针对机器人在 GIS 腔体内部的路径规划，必须采用一种能够反映环境障碍物信息的占据网格地图来描述 GIS 腔体环境。

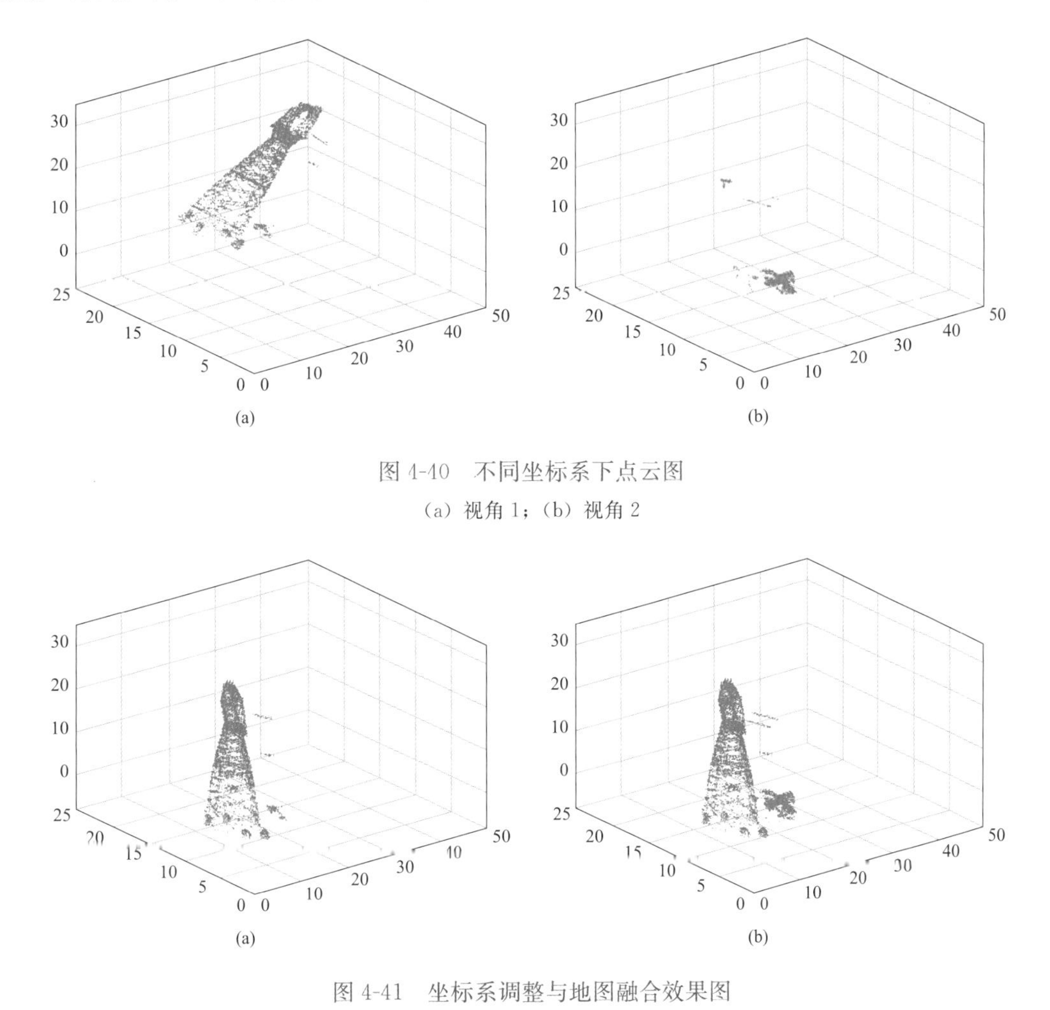

图 4-40　不同坐标系下点云图

(a) 视角 1；(b) 视角 2

图 4-41　坐标系调整与地图融合效果图

(a) 视角 1；(b) 视角 2

针对基于地图重建后的路径规划，传统方法中存在许多缺点，例如高维的时间复杂性，这使得传统方法在实践中效率低下，并且在复杂的 GIS 腔体环境内，传统的路径规划方法更不适用。为解决上述问题，引入了强化学习（reinforcement learning，RL）技术，该技术使机器人能够从环境状态中学习适当的行为，其优点是根据收到的奖励或惩罚来修改其策略。传统的基于强化学习的路径规划方法无法处理原始的高维输入图像，而深度学习的最新进展使其成为可能，将强化学习和深度学习结合在一起的深度强化学习（deep reinforcement learning，DRL）使得机器人在 GIS 腔体内的路径规划算法具有更强的稳定性。针对地图重建后具有的复杂特征信息，DQN 算法深度神经网络对复杂特征的提取有很好效果，故采用 DQN 算法对机器人在 GIS 腔体内的路径进行规划。

4.4.3.1 基于深度强化学习的路径规划方案设计

GIS 腔体内移动平台路径规划技术方案主要由八叉树三维栅格地图构建技术和基于深度强化学习二维栅格路径规划算法构成：由 SLAM 技术提供全景感知三维重建的点云信息，运用八叉树算法把点云信息转换为三维栅格数据结构；对三维栅格数据进行降维处理，投影到二维栅格地图，减小数据量，提高障碍物检测效率；运用深度强化学习 DQN 算法，对二维栅格地图进行训练，规划一条最优避障路线；转换二维坐标为三维坐标到 GIS 腔体上，根据三维散点拟合为一条最优曲线，供下一步移动平台跟踪控制。GIS 腔体内移动平台路径规划方案设计流程如图 4-42 所示。

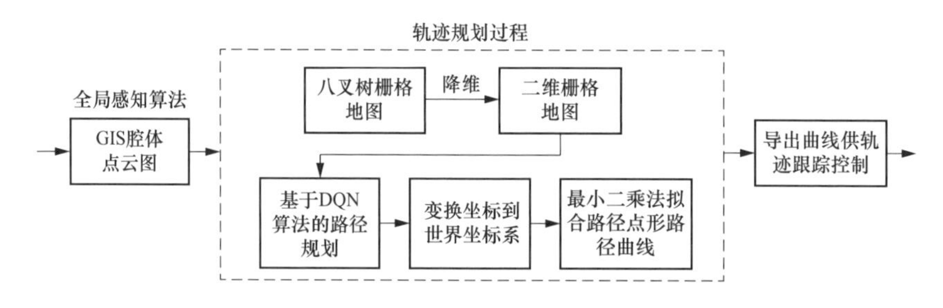

图 4-42 GIS 腔体内移动平台路径规划方案设计流程图

（1）针对 GIS 腔体八叉树地图的构建，采取在环境感知 SLAM 算法构建的 PCL 点云地图的基础上进行八叉树地图转换的策略，即先进行完整的 SLAM 流程，接着将 SLAM 过程生成的 PCL 点云地图转换为八叉树地图。八叉树地图的构建流程如图 4-43 所示，主要包含以下四个步骤。

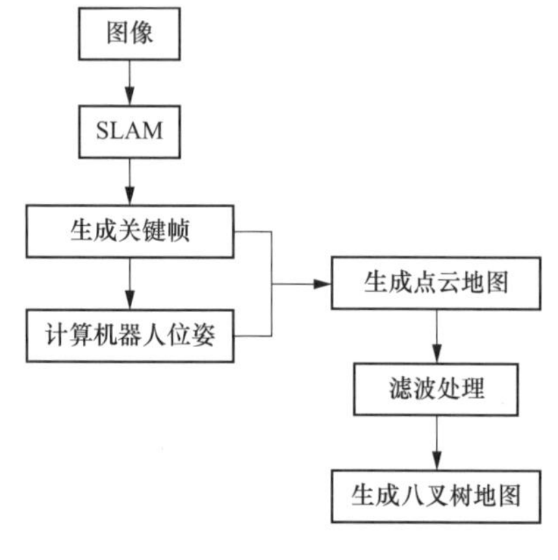

图 4-43 八叉树地图构建流程图

1）生成关键帧：在相机视频流中选取有代表性的图像作为关键帧。

2）计算关键帧位姿：估计每一个关键帧相对世界坐标系的位姿。

3）生成点云地图：计算关键帧像素点的世界坐标，并转换为点云地图。

4）生成八叉树地图：将点云地图转换为八叉树地图。

（2）针对在 GIS 腔体内的路径规划，首先通过深度学习处理从环境中获取的多源传感器组成的状态信息；然后利用强化学习基于预期回报评判动作价值，将当前状态映射到相应动作，并将动态指令分配给 GIS 检修机器人。作为算法验证，基于深度强化学习的方法，并将其应用于多传感器 GIS 检修机器人的路径规划中，赋予 GIS 检修机器人对环境的自适应能力和自学习能力，同时在基于机器人仿真软件 VREP 的仿真场景中验证算法的有效性。基于深度强化学习的移动机器人路径规划如图 4-44 所示。

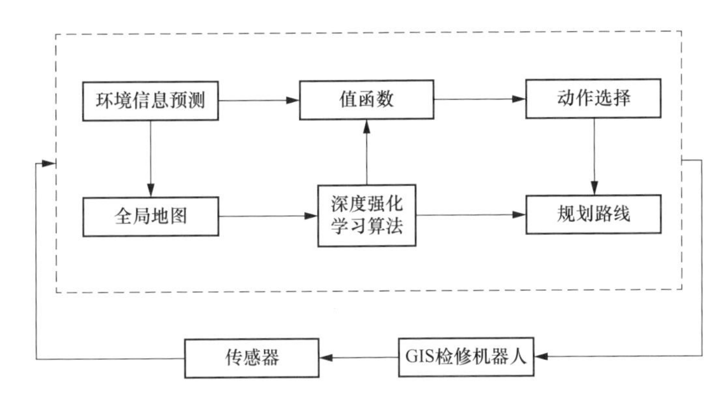

图 4-44　基于深度强化学习的移动机器人路径规划示意图

4.4.3.2　基于深度强化学习的路径规划详细方案设计及验证

1. 八叉树地图构建详细设计方案

八叉树分层模型如图 4-45 所示，将空间看作一个立方体，并将立方体不断地嵌套八等分，直到达到地图精度对应的网格大小，八叉树的每个叶子节点就表示地图中的每个网格。

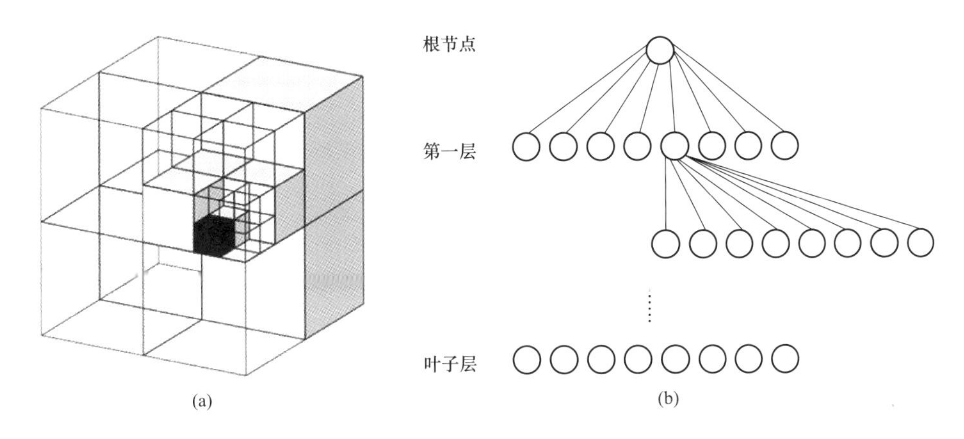

图 4-45　八叉树分层模型

(a) 立方体嵌套八等分；(b) 八叉树分层

为能够在地图中实时反映障碍物的变化，八叉树地图的每一个叶子节点不直接用 0 和 1 来表示空闲和占据状态，而是用一个 0～1 的浮点数来表示占据和空闲的概率，当值越接近 0 表示该网格空闲的概率越大，反之则表示被占据的概率越大。

根据以下概率公式对地图进行实时更新：

$$P(n|z_{1:T})=\left[1+\frac{1-P(n|z_T)}{P(n|z_T)}\times\frac{1-P(n|z_{1:T-1})}{P(n|z_{1:T-1})}\times\frac{P(n)}{1-P(n)}\right]^{-1}\qquad(4\text{-}48)$$

机器人进行建图的过程中，当观察到某处有障碍物时将该处网格的占据概率增加，并将从机器人到该网格之间网格的占据概率减小。由于直接采用概率更新较为繁琐，该设计采用概率对数值（Log-odds）来描述某节点的占据概率大小。设 $y \in R$ 为概率对数值，x 为 0～1 的概率，那么它们之间的变换由 logit 变换描述：

$$y = \mathrm{log}it(x) = \log\left(\frac{x}{1-x}\right) \tag{4-49}$$

其反变换为：

$$x = \mathrm{log}it^{-1}(y) = \frac{\exp(y)}{\exp(y)+1} \tag{4-50}$$

由此，当 y 从 $-\infty$ 变到 $+\infty$ 时，x 相应地从 0 变到了 1。而当 $y=0$ 时，$x=0.5$。当用 y 来表达节点是否被占据时，当不断观测到“占据”时，让 y 增加一个值，否则让 y 减小一个值。当查询占据概率时，再用 logit 变换，将 y 转换至概率即可。所以，从开始到 t 时刻某节点的概率对数值为 $L(n \mid z_{1:t})$，$t+1$ 时刻为：

$$L(n \mid z_{1:t+1}) = L(n \mid z_{1:t-1}) + L(n \mid z_t) \tag{4-51}$$

因为检测机器人在 GIS 腔体内部实际运动建图过程比较缓慢，所以执行加减操作并不会对地图的实时更新带来较大的延迟。另外，八叉树地图可以建立不同分辨率的地图，可以在高分辨率地图的基础上向低分辨率地图转换，非常适合于机器人在不同复杂度环境下的导航避障。在一些障碍物较多、需要精细控制机器人的运动姿态的场景，就需要高分辨率的地图；而在一些障碍物较少、环境结构比较固定的场景，低分辨率的地图就能满足导航避障的要求。

八叉树地图的另一个优点就是可以大大减小机器人搜索地图的时间。通常取 8 个叶子节点中的最大值来填充其父节点，依次递归到根节点。特别是当存在某个较大的空闲区域时，很多子节点的概率值接近或等于 0，这时其父节点的值也接近或等于 0，只需要搜索到父节点就可以判断子节点的状态，而没有必要搜索全部的子节点。这在实时避障中是十分重要的，因为实时避障最主要的就是要机器人对突然出现的障碍物做出快速反应。在存储地图数据时也是同样的道理，如果父节点完全空闲，就没有必要再存储子节点的状态了，这可以减小地图的占用大小，节约机器人嵌入式控制平台的内存。

2. 八叉树地图构建方案合理性验证

为验证八叉树地图构建算法的合理性，利用 GIS 腔体三维模型进行地图构建测试，获取 GIS 腔体的部分三维点云地图，如图 4-46 所示。

利用三维点云数据，依靠上述算法转换为 GIS 腔体八叉树导航避障地图，如图 4-47 所示。通过上述过程可以看到，该算法成功在模拟 GIS 腔体环境中构建了八叉树地图，且该八叉树地图是稠密占据网格地图，能够填补三维点云地图特征点之间的空隙，满足对导航避障地图的要求。

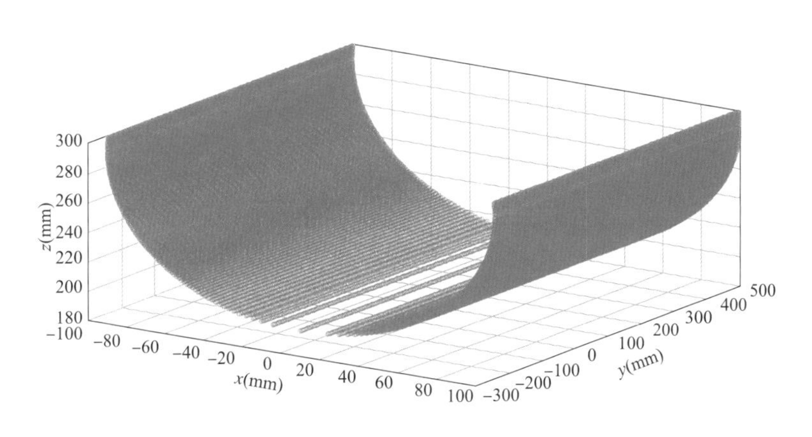

图 4-46 GIS 腔体部分三维点云地图

图 4-47 GIS 腔体八叉树导航避障地图

3. 基于 DQN 深度强化学习的路径规划

将深度学习和强化学习结合起来，使用了一种基于 DQN 的从感知（映射）到路径的路径规划方法。DQN 算法由于较易实现、结构简单，前期主要将其用来探索路径，DQN 结构如图 4-48 所示。

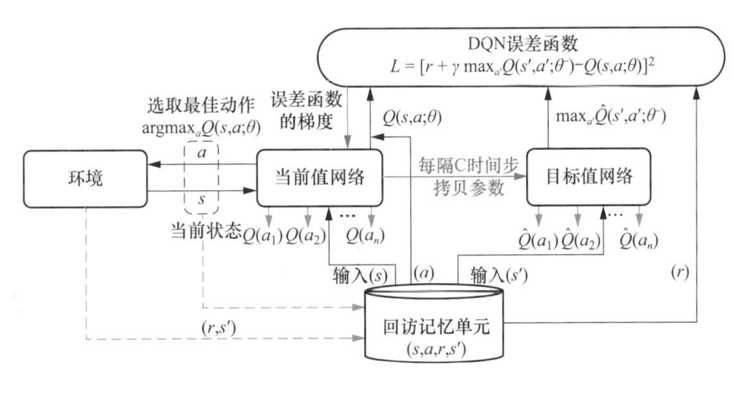

图 4-48 DQN 结构示意图

DQN 的损失函数为：

$$L(\omega)=E[r+\gamma\max\hat{Q}(s'_{a'},a',w^{-})-Q(s,a,w)]^2 \tag{4-52}$$

式中：$\hat{Q}$ 为目标 Q 网络，参数为 w^{-}，负责生成训练过程中的目标，即目标 Q 值 $r+\gamma\max\hat{Q}(s'_{a'},a',w^{-})$；$Q$ 为当前 Q 网络，参数为 w，Q 与 $\hat{Q}$ 的网络结构完全一致。

根据假设，将构建的三维点云地图转换为二维栅格地图之后，可以将环境地图采用 DQN 的路径规划方法进行寻路，基于 DQN 的路径规划结构如图 4-49 所示。同时，采用 python 编程环境，设定 200 张同样大小但有不同障碍物的地图用于训练网络。建立地图尺寸为 1000×200，设定一定的步长，智能体动作空间集合 $A(s)$ 包含前进、后退、左移、右移 4 个动作，动作空间集合 $A(s)$ 越大，对应的路径轨迹越平滑。将地图划分为 1000×200 个网格作为环境状态空间 S。设置环境地图的中心点为坐标原点，水平方向为 x 轴，竖直方向为 y 轴建立坐标系，设定起始点（100，0）和目标点位置（100，1000）。

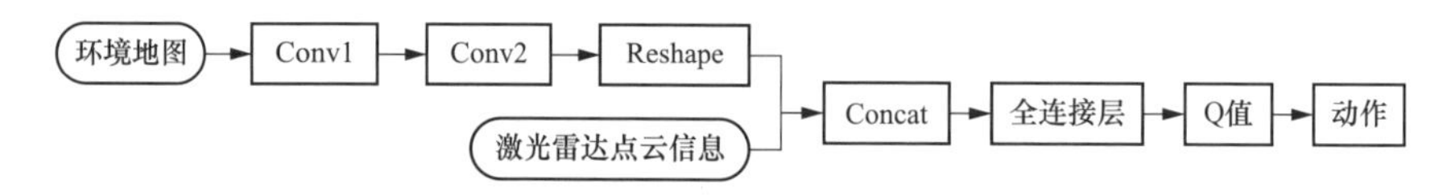

图 4-49　基于 DQN 的路径规划结构示意图

在确定起始点和目标点坐标之后，通过 opencv 处理环境地图，识别障碍物，将环境的已知信息更新于 Q 值表之中。Q 值更新函数方面，设置学习率 learning_rate=0.01，遗忘因子 γ=0.9，设置双层神经网络，分别为 target_net 和 eval_net（target_net 用于冻结参数，保证与最新的参数相比，具有滞后性，切断两个神经网络的相关性；而 eval_net 则是实时更新，具有最新的更新参数）。通过两个神经网络之间的参数差异分别求出 DQN 中的估计值与实际值，根据估计值与实际值的误差进行 eval_net 神经网络参数的更新，每经过 300 次的学习更新，用 eval_net 的参数去覆盖更新 target_net 的参数之后，继续保持 target_net 处于冻结状态。

探索策略方面，选择的正是 ε-贪心策略：选择贪心值 ε=0.1，每次进行动作选择时，有 90%的概率选择当前 Q 值最大的动作，另有 10%的概率随机选择动作，避免算法陷入局部最优。

4. 路径规划方案合理性验证

在训练完样本集后，将训练好的模型保存于文本中。为测试效果，将腔体的环境地图输入网络，规划好路径，如图 4-50～图 4-52 所示。

图 4-50　检测到的底部凹陷及障碍物

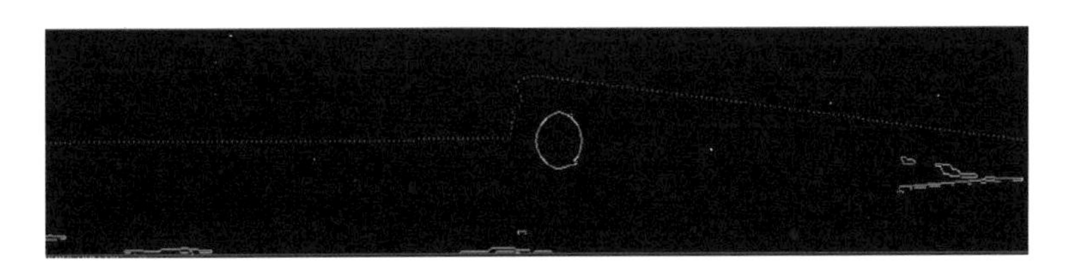

图 4-51　DQN 路径规划效果图

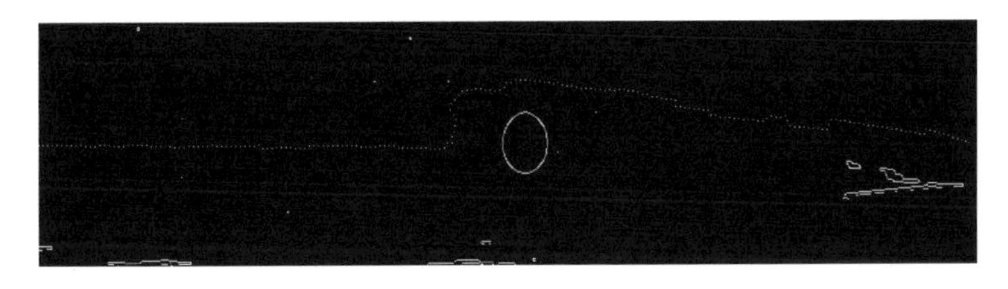

图 4-52　RRT 路径规划效果图

环境地图中间位置为底部凹陷圆孔边缘，其他白色曲线部分为障碍物边缘，可以看到，采用 DQN 和 RRT 路径规划算法后，都能够获取到一条由起点到终点并绕开底部圆孔和障碍物的路径，通过下列公式坐标变换，将像素坐标转换到世界坐标系的三维坐标中，用于小车的跟踪。但相比于传统的算法，DQN 规划所需时间为 0.24684s，RRT 算法需 4.1450s 才能达到目标。可见 DQN 在路径规划中较快，且路径更平滑。

$$x=\frac{\left(\frac{imag.x}{2}-path.x\right)}{\frac{imag.x}{2}}\times r \tag{4-53}$$

$$y=\frac{\left(\frac{imag.y}{2}-path.y\right)}{\frac{imag.x}{2}}\times r \tag{4-54}$$

$$z=\sqrt{r/2-x^2} \tag{4-55}$$

式中：$imag.x$、$imag.y$ 为常数，是二维地图的像素点坐标；$path.x$、$path.y$ 为规划的路径像素点变量；r 为腔体的半径；x、y、z 分别为变换后在 GIS 腔体上的三维坐标。

4.4.4　GIS 检修机器人的轨迹跟踪控制算法方案设计

GIS 水平腔体检修机器人在 GIS 腔体内进行维护工作时，通过 SLAM 技术可以感知腔体内空间环境信息。GIS 水平腔体检修机器人需要结合环境信息和自身状态，进行自主分析、判断和决策，实时地躲避开这些障碍物地，同时又以最短路径朝向目标地自主运动，并代替人类完成特定的作业功能。尤其 GIS 腔体是圆管状的，这就要求 GIS 水平腔体检修机器人需要具备在三维空间进行轨迹跟踪的能力。

目前，轨迹跟踪研究大致可以分为基于模型和基于数据两类。

(1) 基于模型的轨迹跟踪又可以分为两类，即用非线性模型的线性化方法建立线性时变模型和直接建立非线性模型：线性时变模型比较简单，实时性好，但是它往往不是对被控系统的精确建模，而非线性模型很难实现对复杂机器人系统的实时控制。无论使用哪种模型设计运动控制器，都需要正确的动力学模型和精确的系统参数。然而在实际运用中，GIS水平腔体检修机器人模型的参数可能存在一定误差，或者会随着环境的变化而有细微变化；这种误差和变化会导致轨迹跟踪产生误差，在某些情况下会导致系统不稳定。

(2) 为了克服复杂系统建模的困难，并尽量减少误差，可以通过设计一个“无模型系统”来完成。该系统是基于数据的，能够让GIS水平腔体检修机器人进行轨迹跟踪的时候在一定程度上克服不确定性和干扰。

4.4.4.1 GIS检修机器人轨迹跟踪控制算法总体方案

面向GIS水平腔体检修机器人对轨迹跟踪的需求，按照数据采集、系统辨识和预测控制进行研究设计，形成轨迹跟踪算法的总体技术实现路线。首先，通过搭建的GIS水平腔体检修机器人的VREP模型获得一组机器人的输入/输出数据，输入包括4个麦克纳姆轮的角速度，输出包括空间直角坐标系下的（x，y，z）坐标；然后利用系统辨识的方法，辨识得到GIS水平腔体检修机器人的非线性模型。最后，针对得到的非线性模型设计预测控制器实现轨迹跟踪。

GIS水平腔体检修机器人轨迹跟踪控制算法总体方案设计流程如图4-53所示。系统辨识部分采用的是T-S模糊四元数神经网络（TSFQNN）算法，目标轨迹是由轨迹规划得到的，预测控制部分采用的是广义预测控制（generalized predictive control，GPC）算法。

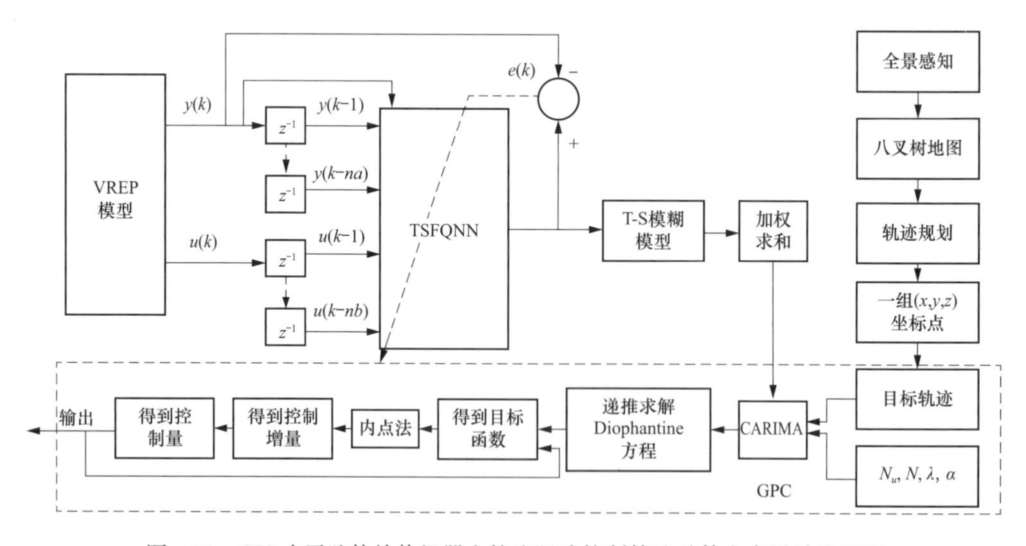

图4-53　GIS水平腔体检修机器人轨迹跟踪控制算法总体方案设计流程图

4.4.4.2 GIS 检修机器人轨迹跟踪控制详细方案设计及验证

首先从 VREP 模型中获得一组 GIS 水平腔体检修机器人的运动数据，包括 4 个麦克纳姆轮的角速度和空间直角坐标系下（x，y，z）的坐标。对这组数据，用 T-S 模糊四元数神经网络（TSFQNN）的方法进行系统辨识，得到一组包含 N 个规则的 T-S 模糊模型。因为每个规则都有一个规则适应度，所以可以通过对 T-S 模糊模型进行加权求和，得到受控自回归积分滑动平均过程（CARIMA）模型。

得到 CARIMA 模型后，可以用广义预测控制的方法设计轨迹跟踪控制器。广义预测控制结合了模型预测控制（model predictive control，MPC）和自适应控制（adaptive control，APC）的优点，具有预测模型、滚动优化和反馈校正等基本特征，有良好的控制性能和鲁棒性。

由于实际运用中，GIS 水平腔体检修机器人会有很多约束条件，所以用内点法函数法对目标函数进行求解，建立包含约束条件的新的目标函数，再对新的目标函数求最优解，得到最优的控制量即 4 个麦克纳姆轮的角速度。

1. T-S 模糊四元数神经网络

T-S 模糊四元数神经网络如图 4-54 所示。

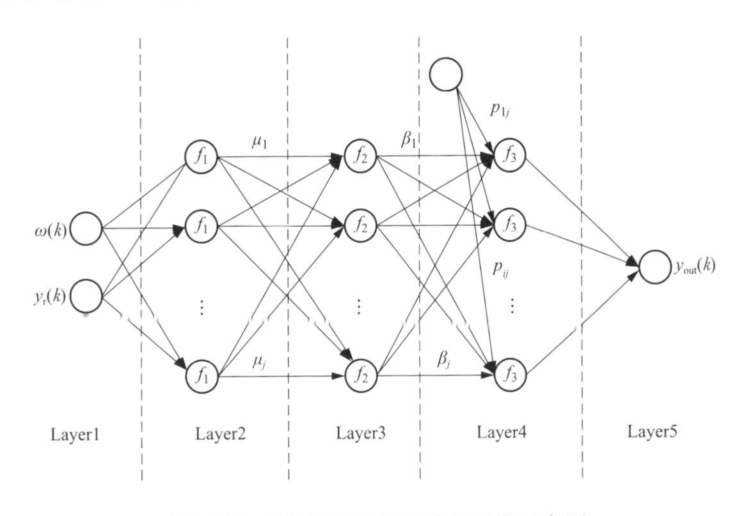

图 4-54 T-S 模糊四元数神经网络示意图

$w(k)$、$y_r(k)$—从 VREP 中获得的 GIS 水平腔体检修机器人的输入输出数据；μ_j—模糊隶属度；f_1—产生隶属度值的高斯函数；β_j—规则适应度；f_2—乘积推理器；p_{ij}—规则后件权值；f_3—产生规则后件的函数；$y_{out}(k)$—预测输出

（1）Layer1 输入层：该层有 2 个节点，分别是一个四元数 ω（包含 4 个麦克纳姆轮的角速度信息）和另一个四元数 $y_r(k)$（包含移动平台在三维直角坐标系下的坐标和圆心角）。

（2）Layer2 模糊化层：该层有 10 个节点，将输入划分为 10 个模糊集，目的是把输入进行模糊化，利用高斯函数分别计算出输入属于 10 个模糊集合的程度。

$$\mu_j(t)=\exp\left[\frac{-u(t)^{\mathrm{Re}}-(c_j)^{\mathrm{Re}}}{(\sigma_j^2)^{\mathrm{Re}}}\right]+\exp\left[\frac{-u(t)^{\mathrm{Im}(i)}-(c_j)^{\mathrm{Im}(i)}}{(\sigma_j^2)^{\mathrm{Im}(i)}}\right]i+\exp\left[\frac{-u(t)^{\mathrm{Im}(j)}-(c_j)^{\mathrm{Im}(j)}}{(\sigma_j^2)^{\mathrm{Im}(j)}}\right]j+\exp\left[\frac{-u(t)^{\mathrm{Im}(k)}-(c_j)^{\mathrm{Im}(k)}}{(\sigma_j^2)^{\mathrm{Im}(k)}}\right]k \tag{4-56}$$

（3）Layer3 模糊推理层：该层同样有 10 个节点，它们各代表一种模糊规则，并通过下式得到规则的适应度 β_j。

$$\beta_j=\prod_{j=1}^{10}\beta_j^{\mathrm{Re}}+\prod_{j=1}^{10}\beta_j^{\mathrm{Im}(i)}+\prod_{j=1}^{10}\beta_j^{\mathrm{Im}(j)}+\prod_{j=1}^{10}\beta_j^{\mathrm{Im}(k)} \tag{4-57}$$

（4）Layer4 输出后件层：这一层计算每个规则后件的值。

$$\begin{aligned}y_i=&(p_{1j}^{\mathrm{Re}}+p_{2j}^{\mathrm{Re}}y^{\mathrm{Re}}+p_{3j}^{\mathrm{Re}}\omega^{\mathrm{Re}}+p_{4j}^{\mathrm{Re}}\omega^{\mathrm{Im}(i)}+p_{5j}^{\mathrm{Re}}\omega^{\mathrm{Im}(j)}+p_{6j}^{\mathrm{Re}}\omega^{\mathrm{Im}(k)})+\\&(p_{1j}^{\mathrm{Im}(i)}+p_{2j}^{\mathrm{Im}(i)}y^{\mathrm{Im}(i)}+p_{3j}^{\mathrm{Im}(i)}\omega^{\mathrm{Re}}+p_{4j}^{\mathrm{Im}(i)}\omega^{\mathrm{Im}(i)}+p_{5j}^{\mathrm{Im}(i)}\omega^{\mathrm{Im}(j)}+p_{6j}^{\mathrm{Im}(i)}\omega^{\mathrm{Im}(k)})+\\&(p_{1j}^{\mathrm{Im}(j)}+p_{2j}^{\mathrm{Im}(j)}y^{\mathrm{Im}(j)}+p_{3j}^{\mathrm{Im}(j)}\omega^{\mathrm{Re}}+p_{4j}^{\mathrm{Im}(j)}\omega^{\mathrm{Im}(i)}+p_{5j}^{\mathrm{Im}(j)}\omega^{\mathrm{Im}(j)}+p_{6j}^{\mathrm{Im}(j)}\omega^{\mathrm{Im}(k)})+\\&(p_{1j}^{\mathrm{Im}(k)}+p_{2j}^{\mathrm{Im}(k)}y^{\mathrm{Im}(k)}+p_{3j}^{\mathrm{Im}(k)}\omega^{\mathrm{Re}}+p_{4j}^{\mathrm{Im}(k)}\omega^{\mathrm{Im}(i)}+p_{5j}^{\mathrm{Im}(k)}\omega^{\mathrm{Im}(j)}+p_{6j}^{\mathrm{Im}(k)}\omega^{\mathrm{Im}(k)})\end{aligned} \tag{4-58}$$

（5）Layer5 输出层：这一层要输出的就是移动平台在三维直角坐标系下的坐标，输出为一个四元数包含（x，y，z）的坐标信息和圆心角。而模糊系统的输出是每个规则输出的加权平均值即：

$$y_{\mathrm{out}}=\frac{\sum_{j=1}^{N}(\beta_j)^{\mathrm{Re}}(y_j)^{\mathrm{Re}}}{\sum_{j=1}^{N}(\beta_j)^{\mathrm{Re}}}+\frac{\sum_{j=1}^{N}(\beta_j)^{\mathrm{Im}(i)}(y_j)^{\mathrm{Im}(i)}}{\sum_{j=1}^{N}(\beta_j)^{\mathrm{Im}(i)}}i+\frac{\sum_{j=1}^{N}(\beta_j)^{\mathrm{Im}(j)}(y_i)^{\mathrm{Im}(j)}}{\sum_{j=1}^{N}(\beta_j)^{\mathrm{Im}(j)}}j+\frac{\sum_{j=1}^{N}(\beta_j)^{\mathrm{Im}(k)}(y_j)^{\mathrm{Im}(k)}}{\sum_{j=1}^{N}(\beta_j)^{\mathrm{Im}(k)}}k \tag{4-59}$$

采用误差反向传播算法进行权值的迭代更新：

$$\begin{aligned}\beta_j(k)=&\beta_j(k-1)+\Delta\beta_j(k)=\beta_j(k-1)-\eta\frac{\partial E}{\partial\beta_j}\\=&\beta_j(k-1)+\eta\{e^{\mathrm{Re}}(1-y_{\mathrm{r}}^{\mathrm{Re}})y_{\mathrm{r}}^{\mathrm{Re}}+ie^{\mathrm{Im}(i)}(1-y_{\mathrm{r}}^{\mathrm{Im}(i)})y_{\mathrm{r}}^{\mathrm{Im}(i)}+\\&je^{\mathrm{Im}(j)}(1-y_{\mathrm{r}}^{\mathrm{Im}(j)})y_{\mathrm{r}}^{\mathrm{Im}(j)}+ke^{\mathrm{Im}(k)}(1-y_{\mathrm{r}}^{\mathrm{Im}(k)})y_{\mathrm{r}}^{\mathrm{Im}(k)}\}\end{aligned} \tag{4-60}$$

式中：η 为学习速率；y_{r} 为网络的理想输出；y_{out} 为网络的实际输出。

利用上述学习算法使得性能指标函数 $e=y_{\mathrm{r}}(k)-y_{\mathrm{out}}(k)$ 最优。

最后得到一组 T-S 模糊神经网络模型，经加权求和方法可得 CARIMA 模型：

$$A(z^{-1})y(k)=B(z^{-1})u(k-1)+\frac{C[z^{-1}e(k)]}{\Delta} \tag{4-61}$$

$$\begin{cases}A(z^{-1})=1+a_1z^{-1}+\cdots+a_{na}z^{-na}\\B(z^{-1})=b_0+b_1z^{-1}+\cdots+b_{nb}z^{-nb}\\C(z^{-1})=1+C_1z^{-1}+\cdots+C^{nc}z^{-nc}\end{cases} \tag{4-62}$$

2. 广义预测控制

从前文可知，多输入/多输出系统的 CARIMA 模型，其目标函数可以表示为：

$$J=\sum_{j=1}^{N}\|y(k+j)-y_r(k+j)\|^2+\sum_{j=1}^{N_u}\|\Delta u(k+j-1)\|_{\lambda}^{2} \tag{4-63}$$

式中：N 为预测时域；N_u 为控制时域，N_u 步之后，u 不再变化；λ 为 $n\times n$ 控制加权矩阵，即 $\lambda=\mathrm{diag}(\lambda_1,\lambda_2,\cdots,\lambda_n)$；$y_r(k)$ 为 n 维有界的设定向量。

通过求解 Diophantine 方程后，令$\frac{\partial J}{\partial u}=0$，得到：

$$u=(G^TG+\Lambda)^{-1}G^T[y_{\sigma}-H\Delta u(k-1)-Fy(k)] \tag{4-64}$$

假如系统是 n 维输入，则取 u 的前 n 个分量 $\Delta u_1(k)$，$\Delta u_2(k)$，…，$\Delta u_n(k)$，则控制器的输出为：

$$u_i(k)=u_i(k-1)+\Delta u_i(k),i=1,2,\cdots,n \tag{4-65}$$

即得到多变量广义预测控制基本算法的控制律。

3. 仿真验证

从 GIS 水平腔体检修机器人的 VREP 仿真实验平台中导出了一组输入输出数据，输入数据包括 4 个麦克纳姆轮的角速度，输出数据包括三维直角坐标系下 x、y、z 的数据，一共有 1000 对。把这 1000 对数据作为 T-S 模糊四元数神经网络辨识的源数据。

初始权值由模糊 C 均值和最小二乘法求得，学习速率为 0.05，允许误差为 0.001，迭代次数为 100，得到一组包含 10 个规则的 T-S 模糊模型。系统辨识效果如图 4-55 所示。将得到的 T-S 模糊模型采加权求和的方式得到 CARIMA 模型，然后用广义预测控制算法进行轨迹跟踪控制时，设置控制时域为 4、预测时域为 8、柔化因子为 0.4、控制加权系数为 1，目标轨迹是一个三维的梯形。

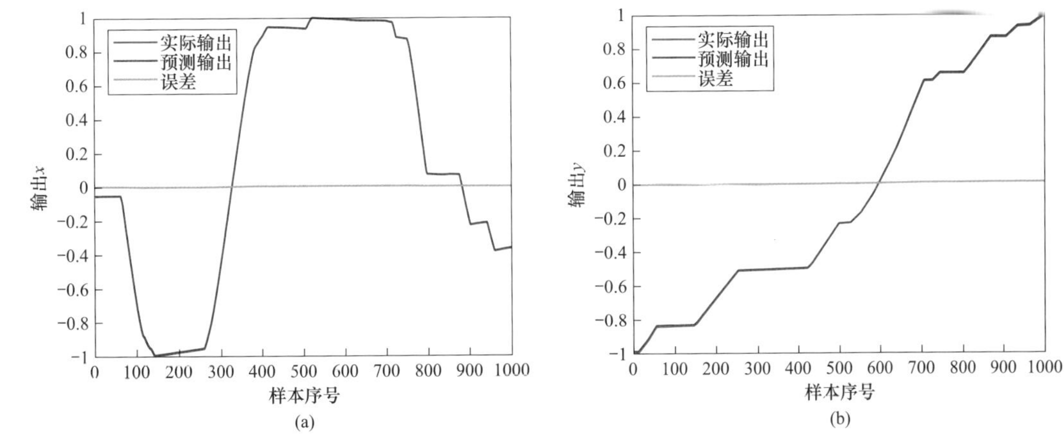

图 4-55 系统辨识效果图（一）

(a) 麦克纳姆轮轨迹图 1；(b) 麦克纳姆轮轨迹图 2

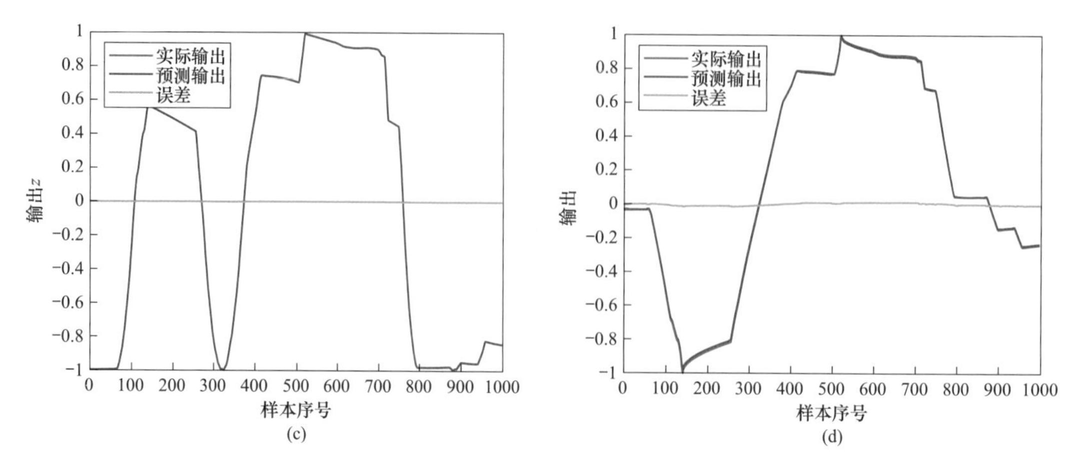

图 4-55　系统辨识效果图（二）

（c）麦克纳姆轮轨迹图 3；（d）麦克纳姆轮轨迹图 4

MATLAB 仿真验证如图 4-56 所示，其中轨迹 3 是先将 MATLAB 仿真后得到的 4 个麦克纳姆轮的角速度代入到 VREP 中得到的轨迹的数据，然后再将这个数据代入到 MATLAB。可以从图 4-56 看到，GIS 水平腔体检修机器人能绕过障碍物，运行过程中不会出现自转现象，但是在坡上直行的路段和目标轨迹的误差比较大。

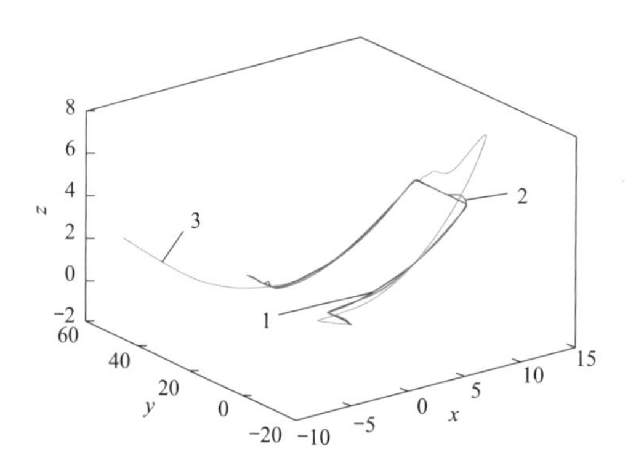

图 4-56　MATLAB 仿真验证

1—参考轨迹；2—TSFQVNN-GPC；3—VREP

参考文献

[1]　腾云，陈双，邓洁清，等. 智能巡检机器人系统在苏通 GIL 综合管廊工程中的应用 [J]. 高电压技术，2019，45（02）：393-401.

[2]　历莉. 智能巡检机器人在综合管廊中的应用 [J]. 市政技术，2020，38（01）：184-186.

5 变电站室内巡检机器人

5.1 变电站室内巡检机器人发展现状

智能电网的数字化和信息化体现在数字化数据的采集、控制装置的稳定上。在电力系统中，高压开关柜主要用于配电系统，是电力系统中非常重要的电气设备，它的稳定运行直接关系到供电的可靠性。而由于电、热、化学等因素的影响，电气设备在长期运行的过程中常存在绝缘损伤的现象，进而引发局部放电并造成设备故障。据不完全统计，1998～2002年间全国电力系统6～10kV开关柜事故中绝缘和载流部分引起的故障占总数的40.2%，绝缘部分的闪络造成的事故占绝缘事故总数的79.0%。高压开关柜常见故障及产生的原因主要有如下三类：

（1）拒动、误动故障。此类故障是高压开关柜的主要故障，其原因可分为两种：①操作系统和晶体管的机械故障，如设备发白，组件变形、移位或损坏，内核松动和闭合，轴松动；②电气控制和辅助电路辅助电缆接触不良，如端子松动、辅助开关切换不灵以及操作电源、合闸接触器、微动开关等故障。

（2）基本设备和组件的老化。负载用户和变电站用户当前大多使用真空回路。其中，具有闭合效果的真空气泡在正常操作期间具有低电流的特点；但是当短路再次打开和闭合时，电流将急速增加。另外，当真空泡被破坏或操作间隙的程度减小时，真空回路的整体操作间隙也将显著减小，这很可能引起事故和爆炸。

（3）绝缘故障。需要绝缘度才能正确管理各种电压（包括工作电压和各种过载），极限电压和绝缘电阻之间的关系。绝缘故障主要表现为外部绝缘破坏、地面绝缘击穿。

高压开关柜的检测维护内容如下：

（1）绝缘性能监测。考虑到由于不良的接触和隔离问题而导致故障的可能性很高，应使用适当的控制技术。如果发生绝缘事故，则在开始期间会发生泄漏现象，因此可以监控泄漏以获取损坏信息。

（2）温湿度监控。高压开关柜通常在高压和大电流的情况下运行，这无疑会导致设备发热并引起温度异常。在大电流情况下，高压开关柜的活动触点和静态触点是最弱的连接，容易造成事故。

在电力行业中，对高压开关柜进行实时的带电检测已成为电力系统尤为紧迫的需求。目前，随着电力系统中开关柜柜内产品越来越紧凑、绝缘裕度越来越小、南北气候条件差异大，当高压开关柜柜内设备出现放电异常时，运维人员很难准确地看到设备内的故障。

而现有对高压开关柜局部放电的检测常采用定期检修制度，该方法检修周期长，不能及时发现在两次检修之间发生的缺陷；同时，还可能对无故障的设备检修过度，造成资源的浪费及成本的增加。因此，这种模式既不利于电力系统的长期稳定运行，也不利于对高压开关柜设备进行状态检修。

开关柜在出厂时存在的尖端及安装运输时存在的接触不良造成的悬浮电位，运行中产生金属颗粒等都会产生不同类型的局部放电。开关柜在长时间的局部放电的作用下，绝缘逐步劣化，产生爬电，对设备造成威胁，严重的时候会造成设备故障，引起设备停电；而传统的电检测法和非电检测法效率需要的周期较长，检测范围有限。使用机器人自主地完成对高压开关柜的实时带电检测，可以规避安全风险，弥补传统方法的缺陷，确保检测的精度，减少人力投入，提高了检测效率。

随着电力系统的不断壮大和对可靠性要求的提高，传统的人工与电检测法和非电检测法相结合的方法已很难满足高压开关柜实时带电检测的要求。因此，安全可靠、准确高效、成本适中、尽量减少人工投入的新型检测方法成为各国的研究热点。随着机器人技术的发展，在电力系统中，开关柜的局部放电检测也开始向自动化、智能化方向发展。高压开关柜带电检测机器人是活动的信息获取平台，可以配置功能强大的状态感知系统，使用灵活；与单纯使用常规的电检测法和非电检测法相比，具有灵活性高、可操作能力强等优势；与人工巡检相比，具有无与伦比的价格优势和广阔的推广应用前景，是高压开关柜带电检测的发展方向。高压开关柜带电检测机器人不仅能够极大地提高开关柜检测的效率和精度，而且能够减少人工劳动强度，带来巨大的社会、经济效益。

高压开关柜带电检测机器人除可以应用于电力系统高压开关柜检测外，还可以广泛应用于变电站开关室、数据中心等室内巡检及简单机械作业。其中的三合一信号发生器的处理技术可用于通信、仪表以及自动控制系统中，将推进机器人技术、图像伺服控制技术的发展和应用。

高压开关柜带电检测机器人将成为智能电网的一个新兴的行业，同时成为开关柜无人值守的必要技术支持，并与各种不同作业目的特种机器人构成一个智能电网的维护、检修机器人网络体系，成为新一代智能电网的重要组成部分。

现有对开关柜局部放电的检测方法虽然能满足一定的要求，但随着智能电网的发展，常规的电检测法和非电检测法已越来越不满足其要求。利用机器人来实现对高压开关柜进行检测的成果推广后，在目前大力发展的变电站、高压开关柜带电检测领域具有广泛的应用前景和较好的市场前景。同时，从保障电网安全运行、更好地服务于地方经济和社会发展的角度来说，若该项技术得到推广，必将带来相当可观的间接经济效益。

（1）减少高压开关柜检修时间，降低两次检修之间的缺陷概率，避免对无故障的设备出现过度检修的现象，大大提高电网运行的可靠性，解决我国电网在高压开关柜带电检测及运行维护方面的技术难题，其经济效益及社会效益巨大。

（2）高压开关柜带电检测机器人的室内定位、导航以及基于机器视觉的机器人行为规划技术，为电力服务机器人的实际产业化应用提供了必需的技术保障。与传统的检测方式相比，高压开关柜带电检测机器人具有作业成本低、效率高的优点，符合并满足了用户低成本、快速度、高精度的需求。

目前，针对室内开关柜局部放电检测机器人的研究仍处于空白阶段，将移动机器人用于高压开关柜的局部放电及漏电检测在国内外鲜有报道。直到2019年，山东鲁能智能技术有限公司才开发了一款用于高压开关柜局部放电检测的机器人。在上述背景下，有必要研究一种结构紧凑可靠，能够在高压小室、阀厅、户内直流场、继电小室、阀水冷室等强电磁、狭窄空间内长时间持续稳定运行，且能够精确识别、精确检测的室内轨道式巡检机器人系统，实现户内设备全覆盖巡视，及时发现室内设备运行状态，代替人工巡检，提高巡检效率。

5.2 变电站室内巡检机器人总体方案设计

室内巡检机器人智能巡检系统为网络分布式构架，整体分为终端层、通信层和基站层三层：终端层包括智能巡检机器人、充电房和固定监测点等；通信层由网络交换机、无线网桥等设备组成，负责建立基站层与智能终端层的网络通道；基站层由机器人后台、硬盘录像机、硬件防火墙及智能控制和分析软件系统组成。

1. 终端层

变电站智能机器人的外部结构如图5-1所示。作为系统的核心部分变电站智能机器人集成多种传感器，能够在全天候条件下，通过自主导航和设备定位，以全自主或遥控方式，完成预先设定的任务，对电气室内进行全方位巡检。

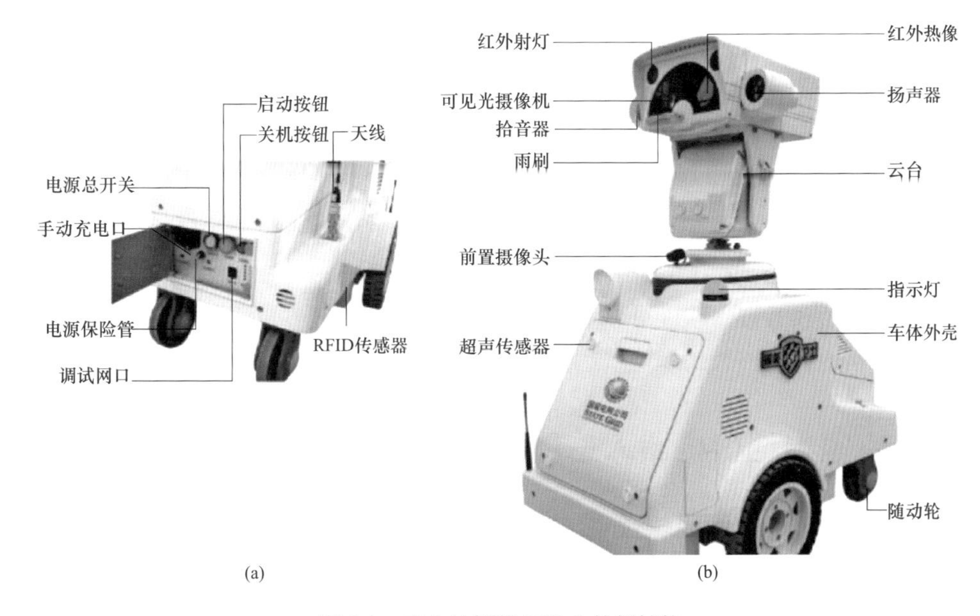

图5-1 变电站智能机器人外部结构

（a）机身底部；（b）整体结构

变电站智能机器人主体外观为传统工业机器人造型，在机器人主体外壳上设置巡检所需的设备。其主体高 1.6m，质量为 75kg，行走速度为速度 0～2m/s，运动精度达到 1.5cm，与无线网桥的传输距离达到 10km，可持续工作温度最低−25℃，最高 50℃，并能在大雨及积雪厚度 50mm 的雪地正常行走，抗风等级 8 级。

(1) 机器人的顶部为头部造型，中间的玻璃视窗内部拥有一部红外测温摄像头，其焦距达到 30 倍变焦。视窗外部安装有雨刮器，可在特殊环境时擦拭视窗玻璃上的雨水和浮雪。视窗上方两个圆孔为红外射灯，用以提高红外摄像仪夜间观察距离和清晰度。头部两侧配有扩音器，以便在人工就近操作时与后台人员进行沟通。

(2) 主体机身上方装设云台并与头部相连，操纵机器人的可视仰角，云台设计上下仰角为 70°，前后转角为 270°。主体机身前后配置摄像头，上部有运行指示灯。机身前方顶角处安放有天线。

(3) 机身底部装设 RFID 传感器扫描仪和磁感应器。机器人行走主要依靠机身上配置的驱动轮，转弯则依靠随动轮。右侧下部有充电插头，当自动充电时会自动伸出插入充电设备。

(4) 机身后部下方有一个防水盖，盖子内部设计有电源总开关、开机/关机按钮、手动充电插座和开关等。

2. 通信层

通信层主要是辅助设备与后台主机（即上位机）的连接，由敷设在楼顶到主控室主机之间的两根网线（裸露部分通过 PVC 管穿线）连接，通过网线进行各类数据信息的传输。

3. 基站层

机器人巡检系统的软件系统为新开发软件系统，与之前的软件相比更加简明、易操作，并且功能强大。这套系统可以实现同时操作两台机器人的日常巡检工作。

软件的功能除了操作机器人的运行，还包括监测机器人的实时状态和将所发现问题体现在后台机上，其功能归纳为以下几点：

(1) 操作功能。后台软件系统可以对机器人进行控制，如任务设置、红外测温、可见光视频、云台控制、电子地图等。

(2) 数据分析及管理。软件可以查看查询结果并对结果进行分析，还可以完成对历史数据的查询分析、对机器人的运行状态统计以及为分析过程提供图像知识库。

5.2.1 室内巡检机器人总体规划

5.2.1.1 开关柜带电检测器人系统集成化

开关柜带电检测机器人是一个复杂的集成系统，包含有机器人移动平台、激光雷达、多关节机械臂、机器视觉传感器、红外探头、超声波传感器、暂态地电压传感器等。因此，实现多个模块信息处理及系统的集成化技术是该机器人实现的关键。

5.2.1.2 基于机器视觉的机器人运动控制

开关柜带电检测机器人需要实时检测开关柜上固定的5个检测点，同时采集开关柜上的一些信息，因此机器人应能准确地实现检测点的定位和识别。同时，开关柜具有一定的高度，需要使用先进而复杂的多轴自动控制技术和人工智能图像识别技术。基于机器视觉的机器人运动控制技术将是机器人研发的关键技术之一。

5.2.1.3 多信号产生

在机器人的检测过程中，需要对开关柜的局部放电信息进行检测，而检测这些信息需使用信号发生器产生对应的脉冲和一定幅值的波形。因此，在机器人的检测过程中，实现多信号的信号发生器是实现机器人检测任务的关键。

5.2.1.4 机器人自主定位导航

由于高压开关柜移动机器人多应用于无人值守或少人值守的现代化高压开关柜环境，大多采用自主移动及返回的控制方式、全自主运动控制方式，对机器人稳定性和定位导航系统要求较高。自主导航定位是带电检测机器人技术研究的关键，高精度定位和障碍物的成功检测是其在实际环境中成功应用的前提。

5.2.1.5 高可靠性网络化遥控操作

开关柜带电检测机器人是在监控中心通过Internet网传输测量数据和控制信息以完成远程监控任务。在网络环境下，由于网络延时、阻塞、连接中断、数据包丢失以及误码等现象的存在，测量数据不能及时传回以及控制指令不能及时执行，导致系统性能变差，严重的甚至影响开关柜带电检测机器人线上运动的稳定性。高可靠性网络化遥控操作技术拟在研究网络远程监控环境对机器人控制性能的影响，完成网络化控制系统的建模、算法设计以及实际工程开发与应用，增强开关柜带电检测机器人运行的可靠性和稳定性。

高压开关柜带电检测机器人需具有行走、视觉监控、自主导航定位、视觉定位、机械臂控制、红外检测、暂态地电压检测、超声波局部放电检测等复杂多样的功能。因此，机器人采用多传感器信息融合的线路损伤探测技术，实现高压开关柜发热、局部放电等故障的诊断，并研究传感器的小型化技术，便于机器人整体的小型化和传感器安装。

以具有可在高压开关室内自主行走的移动检测机器人为载体，集成工业机械臂，并可携带摄像头、红外探头、超声波传感器、暂态地电压传感器等对高压开关柜执行特定动作的辅助装置，通过无线通信及网络传输装置将检测到的信息传输至监控中心。一方面，可使机器人定时进行检测操作，将采集的数据发回至监控中心供技术人员做进一步分析；另一方面，可通过监控中心实现机器人的远程遥操作，执行完成对应的检测任务、误报警排查及详细检查；集成的多关节机械臂可进一步开发用于更多的局部操作作业。

5.2.2　高压开关柜巡检机器人的本体结构及检测流程

5.2.2.1　本体结构

针对我国高压开关柜的建设特点及该机器人适应性的多样化，对高压开关柜带电检测机器人本体结构设计如图 5-2 所示。

对于室内巡检机器人来说，其大体结构相似。机器人本体结构主要由驱动底盘、机器人躯干、多自由度执行机械臂组成，机械臂末端可携带红外检测、暂态地电压检测及超声波局部放电检测等多种传感器。

图 5-2　高压开关柜带电检测机器人本体结构设计图

高压开关柜巡检机器人移动底盘采用三轮全向驱动式底盘，该设计具有承载力大、移动方向灵活、转弯半径小等优点，可有效保证机器人在高压开关室狭小的空间内进行巡检操作。通信机房巡检机器人移动底盘采用独立悬挂履带式底盘，该设计具有承载力大、移动平稳的优点，可有效保证机器人在移动过程中最大限度完成各种复杂工况的工作任务。

机器人配备可升降平台，可满足不同层面开关柜的精确监控。高压开关柜带电检测机器人可最大限度抬升机械臂，并对开关柜不同高度位置进行暂态地电压检测、局部放电检测等操作。高压开关柜带电检测机器人的摄像头分为常规摄像头和立体相机两种，可兼顾开关室常规监控巡检功能和开关柜暂态地电压检测时对检测点定位的功能。

高压开关柜带电检测机器人主要活动于变电站高压开关室区域内，其工作状态如图 5-3 所示。

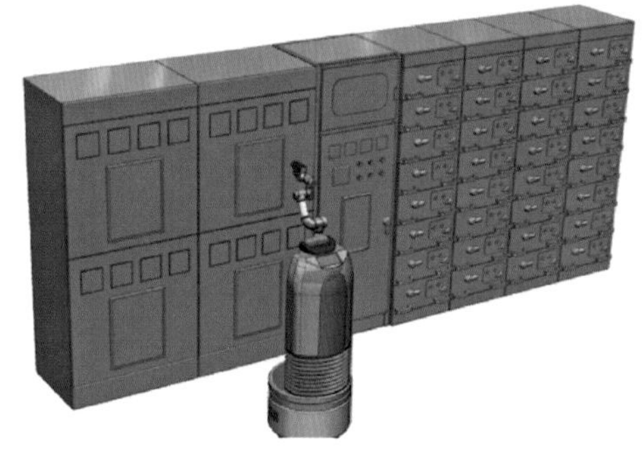
图 5-3　高压开关柜带电检测机器人工作状态示意图

5.2.2.2　检测流程

在例行的工作任务中，机器人检测流程为：

（1）按照预定路线依次到达至指定位置，在机器人移动过程中对开关室的环境进行视频监控。

（2）通过立体相机对高压开关柜进行视频采集以及图像处理，并通过图像识别算法对开关柜上的待检测点以及开关柜缝隙进行识别、定位。

（3）根据图像识别定位的数据，控制机械臂携带相应的检测工具对开关柜相应的检测点进行暂态地电压、局部放电等检测，并将检测数据分析后上传至远程监控端进行查看。

（4）动作执行完毕后，机械臂收回初始位置，机器人进入下一工作位置。

5.2.3 高压开关柜检测机器人视觉系统

高压开关柜带电检测机器人使用先进的数字图像处理技术，使机器人具备检测点识别能力，从而实现开关柜暂态地电压检测、设备运行状况巡视等功能。

对于高压开关柜带电检测机器人来说，开关柜检测点以及开关柜检测局部放电检测缝隙的自主识别是实现机器人自主巡检的必要功能。鉴于需要同时识别每个检测点在开关柜上的位置、各个检测点之间的距离及各检测点的类型，因此选用机器视觉加上图像处理的技术来实现对各检测点的识别。采用双目立体视觉（binocular stereo vision）配置，基于视差原理并利用立体相机从不同的位置获取检测点的两幅图像，通过计算图像对应点间的位置偏差，从而获取检测点的三维几何信息。

机器人室内巡检涉及三维空间内的行为轨迹规划，其采用的基于位置的视觉伺服控制系统如图 5-4 所示。通过从处理后的图像信息中得到的目标物体的特征信息，根据立体相机与机器人的标定关系，估计出目标物体相对于机器人末端的位姿，然后利用与期望位姿的偏差进行反馈控制。它将视觉伺服误差定义在 3-D 笛卡尔坐标空间，由相对位姿信息给出机器人在直角坐标空间的运动指令，并传给机器人关节控制器，控制机器人运动。这种方法的主要优点是直接在笛卡尔坐标空间应用较成熟的控制方法对机器人进行控制；另外，它把视觉处理过程问题从机器人控制中分离出来，这样可以分别对二者进行研究。其缺点是这种控制方式的控制精度很大程度上要依赖于从图像到位姿的估计精度，要保证这一估计过程的准确性依赖于摄像机的系统模型、标定精度、图像处理等。

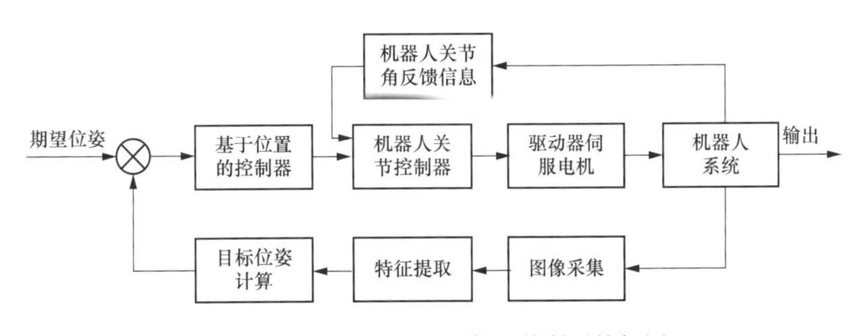

图 5-4 基于位置的视觉伺服控制系统框图

5.2.4 高压开关柜巡检机器人控制系统

根据机器人的机械结构设计及行为规划方案对控制系统的要求，设计出由运动执行层、机器人控制层、远端监控层构成的机器人控制系统。高压开关柜带电检测机器人控制系统如图 5-5 所示。

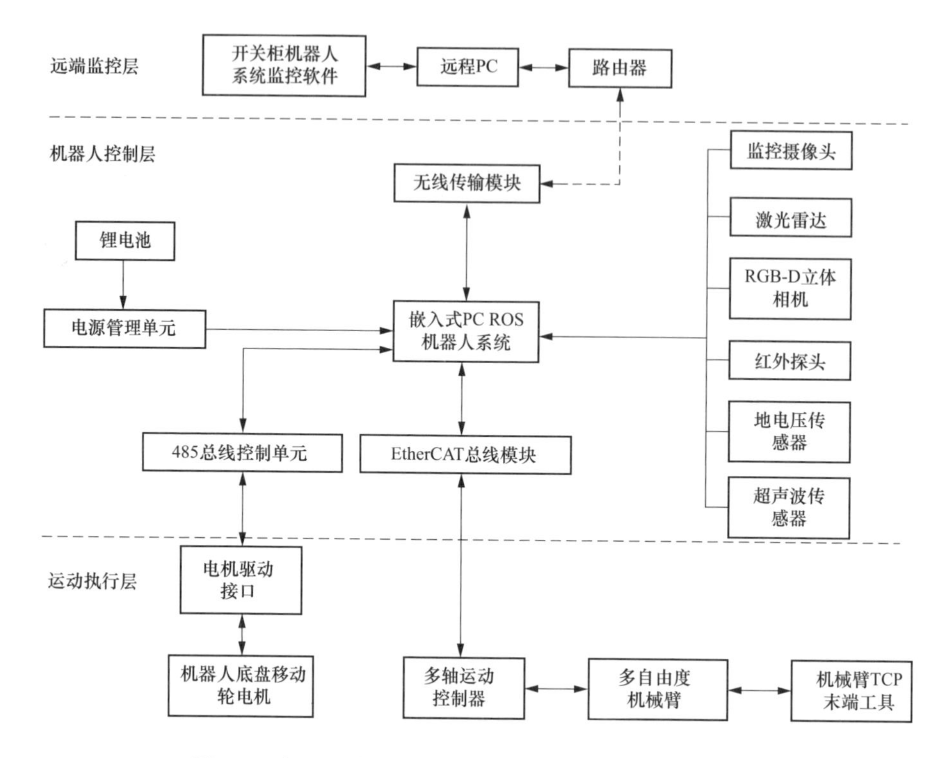

图 5-5 高压开关柜带电检测机器人控制系统结构示意图

机器人控制层采用以嵌入式 PC 作为控制核心，通过 EtherCAT 总线与运动执行层进行通信，实现对机械臂及其他运动部件的操作。远端监控层通过无线网络对机器人发出指令，并将机器人采集到的各种数据信息反馈在监控系统界面上。

针对巡检机器人运动关节多、多运动系统联动、运动轨迹负责等特点，提出由机器人本体控制系统和远端监控主机系统两部分组成的软件系统。其中，机器人本体控制系统以 TwinCat 软件为核心，以确保机器人控制任务的实时性；人机交互系统则采用 LabVIEW 进行远端监控系统开发，采用 Android 系统软件开发本地人机交互界面，实现人工远程遥操作和机器人自主巡检两种工作模式。

5.2.5 高压开关柜巡检机器人上位机监控平台

室内运行维护检修机器人上位机监控平台采用 Wi-Fi 方式与机器人控制层进行信号的传输，同时，通过远端的上位机监控平台，运维人员可下达对应的操作指令，控制机器人完成对应的操作，最终实现远端监控平台与现场环境信息的交互。利用监控后台软件可以实现：

（1）优化配置和存储分发检测任务。此项功能包含登记设备信息，优化配置停靠点和检测点、合理安排检测时序和检测方法等。

（2）管理和控制机器人。此项控制功能的覆盖范围主要包括机器人机械臂、无线充电、运动控制及电源，还能够管控局部检测传感器。

(3) 存储和处理检测数据。此项功能可以图形化方式展示局部放电的检测数据，并且形成检测日志和报告。

5.3 变电站室内巡检机器人应用分析

5.3.1 室内三维组合轨道式智能巡检机器人系统的应用实例

5.3.1.1 应用背景

某换流站已应用户内直流场轨道式巡检机器人和继电保护小室基于S弯轨道的巡检机器人，室内复杂环境导致以上两种机器人使用受限，存在多个死区和盲点。例如，换流阀内冷设备间有二次屏柜、立体管道、主循环泵、高低不同的罐体、多种仪表、电机等共同存在，且高低不同，室内环境复杂，仅依赖轨道式巡检机器人或者S弯轨道式巡检机器人，则无法对所有设备进行全面巡视和数据记录。基于上述原因，有必要研发一种室内三维组合轨道式智能巡检机器人系统，实现对室内复杂环境下运行设备的智能巡检，如日常巡检、指示灯状态、红外测温、相关仪表读数、阀门开关状态、电机运行状态等。该机器人能够替代运行人员对复杂环境下运行设备进行较全面的巡检，同时能实时记录巡检相关数据并传至后台，为变电站推进无人值守、实现调控一体化、运维一体化运作提供有力保障。

室内三维组合轨道式巡检机器人的应用可有效降低设备的维护成本，能够进一步提升变电站机器人系列的覆盖面，提高设备巡检、设备管理的自动化和智能化水平，为智能电网提供新型的技术检测手段和可靠的安全保障。

5.3.1.2 系统设计

1. 系统主要技术指标

(1) 工作温度：－20～50℃。
(2) 工作湿度：5%～95%RH。
(3) 外壳防护等级：IP54。
(4) 整车质量：不超过40kg。
(5) 最大轨道长度：20m。
(6) 运行速度：0～0.5m/s。
(7) 视频质量：D1/720P/1080P可选。
(8) 轨道定位误差：小于0.5cm。
(9) 温度测量范围：－20～250℃。

2. 系统设计需求

(1) XY 组合轨道系统的研究与设计。
(2) 机器人运动控制系统的设计。
(3) 机器人非接触式智能检测技术的研究。
(4) 远距离、电磁干扰环境下机器人的移动取电技术与稳定通信技术。
(5) 室内二次设备运行状态智能巡检技术的研究。
(6) 变电站一体化监控和调控一体化监控支持的研究。
(7) 复杂环境下机器人的可靠性研究。
(8) 视频采集压缩传输技术的研究。
(9) 变电站设备巡检管理系统的研发。
(10) 数据库系统的设计与开发。
(11) 现场施工规范的研究，尽可能减少施工误差造成的影响。

3. 系统结构及组成

基于无人值守变电站的室内组合轨道式智能巡检系统为网络分布式架构，其系统硬件组成结构如图 5-6 所示。整体可分为基站层、通信层和终端层三层：基站层由后台机及智能控制与分析软件系统组成；通信层由网络交换机、通信线缆等设备组成，负责建立站控层与智能终端层间透明的网络通道；终端层为组合轨道式智能巡检机器人。

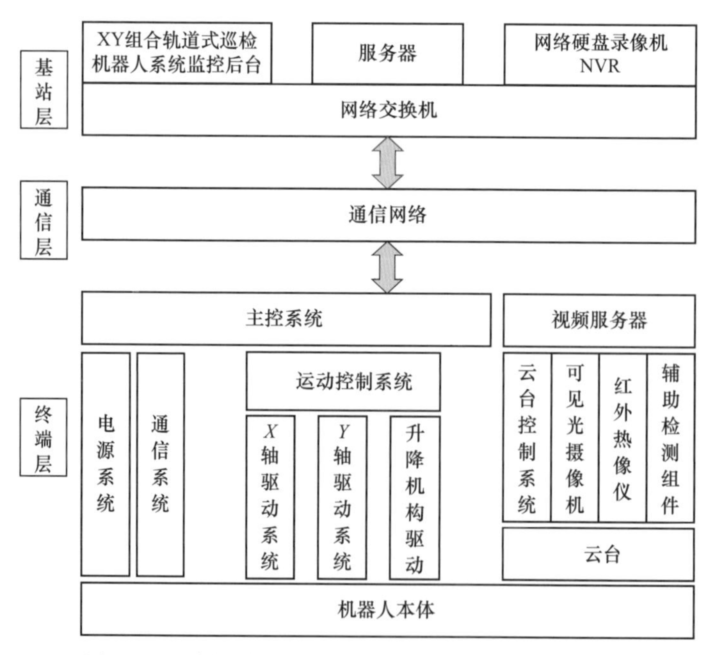

图 5-6 组合轨道式智能巡检系统硬件组成结构示意图

基站层硬件主要由监控主机、网络硬盘录像机（network video recorder，NVR）及防火墙等设备组成。终端层硬件主要是组合轨道式智能巡检机器人，主要包括移动本体和控制检测系统两部分，完成运动控制、检测信息采集处理、云台控制、移动本体定位、网络通信等功能。组合轨道式巡检机器人本体的硬件组成如图 5-7 所示。

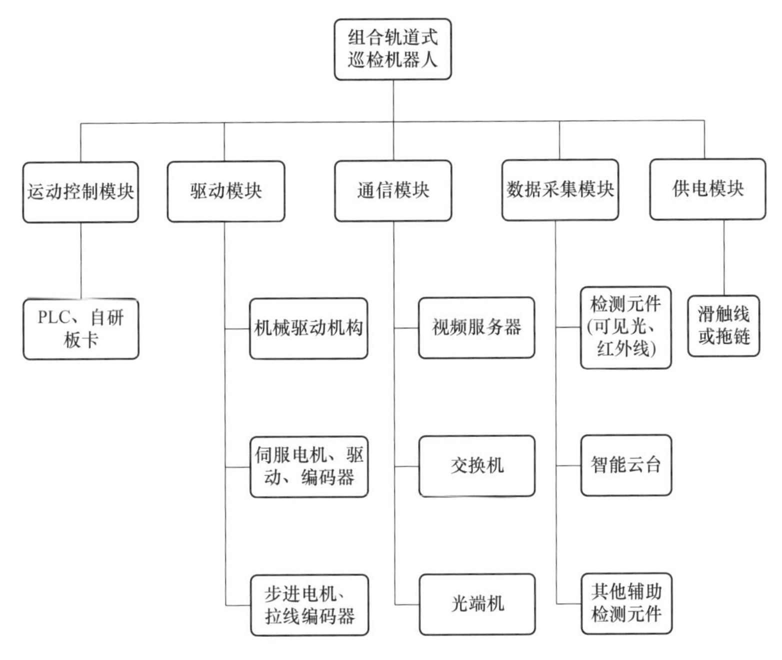

图 5-7 组合轨道式巡检机器人本体硬件组成示意图

软件系统采用分层的模块化结构，基于 Windows XP/Server 2003 操作系统和 .NetFramework 2.0 运行平台，采用纯面向对象的编程语言 C#进行托管代码编程，以面向对象的内存实时数据库和大型商用关系型数据库相结合。通过多线程进行耗时任务的后台处理，避免阻塞用户的界面操作。系统性能和可靠性高、维护和扩展方便。

此外，该系统还提供基于角色的安全权限控制、越变化死区和定周期采集相合的实时数据存储机制、无损压缩的巡检数据存储技术等。软件系统的体系结构分为数据层、功能层、逻辑层和表示层四层，如图 5-8 所示。各模块基于接口编程，广泛应用设计模式，降低模块间的耦合，系统架构清晰，功能扩展方便。

5.3.1.3 系统功能

机器人软件系统的主要功能介绍如下。

（1）显示功能：①巡检轨迹及停靠点地图；②可见光视频；③移动站实时状态信息；④运行事项记录；⑤可自定义设置的可见光、红外线视频设备异常报警；⑥运行日志、报表。

（2）系统配置功能：①终端设备的通信参数；②室内设备模型的定义及属性编辑；

③巡检停靠点及检测点的编辑；④检测点与室内设备的关联；⑤巡检任务及定时周期的编辑；⑥用户及权限的设置。

（3）通信功能：①与轨道机器人下位机通信；②与可见光及红外视频服务器通信。通信接口具备自动重连功能。

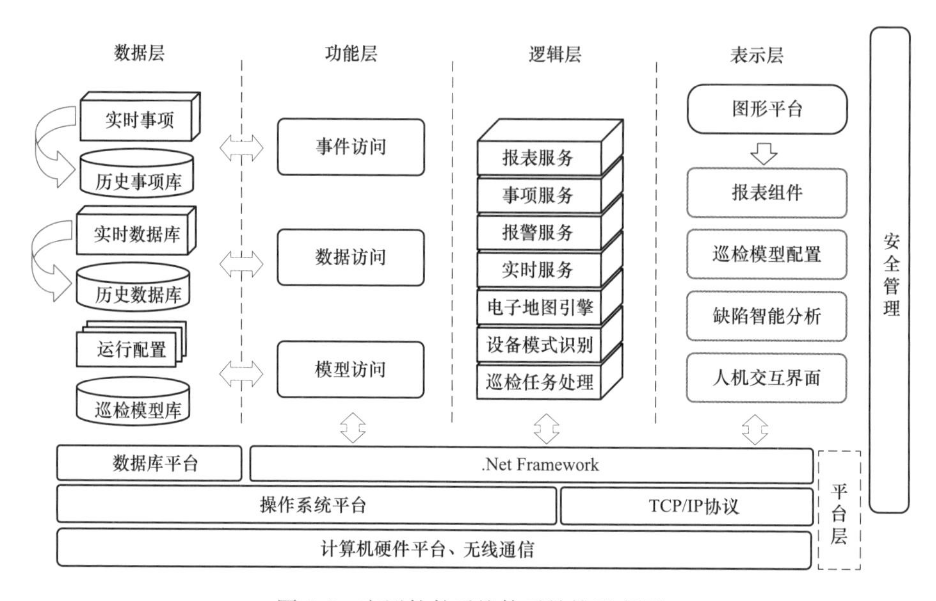

图 5-8　应用软件系统体系结构示意图

（4）控制功能：①轨道机器人的手动控制，包括 Y 轴与移动平台的运行、停止等；②云台的水平转动、垂直俯仰控制；③可见光的控制，包括变焦、抓图、录像等；④巡检任务配置的下发；⑤巡检任务的执行与处理，包括可见光抓图、存储等；⑥轨道机器人的自动控制。

（5）数据分析：①红外热像图的实时分析及报警，包括图像匹配及设备区域定位、设备温升分析以及差温分析等；②历史巡检数据的查询及分析，可按温度、设备类型、是否报警等过滤项进行过滤；可通过自定义区域、超温填充等手段进行红外分析；可结合设备故障类型及处理方式库、红外图像库进行综合分析，分析结果可生成报表；③巡检报表及巡检任务报告的生成；④设备温度历史趋势分析；⑤系统运行事项及日志、报表的查询及分析；⑥数据存储；⑦移动站状态实时数据；⑧设备巡检数据；⑨设备报表及巡检报告；⑩事项及日志；⑪实时通信。

机器人通过通信系统与监控后台进行数据交换，实现数据的远传和命令的遥控。在此基础上，可方便地接入电力系统生产专用通信网络，实现与调度中心的数据交换。

5.3.1.4　通信控制系统

采用电力载波或漏波电缆方式实现机器人与监控后台之间的通信，实现检测数据的传输和运动控制命令的传输。通信模块的功能原理如图 5-9 所示，信号传输流程如图 5-10 所示。

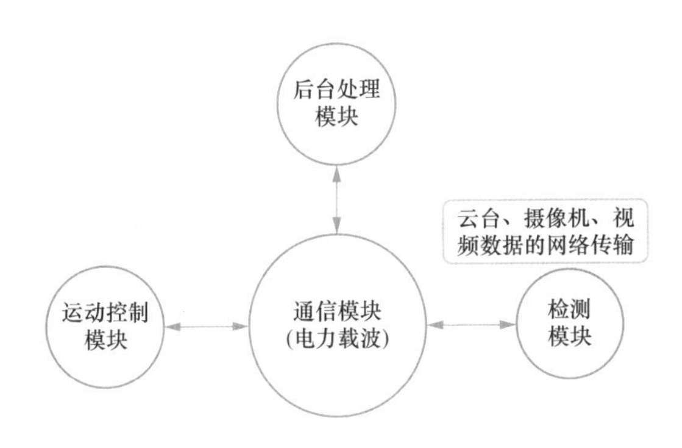

图 5-9 通信模块功能原理图

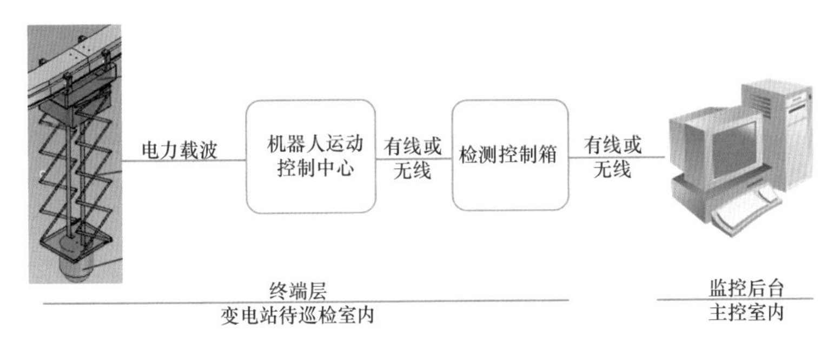

图 5-10 信号传输流程图

检测组件和云台控制系统通过两路视频采集模块实现对室内设备的检测。该模块由视频服务器板卡、高清摄像机、红外热成像仪、云台等组成，检测元件将采集的图像、视频信息通过视频服务器压缩后，经由通信设备传送到后台显示。检测组件控制框图如图 5-11 所示。

操作人员可通过上位机向云台发出控制命令。云台可以设置多个预置位，下次进行此处的设备检测时直接调用预置位即可。云台控制板内存储有预先设置好的零点，每次上电后，都需要进行云台复位。视频服务器可以将检测组件采集的视频信息和图像信息传给上位机，上位机实时显示监测画面，以备相关人员进行后续分析。

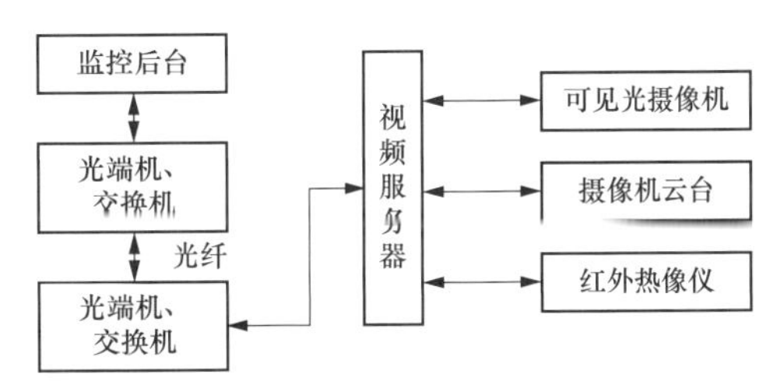

图 5-11 检测组件控制框图

5.3.1.5 应用软件

软件系统的体系结构如图 5-8 所示。各模块基于接口编程，广泛应用设计模式，降低模块间的耦合，系统架构清晰，功能扩展方便。检测组件中配备 30 倍光学变焦的摄像头，可实时将现场高清图像传回后台进行处理。对图像进行模式识别处理，可以进行仪表读取、状态识别等功能。状态识别界面展示如图 5-12 所示。

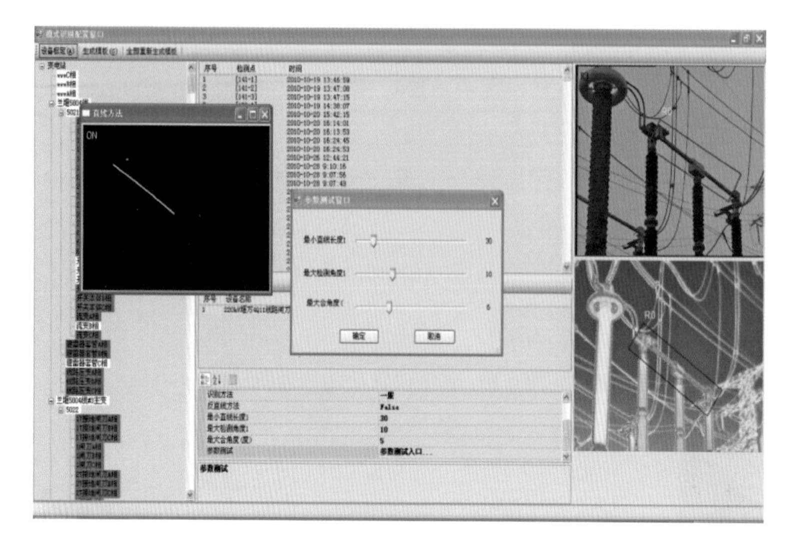

图 5-12　状态识别界面展示

5.3.2　基于无人值守变电站的继电小室智能巡检系统研究应用实例

5.3.2.1　研究背景

目前针对电力系统室内（保护室、开关室、电容室、阀厅及直流场等）相关设备的巡检尚处于空白，无人值守和少人值守是电力系统设备检测手段发展的目标。由于室内环境普遍存在巡检空间狭窄、视野范围小，巡检设备集中等问题，目前巡检机器人很难满足室内巡检需求；传统人工巡检方式存在着劳动强度大、工作效率低、检测质量分散、手段单一等不足，巡检到位率、及时性无法保证；固定视频/红外监控系统，由于受到种种条件限制，只能对主要设备进行监控，存在很大的监控盲区，很难真正满足视频巡视、全方位覆盖的要求。

目前，国家电网正在大力推广智能变电站和无人值守变电站，设备巡检人员少了，但是设备巡检质量却不能降低。如何在少人或者无人的状态下对变电站设备进行及时有效的巡检和及时准确地掌握变电站设备的运行状态，成了必须要面对的问题。

采用变电站设备状态智能检测系统进行变电站巡检便很好地解决了这个问题。变电站设备状态智能检测系统既具有人工巡检的灵活性、智能性，同时也克服和弥补了人工巡检存在的一些缺陷和不足，更适应智能变电站和无人值守变电站发展的实际需求，具有巨大的优越性，是智能变电站和无人值守变电站巡检技术的发展方向。但是由于受到室内种种条件的限制，现有的变电站室外设备状态智能检测系统不能满足室内设备的巡检要求，针对电力系统室内（保护室、开关室、电容室）设备的智能检测系统尚处于空白状态。没有变电站室内设备智能检测系统，就不能实现真正意义上的变电站设备巡检的全方位覆盖，就不能保证变电站室外、室内设备百分百的可靠运行。在这种情况下，室内轨道式巡检机器人系统的技术研究就显得尤为迫切，能够进一步提升巡检机器人系列的覆盖面，有效解决继电小室内电力设备巡检的难题。

5.3.2.2 研究目标

1. 项目目标

研究出结构紧凑可靠，能够在电力继电小室内长时间持续稳定运行，且能够精确定位、精确识别、精确检测的轨道式巡检机器人系统。

2. 系统技术指标

（1）工作温度：−20～50℃。
（2）工作湿度：5%～95%RH。
（3）整车质量：不超过 20kg。
（4）最大轨道长度：200m。
（5）运行速度：0～0.5m/s。
（6）视频质量：D1/720P/1080P 可选。
（7）轨道定位误差：小于 5cm。

5.3.2.3 设计思想

（1）智能巡检机器人巡检方式采用自主巡检、遥控巡检和定点巡检。
（2）检测模块通过视频服务器将采集到的视频和声音信号传到后台分析处理。
（3）驱动及定位采用数字脉冲的方式实现对机器人的精确定位。
（4）分析及报警主要采用模式识别方法，对外观进行判断分析。
（5）通信控制系统采用电力载波有线通信方式。
（6）上位应用软件系统采用分层的模块化结构，基于 Windows XP/Server 2003 操作系统和.Net Framework 2.0 运行平台。

5.3.2.4 系统结构及组成

1. 系统结构

轨道机器人系统为网络分布式架构，整体可分为基站层和终端层两层：基站层由后台机、智能控制与分析软件组成；终端层为变电站内的轨道机器人及其附属设备。

机器人本体通过机械对接方式装配在运动轨道上，具有检测功能，配备有可见光摄像机、转动云台等部件，具体包括云台、检测组件、天线及升降机构。检测组件包括可见光摄像机，升降机构可以实现机器人在竖直方向上的运动。机器人本体如图 5-13 所示。

图 5-13　机器人本体

2. 工作环境

（1）工作范围：变电站保护室等室内环境。

（2）温度范围：－10～50℃。

（3）抗地震能力：地面水平加速度 0.3g，垂直加速度 0.15g 同时作用，分析计算的安全系数不小于 1.6。

（4）工作湿度：5%～95%RH。

（5）交流电源电压波动范围不超过±15%的标称电压。

（6）交流电源电压频率波动范围不超过 50×（1±5%）Hz。

3. 系统参数

（1）水平运动速度：0～2m/s。

（2）水平运动范围：0～150m。

（3）升降运动速度：0～0.5m/s。

（4）升降运动范围：0.5～2m。

（5）定位精度：小于 5mm。

（6）云台活动范围：水平±180°，俯仰－90°～10°。

（7）通信带宽：10Mbit/s。

（8）可见光摄像机：分辨率 1920×1080，20 倍光学变焦。

4. 轨道机构

（1）轨道系统。根据室内屏柜的布局，机器人轨道采用 S 曲线型布置方式，主要由直线轨道和圆弧轨道通过相互拼接组成。为增加巡检的全面性和覆盖性，在屏柜的两侧均布置轨道，进而实现对室内设备的全方位、无死角检测。

（2）动力系统校核。水平运动轨道的驱动系统由电机及减速器、小齿轮、齿条，轨道、转轴、导向轮、轴承、法兰等相关件有机组合而成。

（3）电机扭矩计算及惯量校核。机器人水平行进中主要克服滚轮与轨道的摩擦力，水平滑台承受竖直轨道的质量 m 约为 300kg，导向轮与滚道之间的摩擦系数 $\mu=0.08$，总摩擦力 F 为：

$$F=\mu\times m\times g=0.08\times 300\text{kg}\times 9.8\text{N/kg}=235\text{N} \tag{5-1}$$

取齿轮齿条传动的机械效率 $\eta=0.9$，导向轮的直径 $D=64$mm，则在导向轮上产生的负载扭矩 T_L 为：

$$T_L=\frac{F\times D}{2\times\eta}=4.37\text{N}\cdot\text{m} \tag{5-2}$$

水平滑台与竖直轨道的总质量为 350kg，与滑台一起水平直线运动，直线运动部分的等效惯量为：

$$J = M \times \left(\frac{A}{2\pi}\right)^2 \text{kg} \cdot \text{m}^2 \tag{5-3}$$

式中：M 为负载总质量，kg；A 为电机转动一周时滑台的直线运动量，m/rev。

减速器的减速比为 1∶9，可得：

$$A = \pi D/9 \tag{5-4}$$

$$J = M \times \left(\frac{A}{2\pi}\right)^2 = 4.4 \times 10^{-3} \text{kg} \cdot \text{m}^2 \tag{5-5}$$

同步带在 0.5s 内加速到直线速度为 0.3m/s，计算可以得到电机轴的角加速度 β 为 18.8rad/s^2，则加速转矩：

$$T_a = J\beta = 0.1 \text{N} \cdot \text{m} \tag{5-6}$$

电机输出轴的必要转矩为：

$$T_M = \frac{T_L}{i \times \eta_G} + T_a = 2.4 \text{N} \cdot \text{m} \tag{5-7}$$

式中：η_G 为减速器的机械效率，取 $\eta_G = 0.8$。

系统设计要求巡检机器人的最高运行速度为 0.3m/s，检测时速度在 0.2m/s 以下，综合考虑选择带保持制动器的 ecma 系列 C2110 型中惯量电机。其额定扭矩为 3.18N • m，额定扭矩与负载扭矩的比值为 1.4，可作为设计余量；惯量为 4.45×10^{-4} kg • m^2，额定转速 3000r/min，实际负载惯量比为 10，而该电机推荐的惯量比在 10 以内，通过计算，满足设计要求。

5. 运动控制方式

（1）水平运动的控制主要通过自研板卡控制步进电机的转速和正反转实现。此外，还通过 I/O 采集各个传感器（如限位传感器）的状态，并进行逻辑分析处理，保证机器人的安全稳定运行。

（2）升降平台的控制主要通过自研板卡控制交流电机的正反转实现，同时使用编码器进行定位。升降平台装有限位开关保证运动的机械安全性。

6. S 曲线型运动平台

对于 S 曲线型运动平台可采用齿轮齿条传动、滑触线供电。总体运动平台主要包括移动平台、S 曲线导轨、升降机构、检测组件等，此部分高度集成。S 曲线型运动平台的结构如图 5-14 所示。

7. 通信控制系统

采用电力载波或漏波电缆方式实现机器人与监控后台之间的通信，实现检测数据的传输和运动控制命令的传输。

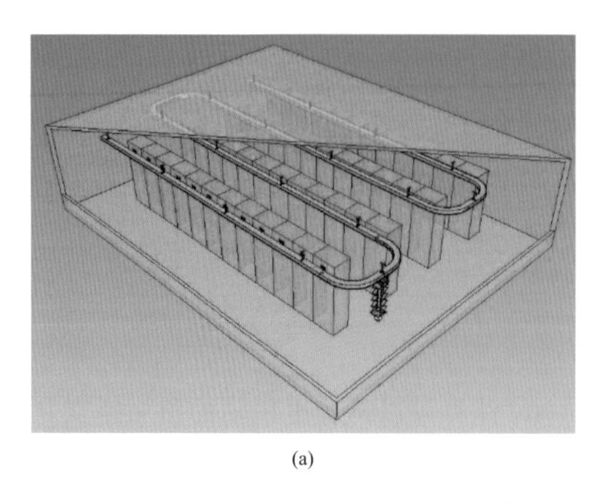

(a)

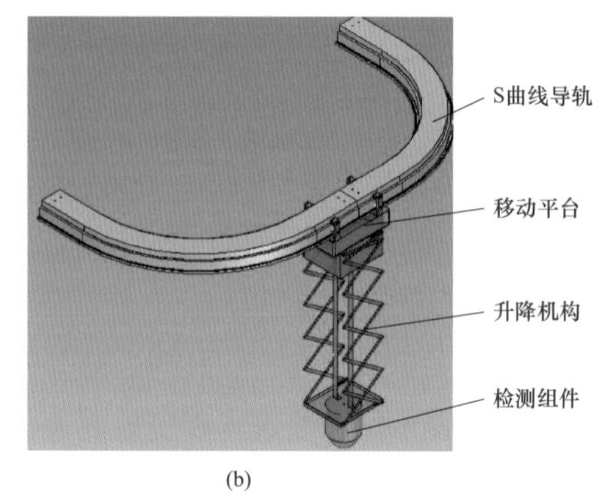

(b)

图 5-14　S 曲线型运动平台结构示意图

(a) 安装效果（局部）；(b) 平台转弯部分

8. 轨道驱动控制系统

室内 S 型轨道式智能巡检机器人运动平台采用齿轮齿条传动、滑触线供电，其中机械运动模块是整个系统的主要功能模块之一，它在运动控制模块的控制下完成各种行走、升降、转向动作。机械运动模块主要包括移动小车、S 曲线导轨、升降机构、滑触线、齿条等几个小模块。轨道型材选择凸字形定制截面型材，两边加凹槽，作为支撑轮的行走导槽；轨道采用吊顶式或侧装方式安装在支架、墙壁或天花板上。移动小车带有 2 个转向架，实现机器人的转向功能；移动小车上带有 4 组抱紧轮和行走轮，确保移动小车与轨道可靠接触和运行。滑触线通过线夹安装在导轨顶侧，集电器安装在移动小车底盘上，主要负责系统的取电和通信。齿条固定在导轨的侧壁上，主要负责驱动移动小车沿轨道运行，转弯部分采用柔性齿条。曲线导轨、滑触线、齿条在圆弧部分采用同心设计与安装。升降机构固定在移动小车上，随移动小车一起运动，通过升降机构和移动小车的复合运动实现室内设备的全方位巡检。升降机构在竖直方向上具有较大伸缩行程且具备一定的承载能力，满足承载强度和刚度要求。此外，升降机机构还具有抗干扰能力强、可靠性高等优点。

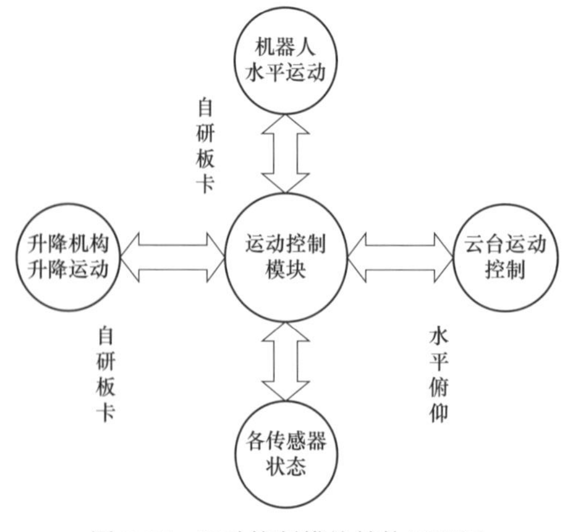

图 5-15　运动控制模块结构原理图

定位点为机器人在全局路径规划中提供定位和任务信息，包括位置坐标、设备间隔、任务内容等。运动控制模块接收来自后台自动设定或操作人员临时发出的控制指令，如移动平台运动、升降平台运动，云台转动等，并对这些指令加以解析，然后执行各项命令操作。运动控制模块的结构原理如图 5-15 所示。

9. 检测组件和云台控制系统

该模块通过两路视频采集模块实现对室内设备的检测。该模块由视频服务器板卡、高清摄像机、红外热成像仪、云台等组成，检测元件将采集的图像、视频信息通过视频服务器压缩后，经由通信设备传送到后台显示。

操作人员可通过上位机向云台发出控制命令。云台可以设置多个预置位，下次进行此处的设备检测时直接调用预置位即可。云台控制板内存储有预先设置好的零点，每次上电后，都需要进行云台复位。视频服务器可以将检测组件采集的视频信息和图像信息传给上位机，上位机实时显示监测画面，以备相关人员进行后续分析。

10. 应用软件

上位应用软件系统采用分层的模块化结构，基于 Windows XP/Server 2003 操作系统和 .Net Framework 2.0 运行平台；采用纯面向对象的编程语言 C# 进行托管代码编程；以面向对象的内存实时数据库和大型商用关系型数据库相结合。通过多线程进行耗时任务的后台处理，避免阻塞用户的界面操作。

软件系统的体系结构分为数据层、功能层、逻辑层和表示层四层。各模块基于接口编程，广泛应用设计模式，降低模块间的耦合，系统架构清晰，功能扩展方便。

检测组件中配备 30 倍光学变焦的摄像头，可实时将现场高清图像传回后台进行处理。对图像进行模式识别处理，可以进行仪表读取、状态识别等功能。

5.3.2.5 系统主要功能

该系统采用轨道式移动轨道技术、编码器计数定位技术、双模式的定位技术，可靠保证了机器人运行位置的准确定位和判断。采用多传感器融合技术，配备可见光摄像仪、声音传感器等设备。可见光的视频输出口连接到网络视频服务器，再通过网络通道将视频传输到主控室的后台。实现的主要功能如下。

1. 检测功能

（1）通过可见光摄像机检测室内设备的外观。

（2）通过机器人沿 S 曲线轨道的运动，结合升降机构的运动实现对室内设备的全方位、无死角智能巡检。

（3）通过视频服务器将采集到的信号传输至后台分析软件进行处理。

2. 自动巡航功能

（1）控制机器人按预先规划好的路径沿导轨行驶。

（2）控制移动平台在预先规划好的位置停靠。

（3）控制升降机构在预先规划好的位置停靠。

（4）自动调整云台的角度和方向。

3. 分析与处理功能

（1）自动生成红外测温、设备巡视报表，报表格式可由用户定制。
（2）设备故障或缺陷的智能分析和自动报警，协助巡检人员判别设备的故障。
（3）能对保护连接片的位置进行自动识别。

4. 控制功能

（1）设备巡检人员可在监控后台进行巡视。
（2）可对机器人本体、云台及检测设备进行手动控制。
（3）实现室内设备巡视的本地及远程控制功能。

参考文献

[1] 王智杰，李永生，牛硕丰，等. 变电站室内巡检机器人系统研究与应用［J］. 山东工业技术，2019（02）：180-183.
[2] 栾贻青，李建祥，李超英，等. 高压开关柜局部放电检测机器人的开发与应用［J］. 中国电力，2019，52（3）：169-176.
[3] 符祎，张丽敏，张莹. 一种电力信息通信机房智能巡检机器人设计与应用［J］. 计算机产品与流通，2018（07）：80.
[4] 卢宁. 变电站中的室内巡检机器人研究与设计［D］. 济南：山东大学，2019.
[5] 喻佳宝. 基于智能手机的室内地磁定位方法研究［D］. 深圳：深圳大学，2017.
[6] 闫树园. 基于射频识别技术的定位系统的研究与实现［D］. 北京：北京邮电大学，2014.
[7] 张静，张庆伟，王开宇，等. 应用于物联网设备的无线射频识别定位技术研究［J］. 现代电子技术，2017（05）：37-40.
[8] 李桢，黄劲松. 基于 RSSI 抗差滤波的 WIFI 定位［J］. 武汉大学学报（信息科学版），2016，41（3）：361-366.
[9] 姚碧超. 室内 WIFI 定位技术研究［D］. 成都：电子科技大学，2017.
[10] 蒋恩松. 矿井扩频测距定位方法研究［D］. 北京：中国矿业大学，2018.
[11] 赵楚韩，张洪明，宋健. 基于指纹的室内可见光定位方法［J］. 中国激光，2018，500（08）：202-208.
[12] 赵响. 基于成像传感器的可见光定位理论与技术研究［D］. 西安：西安电子科技大学，2017.
[13] 孙旭东，董思招，王亚龙，等. 基于 ZigBee 的定位及体征监测系统的设计与实现［J］. 电子设计工程，2019，27（02）：52-55.
[14] 王日明. 提升复杂非视距环境下 RSS 定位估计精度的研究［D］. 哈尔滨：哈尔滨工业大学，2012.
[15] 陆明炽，王守华，李云柯，等. 基于特征匹配和距离加权的蓝牙定位算法［J］. 计算机应用，2018，336（08）：225-230.
[16] 郭莹莹. 基于群智感知的低功耗蓝牙室内定位技术的研究［D］. 北京：北京邮电大学，2017.

[17] 赵粉荣，赵晴晴，李文威，等．基于无线传感器网络的超声波定位节点设计［J］．仪表技术与传感器，2018（4）：104-108.
[18] 崔学荣．超宽带无线定位算法及协议的研究［D］．青岛：中国海洋大学，2012.
[19] 王鑫，王向军．大视场双目视觉定位系统中多目标稀疏匹配［J］．红外与激光工程，2018，285（07）：302-307.

6 变电站室外巡检机器人

6.1 变电站室外巡检机器人发展历史

变电站作为现代电力系统和未来智能电网的重要组成部分，其设备的安全稳定运行在整个电力系统中起着非常重要的作用。为了最大限度地减少电力设备的故障并避免因停电而造成的巨大经济损失，应定期巡视变电站设备，以尽早发现缺陷并安排检修计划。由于工作成本过于昂贵、质量分散和严重的天气干扰，导致现有的人工检查方法无法满足系统高度稳定的要求。变电站设备检查是运行维护的重要手段，它可以确保电网的安全运行，提高电网的经济运行效率，并为用户提供良好的服务。目前有两种常见的电力设备检查方法，即人工巡视和移动机器人巡视。在巡视检查中，通常是由两人组成团队沿着预定路线检查电力设备，例如变压器、断路器、隔离开关、母线、电流互感器、电压互感器、避雷器等。这种检查较为单调和主观，往往忽视了设备存在的隐患。为了提高变电站的可靠性，安全性和智能性，加快无人值守变电站的实现，变电站设备的自动化检查问题已成为国内外电力行业面临的重要课题。

变电站巡检机器人在电力设施应用专用机器人研究领域中占据着重要地位。现有变电站巡检机器人基于有轨、无轨多种移动平台，在站内实现全自主定位和导航，利用红外、可见光传感器，实现设备温度自动测量、设备状态自动识别，自动设置巡检任务，记录巡检结果，与变电站现有信息系统实现信息交互，自动代替人工完成巡检任务。使用变电站巡检机器人代替人工巡检，可以有效地提高巡检质量、降低人工劳动强度；可在恶劣天气下代替人工巡视，降低人工安全风险；基于变电站巡检机器人全自主检测设备状态，实现无人值守。利用机器人进行变电站设备巡检，可通过自动化的作业手段降低劳动强度，提升了巡检效率，统一的检测分析流程保证了巡检质量，为解决以上问题提供了一种有效的手段。

6.1.1 国外变电站室外巡检机器人发展历史

美国，日本等国外学者关于变电站巡检机器人技术的研究较多，并且已经有大量的文献发表。例如，日本四国电力公司和东芝公司等研究机构设计了变电站巡检机器人 BIG-MOUSE，适用于 500kV 变电站。随着电力技术的发展，变电站建设的规范化和标准化程度越来越高，设备位置较为固定，且变电站建成后将长期运行，维护和修改较少，使得固定轨道导航方式变得可行。因此，早期日本研制的机器人采用轨道式移动控制方式，机器人沿铺设好的地面轨道、距离地面一定高度的轨道以及空中设立的线路轨道等，实现机器人移动及停靠位置的控制。

6.1.2 国内变电站室外巡检机器人发展历史

在我国，国网山东省电力公司电力科学研究院及下属的山东鲁能智能技术有限公司于1999年最早开始变电站巡检机器人研究。2002年，国家电网公司电力机器人技术实验室成立，主要开展电力机器人领域的技术研究；2004年，成功研制第一台功能样机，后续在国家“863项目”支持和国家电网公司项目支持下，研制系列化变电站巡检机器人，并成功开发了由移动车辆平台、IR和电晕检测摄像机等测试传感器、控制和通信单元等组成的第四代变电站巡检机器人（见图6-1）。综合运用非接触检测、机械可靠性设计、多传感器融合的定位导航、视觉伺服云台控制等技术，实现了机器人在变电站室外环境全天候、全区域自主运行，开发了变电站巡检机器人系统软件，实现了设备热缺陷分析预警，开关、断路器开合状态识别，仪表自动读数，设备外观异常和变压器声音异常检测及异常状态报警等功能，在世界上首次实现了机器人在变电站的自主巡检及应用推广，提高了变电站巡检的自动化和智能化水平。基于机器人的检测系统、红外热成像仪和可见光CCD传感器，可以帮助人们获得高压变电站设备的可见和红外检测结果。

图6-1 第四代变电站检查机器人

自2010年以来，随着人力资源成本的不断提高，对电力设备巡检机器人的需求日益迫切，因此许多科研机构已经开发出各种概念原型。2012年2月，沈阳自动化所研制出轨道式变电站巡检机器人，实现了冬季下雪、冰挂情况下的全天候巡检。2012年11月，慧拓智能巡检机器人在郑州110kV牛砦变电站正式投入运行，该机器人同样可以对开关、仪表等进行视频分析，自动判断变电站设备的运行状态及预警。2012年12月，重庆市电力公司和重庆大学联合研制的变电站巡检机器人在巴南500kV变电站成功试运行，可实现远程监控及自主运行。2014年1月，浙江国自研制的变电站巡检机器人在瑞安变电站投运。

2013年12月9日，中山供电局经过三个多月的试运行，将“智能巡检机器人”正式投入到500kV桂山巡维中心使用，开创了南方电网首例无轨化设备巡视工作。传统的机器人需要铺设类似于火车轨道那样的磁轨，机器人只能沿着磁轨做运动。而最新投入使用的实现了无轨化运作，不需要铺设任何轨道，也无须进行任何基建工程，机器人可以直接在日常的路面上运作，既省下基建施工的时间，又节约了成本投入。机器人凭借配备的四驱越野底盘，可以爬上 30°的陡坡；通过配备的激光扫描设备，可将站内的设备位置、道路扫描为地图，在后台规划好巡视路径后，机器人就可以按照指示进行工作。

2013 年 11 月 11 日，在国家知识产权局与世界知识产权组织举办的第十五届中国专利奖颁奖大会上，由国网山东电力科学研究院申报的外观专利“变电站巡检机器人”荣获外观专利金奖，成为 5 个金奖之一。这是国家电网历史上获得的第一个中国外观专利金奖，也是我国电力行业唯一当选的金奖。该变电站巡检机器人能够全天候、全方位、全自主对变电站设备进行无人值守巡检，从而取代繁重的人工巡检，提高了变电站巡检的自动化、智能化水平，确保了智能电网的安全可靠运行。

图 6-2　变电站智能巡检机器人

传统的变电站值班员进行人工巡检，受人员的生理、心理素质、责任心、外部工作环境、技能技术水平等影响较大，存在漏巡，缺陷漏发现的可能性，并存在较大的风险，巡视效率低下。贵州省凯里供电局研制的变电站智能巡检机器人（见图 6-2），根据操作人员在基站的任务操作或预先设定任务，操作人员只需通过后台基站计算机收到的实时数据、图像等信息，巡检机器人即可完成变电站的设备巡视工作，从而代替人工巡检。

6.2　变电站室外巡检机器人功能设计与方案设计

6.2.1　变电站室外巡检机器人功能设计

6.2.1.1　巡检功能

室外巡检机器人有定时巡检、定点巡检、指定任务临时巡检、遥控巡检等多种巡检方式。

（1）在任意设定时间开展巡检即为定时巡检。

（2）定点巡检能匀速、自动巡检指定的巡检目标点、路径，仅需完成巡检路径设置且把自动巡检开启，机器人就能自动完成巡检任务。机器人巡检时，只要抵达某巡检工作位置，就可以自动准确地停车探测，把规定的检测动作完成；随后基于已预先设定的路径自行前往下个目标点进行巡检，无需任何人工操控，且自动记录、保存其所采获到的全部数据，将巡检任务执行完毕。规划的所有路径监察完毕后自行回到机器人充电房，机械装置自动识别充电器自主上电。

（3）指定任务临时巡检是指运维人员可设置区域内任意巡检点，智能巡检机器人可根据当前位置及目标点，规划出最优路径，自主行走到目标点。

（4）遥控巡检是指运维人员在主控台处使用客户端、鼠标、键盘对机器人进行遥控，使机器人与预设线路脱离，给机器人下达特别指令执行非常规任务（符合运行条件规章）行驶，通过对红外数据与可见光采集、操作红外热成像仪、摄像机调焦、机器人行驶和云台动作的远程遥控，巡检待检设备。

6.2.1.2 检测功能

目前变电站的固定式视频监控系统存在着一定程度的视觉盲区，而具有拾音器、红外热成像仪及可见光摄像仪等设备配置的户外机器人，可以向监控后台上传其所采获的声音、视频。通过在机器人上添加可见光拍摄和红外图像录制功能，操作员无须实地进行机器人的手工校准，只需在监控台操作控制杆，使其到达故障地点进行拍摄与排查，从而减小盲区的面积，提高机器人的作业效率。对于变电站内所有高、低压设备，机器人都可以采集清晰样貌及热红外图像，自动识别其名称和位置，以备运维人员日后能查询完整的信息。同时经无线网络向主控室实时传输采集到的信息，主控室运维人员即能基于图像对变电站中所有电力设备的安全状态做出判断，完成有关仪表参数的实时读取、记录。一旦发生变电站中的仪表读数二义性或设备异常现象，运维人员能借助上述手段以最快速度查明问题原因，并实施对应的消缺策略。

6.2.1.3 红外测温功能

每到迎峰度夏、迎峰度冬的用电高峰时期，变电站内设备均可能出现过载、过热的情况。为防止设备出现故障，室外机器人能检测指定区域设备的温度，利用车载红外热成像仪测量变电站中所有或指定点设备的接头温度；被测设备的温度一旦大于预设温度值，机器人可以自动报警，提醒运维人员的同时将设备故障信息通过网络传回监控台，做好故障大数据的收集工作。

6.2.1.4 机器视觉识别功能

室外设备智能巡检机器人可以识别仪表数据，并且针对高、低压设备的状态进行图像采集，如 SF_6 气体压力值、充油设备油位表、开关分合位置等，识别故障位置并存储、上传，发出故障信号提醒值班人员。

6.2.1.5 噪声识别功能

噪声识别功能的本质表现在：基于声音采集系统（机器人本体）采集电容器、变压器等的运行噪声，利用快速傅里叶变换（fast fourier transform，FFT）原理提取噪声特征，于两种维度（时域和频域）上分析、对比数据，对运行状态正常与否做出判断；变压器如果有运行异常状态，则发出故障报警信号，操作人员可以对机器人下达巡查指令，对现场的故障部件进行监察，对异常状况做出进一步判断。

6.2.1.6 微气象数据采集功能

微气象数据采集主要是采集变电站的降水、风速、湿度及温度等户外环境数据，为巡检机器人的辅助功能。

6.2.1.7 数据分析与报表功能

智能变电站巡检机器人在预设路径作业时，将所采集到的图像及数据信息传回主控制台，同时自行存储图像采集日期、位置和天气，按照不同类别生成各类报表并分析。

6.2.1.8 机器人自检功能

室外机器人配备有独立、完善的自检系统，可实现对电源、电机驱动状态、通信状态、机器人自身搭载的检测设备（如接触传感器、激光雷达传感器、红外测温热成像仪、可见光高清摄像机等）的实时自检功能。当上述设备出现异常且无法自恢复时，自检系统将启动保护措施，并就地上传故障信息。

6.2.1.9 集群调配使用功能

因智能巡检机器人造价较昂贵，为使室外设备智能巡检机器人更大程度地发挥作用，室外机器人应满足集群调配使用的功能，即在多座变电站中可调配使用，每座变电站设置机器人充电房。运维人员可在运维主站或子站设定巡检任务，充电房中的智能巡检机器人接收到指令后，自动离开充电房前往指定位置，并完成出库记录。

当结束第一个巡视作业后，可通过运载车将智能巡检机器人通过车载坡道自动上车，运维人员为智能巡检机器人系上专用安全带，并接驳车载充电装置，继续前往下一个目标站。当到达下一个目标站时，由运维人员放下车载坡道，解开智能巡检机器人专用安全带，并拔除充电装置。当运维人员按下智能巡检机器人的下车按钮后，智能巡检机器人通过车载坡道自动滑下运载车至指定位置完成定位，开始自动巡检。如此反复，直到巡检工作全部结束。

集群化可调配式智能巡检机器人系统的部署架构如图 6-3 所示。

6.2.1.10 安全防护功能

室外机器人采用超声波雷达对障碍物进行探测，遇到障碍可绕行或停车，若停车则报警；若障碍物体积过大无法绕行，可自动转入待命状态，以低功耗方式运行以节约电力。在结构上，在机器人本体前、后增加防护，防止碰撞造成人员或者设备损伤。同时，安装防碰撞接触传感器，与超声波雷达构筑双重安全保障，防止在超声波雷达失效情况下与障碍物的激烈碰撞，在明显位置安装有闪动警示灯，提醒变电站内运维人员注意。在自主巡检行走的过程中若遇到工作人员，机器人会智能减速。

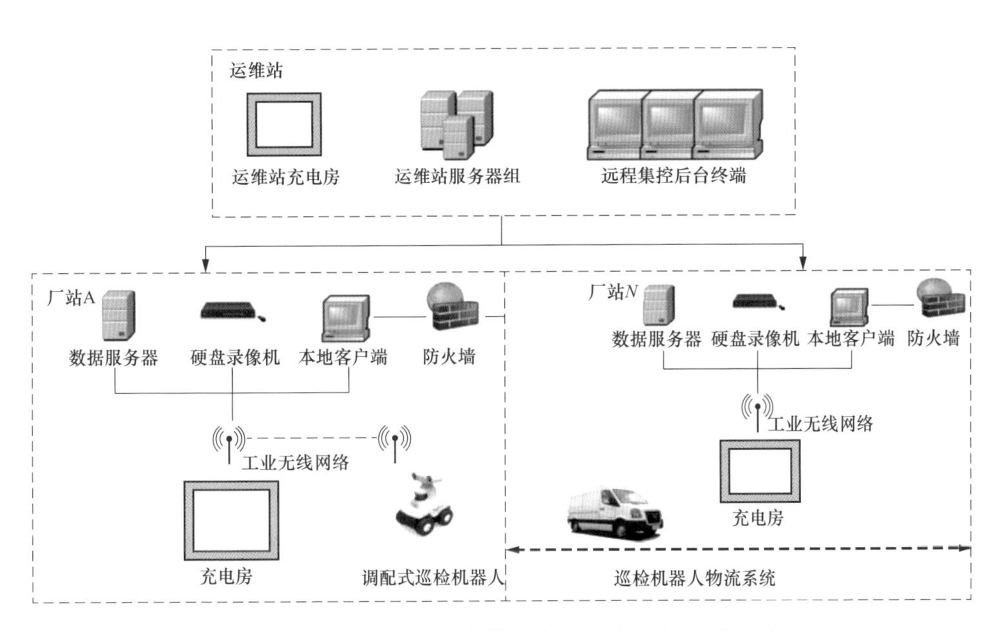

图 6-3 集群化可调配式智能巡检机器人系统部署架构图

6.2.1.11 自主充电功能

机器人在工作过程中如果自检出其电池电量比设定值低，可以自动终止当前巡检任务，在发出警报信号的同时，自主驶入充电房并自行对接充电座进行充电；如果与充电座无法有效对接，巡检机器人将发出报警信息，呼叫运维人员执行人工操作。正常情况下，电池应满足不少于 5h 的续航能力。

室外机器人集前述各项功能于一身，能够完成大多数变电站常规例行巡检工作项目，并且相比人工巡检更高效。以变电站常规的开关 SF_6 压力值检查为例，因开关 SF_6 压力表计均安装在比较高的位置，运维人员抄录压力值时需爬上绝缘凳登高才能看到数值，在此过程中近距离接触开关设备，一旦发生开关故障或临时分、合开关等情况，会增加运维人员人身风险，并且爬上爬下也花费运维人员大量的时间。而携带可见光摄像仪的变电站室外设备巡检机器人可通过云台的移动实现仪表的精确定位与数值读取。携有相关变电装置检测设备（可见光 CCD、红外热成像仪等）的巡检机器人，基于遥控及自主途径，对变电设备的异物搭挂、过热、渗漏油等异常情况进行巡检，给运维人员提供设备运行状态判断依据，将大幅提升设备的巡视效率和智能化管理水平。

6.2.2 变电站室外巡检机器人方案设计

6.2.2.1 变电站室外巡检机器人系统划分

1. 按结构构成划分

以结构构成为依据，变电站室外巡检机器人系统分为车载子系统、本地监控后台及远程集控后台。

（1）车载子系统通过局域网与本地监控后台进行数据、图像、视频等交互，搭载传感设备在变电站设备区开展工作，依据下发的工作指令进行红外测温、可见光巡视、异常声响采集等工作。

（2）本地监控后台安装于各无人值守变电站主控室，通过和车载系统的数据交互，完成实时监控、巡检任务派发、视频存储、图像智能识别、红外分析、数据报表分析查询、数据检索及用户交互。

（3）远程集控后台安装于运维班主控室，通过国家电网内部专网对本地监控后台、车载子系统进行任务下派、状态监控及数据管理；远程监控各子站智能巡检机器人状态及巡检信息，供运维值班人员完成变电站任务编排派发、巡检信息查看、图像视频浏览、数据分析/报表与设备查询。

2. 按网络架构划分

以网络分布架构为依据，变电站室外巡检机器人系统分为终端层、通信层及基站层。

（1）终端层包括固定监测点、充电房及智能巡检机器人本体等。

（2）通信层包括无线网桥、网络交换机等，建立执行机构与基站层的网络协议。

（3）基站层包括控制系统和数据处理、硬件防火墙、硬盘录像机以及机器人后台。

以下分别对终端层、通信层、基站层的各组成部分进行设计。

6.2.2.2　变电站室外巡检机器人终端层设计

终端层主要由智能巡检机器人本体、固定监测点及自动充电房等组成。

图 6-4　巡检机器人

1. 本体设计

巡检机器人由云台、激光传感器、高清摄像头、红外热成像仪、超声波传感器、机器人核心控制机箱、安全停障模块、底盘模块等控制部件和软件系统组成，如图 6-4 所示。该巡检机器人根据一般工业用四轴机器人外貌特征设计。

（1）该巡检机器人主体高 1m，符合人体视觉角度，并且满足带电设备对其的安全距离。质量 80kg，运行速度 0.1m/s，定位精度在 7.5mm 以下，云台活动范围为水平方向 ±180°、垂直方向 ±90°，可实现全方位的云台移动范围。可在 −35～40℃ 的运行环境中持续工作，该温度适应范围可满足北方四季的温差变化范围。电池续航能力不低于 5h。

（2）机器人主体机身装设有云台，其基本功能是对巡检时的红外热成像仪、可见光摄像仪的拍摄角度进行控制。在使用之前、上电之后，云台的机械制动结构都会进行自检步骤，并多次 360°旋转云台。云台的正常运转可实现巡检角度的全覆盖。

（3）机器人顶部配置有激光传感设备，以便机器人能对附近环境进行扫描。通过 180°实时扫描，利用激光将障碍物扫描、照射出来，且利用光的折射返回时间，可将传感器与附近障碍物之间的距离准确计算出来，因此激光传感设备的运行关系到户外设备巡检机器人的定位精度。机器人顶部还配置了拾音设备，具备监控录音功能，采用化学性质稳定的金属进行圆形全屏蔽设计并对外壳进行电镀，使其不易腐蚀与生锈，远离环境噪声、隔离各种磁场干扰，可用于主变压器、户外电容器的运行噪声的采集，为判断设备是否正常运行提供依据。机器人顶部还配置有天线。

（4）机器人后方安装有电源开关、急停开关、模式开关等按钮，并做好防雨措施。机身侧面有与自主充电房匹配的充电接口，当需要充电时接口会自行弹出，完成充电操作。

（5）机器人机身前后装有防碰撞设备，含两级停障设备，即近距离碰撞停障、远距离超声停障，以此保障机器人在巡检过程中不会受到障碍物的撞击损害。超声波迫使机器人停止行驶的警报区域为 50～100cm，如在警报区域内识别人或障碍物，机器人进行减速或停止操作；如警报区域小于 50cm，机器人一旦来到超声停障区内，其轮轴系统制动；若机器人没有识别人或障碍物而与之发生碰撞，制动系统的闭合开关迅速制动，底盘立即停止运动。

（6）机器人底部由四个独立驱动的轮子组成，分别为驱动轮和随动轮，独立行走依靠驱动轮，转弯则依靠随动轮，能够满足变电站的路况，具备 30°及以下的爬坡能力，可真正做到对特定位置的监察全覆盖。同时，机器人采用减振技术克服车体机械抖动对影像造成的影响，并内置高清晰的防抖摄像机，运行过程中可提供稳定的实时监控图像。

（7）机器人的顶部搭载有红外热成像仪和可见光摄像仪，后者拍摄的影片分辨率最低为 720×576，光学变焦最低 20 倍，具有人工遥控功能和机器人自动变焦功能，影像必须能在本地监控后台存储。红外热成像仪的分辨率最低为 320×240，可以自行对焦、变焦，接口方式为以太网或 RS485，热灵敏度至少 50mK，温度测量精度最少 2K，测温范围为－20～300℃。红外影像为伪彩显示，能够在主控台屏幕上实时记录影片中的温度值及位置信息。热图数据必须能在主控台中存储、记录。红外热成像仪及可见光仪的视窗外装有雨刮器，可在下雨等天气时定时拭擦仪表表面的雨水等。红外热成像仪上装设有照明设备，可满足夜间或照明强度不足时观测距离及清晰度的要求。

智能巡检机器人本体搭载的最重要的部件即为红外热成像仪和可见光摄像仪，以下对这两个重要部件的工作原理进行阐述，以便能够对红外热成像仪和可见光摄像仪进行更优化地选型与设定。

1）机器人搭载的红外热成像仪与电动云台共同安装在智能巡检机器人上部，负责对一次设备的本体、导线和接头的温度进行采集，测温精度可控制在±2℃。其基本原理与普通成像仪相似，即把被测物体的红外辐射通过光学系统聚集到红外探测器的阵列平面上成像，转换为电信号，再通过放大电路、补偿电路等进行线性处理后，利用红外热成像仪内置的图像采集单元生成被测物体表面分布的热像图，最后通过机器人的控制单元对图谱进行初步认定和存储。在机器人巡检系统安装前，机器人预存全站设备的类型档案和红外专家库数据：当所测设备温度超出规定温度时，将会触发报警感应模块；当设备所测温度有明显升高时，机器人发出报警信息，将温度数据和红外图像实时上传至本地监控系统。图像中包括设备最高温度、设备温升和环境温度，三相设备可显示三相温度差，并以不同颜色加以区分。机器人的红外实时测温技术是根据普朗克黑体辐射定律推算得来。因为物体有热运动属性，所以，当其表面温度在一般环境下高于绝对零度，物体自身将通过电磁波形式把能量辐射给外界。物体辐射出来的能量中，波长多种多样，波长处于 0.76～1000μm 范围内的辐射波就是红外线。当某物体被光线辐射到时，其产生的热能被全部吸收，这样的物体被人们称为绝对黑体，或简称“黑体”。黑体在现实生产生活中很难实现，因其对热能的吸收力最好，所以是一种理论上的物体，外来电磁辐射不但能被其全面吸收，而且无任何反射、透射。本质来看，自然界内的黑体并不存在，之所以将其当成理想化模型提出，只是便于对红外辐射规律进行研究，黑体辐射定律数学表达式为：

$$M_\lambda = \frac{c_1\lambda^{-5}}{e^{c_2/\lambda T} - 1} \tag{6-1}$$

式中：T 为黑体绝对温度；λ 为光谱辐射波长；c_1 和 c_2 为辐射常数；M_λ 为黑体光谱辐射通量密度。

在绝对温度 T 条件下，M_λ 在每单位计算量程上的黑体辐射功率可由式（6-1）计算。在不同的温度条件下，黑体光谱辐射度 μ 与光谱辐射波长 λ 的关系曲线如图 6-5 所示。

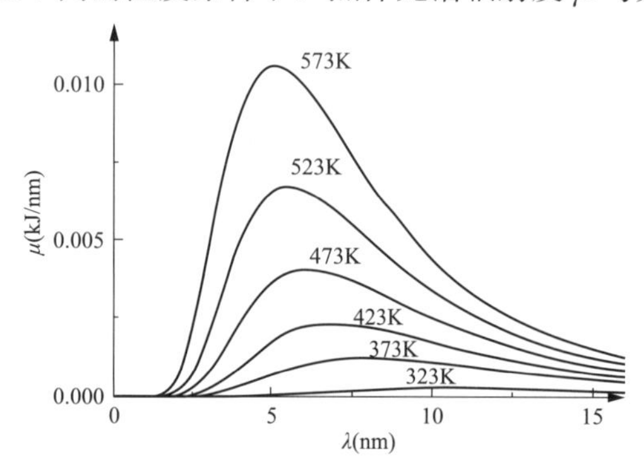

图 6-5　黑体光谱辐射度 μ 与光谱辐射波长 λ 的关系曲线

由图 6-5 所示曲线可知：

a. 随着光谱辐射能力的增强，物体温度也随之增高。单波段红外热成像仪（红外测温原理）的测温依据正在于此。

b. 光谱辐射的最大值在物体吸收热能增高时，波动会向短波方向偏移，低温红外热成像仪主要运行于长波处、高温红外热成像仪主要运行于短波处的原因就在于此。和长波处相比，短波处的辐射能量随温度的变化率更高，即运行于短波处的热成像仪将会提高灵敏度（信噪比），而且会提高其抗干扰性，因此，应尽可能在热成像仪工作波长的最大值处选择热成像仪。在选择红外热成像仪量程范围时，应从设备可能的温度范围出发进行选择，该机器人本体选择了量程为－30～300℃的红外热成像仪。

黑体单位表面积发射至半球空间内的总辐射功率（全部波长）$M_0(T)$ 伴随着黑体温度变化而变化的规律，是斯忒藩-玻尔兹曼定律描述的基本内容。所以有：

$$M_0(T) = \int_0^\infty M_\lambda \mathrm{d}\lambda = \sigma T^4 \tag{6-2}$$

式中：σ 为斯忒藩-玻尔兹曼常数，$\sigma=5.67\times10^{-8}\mathrm{W/(m^2\cdot K^4)}$。

式（6-2）表明，黑体温度 T^4 与发射自黑体单位表面积的总辐射功率 $M_0(T)$ 正相关，物体温度即便变化极小，其辐射功率变化也将极其明显。同样表明，红外线能量辐射能力与物体温度呈正相关。红外测试电力设备温度实践表明，红外辐射能力可以用红外热像图的亮度表示，越亮表示温度越高。通常情况下，变电站中的巡检人员和智能机器人使用的红外热成像仪都是基于二维平面的监测机理，其工作原理为：利用光学系统将被测物体红外辐射向红外探测器序列平面映射，由此成像；随之进行电子信号转换，且利用补偿电路、放大电路等进行详细的线性处理，便能通过红外热成像仪的软件系统将拍摄的图像显示出来，生成待测物体的表面热能分布图，通过成像仪于其他终端展示，或者在图像存储器内存储此类热像图；获取拍摄前后的比对热像图谱，并记录测温信息，如测温设备名称、巡检时间、环境温度、最高点温度等。红外测温示例如图 6-6 所示，图 6-6(a) 中最亮的部位即表示设备温度最高处。红外测温图片标记见表 6-1。

(a)

(b)

图 6-6 红外测温示例

（a）红外测温图谱；（b）测温现场

表 6-1 红外测温图片标记

测量对象	温度(℃)	辐射率	反射温度(℃)
热点 HS1	44.6	0.94	20.0
热点 HS2	44.4	0.94	20.0
热点 HS3	45.2	0.94	20.0

一般来说，运维人员会在高负荷、特殊运行方式、设备存在潜在性过热缺陷、停送电操作前后、极端天气过后开展红外测温。智能巡检机器人通过电动云台和搭载的红外热成像仪，可以在后台软件的控制下完成设备的红外测温，利用无线网络向后台发送数据。

对红外热成像仪报警值的设计需以运维实际为依据，巡视过程中，如果发生了设备三相温度差在 10℃以上、设备正常温度在 20℃以上或者设备的绝对温度超过设置的上限值等异常现象（如电气设备与金属部件的连接超过 80℃，金属部件与金属部件的连接超过 90℃即为严重缺陷），感应模块会被触发，语音警报、文字警报等信息由此发出。变电站智能机器人的预警功能的基本依据如下：

a. 假设差异。设置过程中，室外机器人巡检系统将以国家电网发布的《变电一次设备标准缺陷库》以及《高压交流开关设备和控制设备标准的共用技术要求》（GB/T 11022—2020）中的相关规章以及高压电器发热试验（持续、长期运行条件）技术标准为依据，预设机器人。所测设备的温度如果比规定温度高，将会触发报警感应模块。

b. 设备横向对比。执行红外测温任务过程中，智能巡检机器人一般要巡视 1 个以上设备；如果同类设备温度明显不同被其发现，同样可以触发报警。而且由于高压设备一般是三相，所以，从某三相设备某一相和其余两相的热能比对图来看，如果比预先设置的温度上限高，同样会发出报警信号。

c. 预存纵向对比。在安装智能巡检机器人系统前，红外专家库数据及全站设备历史类型档案会预存于计算机中。和设备的数据温度相比，设备所测温度如果显著增高，机器人会依照系统预设将预警信号传送至控制台。正常工作情况下，站内高、低压设备的表面热像图谱通常具有相应的独特性与固定位置，物体各部位不一样的温度会产生各种各样的热场。如果设备的发生了功能改变，或者有运行不稳定或故障发生，设备特定位置的温度会产生一定变化，从热像图谱中反映出颜色加深。机器人的成像设备内嵌了红外热成像仪器，对局部以及整体的温度变化较敏感，能将被测电气装置的异常温度直观地体现出来；对于那些规则排列或外观一致的设备来说，能更加有效地发现部件的细微变化，放大异常状况，便于维护人员更加超前地发现问题。

2）智能巡检机器人搭载的另一个重要部件即可见光摄像仪，其可对设备运行状态进行监测，如对主变压器风扇停滞、气体压力异常、渗漏油等故障进行观察，这是室外机器人可见光巡视部分的主体功能。可见光巡视能完成正常运行状态、设备准确位置识别。后台系统内，巡视机器人会根据拍摄的隔离开关位置识别出隔离开关为合闸或分闸，如果隔离开关为分闸状态，机器人会生成合闸状态示意图与其对比，确认隔离开关分闸位置；如果隔离开关为合闸状态，机器人会确定是否合闸到位，确认隔离开关合闸无误。

2. 自动充电房设计

随着机器人功能的不断扩展，机器人对电能的需求量也不断地增加，如何实现长时有效的供电成为机器人产业化必须面对和解决的问题。自主充电技术的研究成为突破自主移动机器人特别是变电站巡检机器人工作时间限制的关键。目前，机器人自主充电技术还存在很多缺点，如导航定位精度不够理想、容错及纠错能力不够，缺乏普遍环境适应性。以变电站巡检机器人自主充电技术为研究重点，设计一套能使机器人在无人工干预下安全可靠、快速高效地实现自动充电的自动化电源充电系统，包括充电硬件系统和机器人与充电坞的对接技术，该系统使机器人在进行电力设备巡检、设备故障诊断工作中能够长期运行，实现巡检机器人在变电站长期值守、完全自治。该系统采用磁轨道引导，RFID 标签订位，导航定位精度较高；通过检测充电机构位置和极片电压，判断充电条件是否满足，简单可靠；通过采用弹片压住极片夹，滑槽连接充电座与定位槽板，提高误差容忍度和对接可靠性。

该系统已在全国30多个变电站实际应用，运行效果良好，应用前景广阔。自动充电房建设地点的选择上应优先考虑设备区中央位置，以避免机器人在电量不足时还需长距离返航。为方便线缆铺设，充电房底部应进行水泥地面铺设，防止沉降；标准地基为2.5m×2.5m，底部增加10cm的垫层，底部有排水孔，以保证汛期时不会进水。充电房安装完成后，通过接地线连接到附近电缆沟或旁边的接地体上，防止高压带电设备的感应电。巡检机器人充电房如图6-7所示。

图6-7 巡检机器人充电房

3. 导航设计

（1）巡检机器人的路径规划方法。机器人的导航方式是机器人项目施工的关键技术环节，目前变电站巡视机器人的路径规划方法主要有三种，具体如下。

1）电磁导航。埋设于地下的电磁导航系统金属线不易受到污染，具有良好的隐蔽性。电磁导航原理简单可靠，成本不高，不会明显干扰外界信号。变电站巡检机器人采用磁导航，由安装于机器人前部的磁传感器组检测机器人相对于磁轨迹的偏移，从而引导机器人沿预定路线运行。其主要优点是导引原理简单而可靠，导航定位精度高并且重复性好，抗干扰能力强。机器人的运行轨迹由多条磁轨交汇而成，为了便于运行路径的优化选择，轨迹的交汇处设有可识别性标志，机器人可以根据程序和命令选择最优路径。计算机基站可以预设多条点对点监测路径，一旦固定监测设备发现异常，巡检机器人可以方便快捷地展开点对点监测，缩短了运行时间，提高了检测效率。但是电磁导航同时也存在缺点，比如已确定的路径极难变更，所以这种导航运行策略比较僵化，维护起来比较麻烦；而且在变电站内长期工作易受到来自其他设备的强磁干扰，影响监测精度。

2）磁带导航。磁带导航的原理类似于电磁导航，二者之间的区别在于，磁带导航是在预先设计好路径的道路上铺设机器人可识别的磁条。相较于第一种导航方式，磁带导航的磁条铺设灵活性大，可随时变更位置，铺设工作量较小，并且后续维护、变更路线时也较容易。缺点：因磁带是暴露在地面上，易被外力损坏；变电站有些路面是碎石和草地，磁条不能在松软或崎岖的土地上固定，这种情况下磁带导航无法实现。

3）激光导航。激光导航的基本原理：将用高反光性材料生产制作而成的导引标志（最低3块）固定在工作场地附近，巡检机器人安装激光扫描仪，既发射激光指向导引标志，又接收反射回来的脉冲激光，通过该过程即可确定机器人的精确定位坐标。但由反光材料制作而成的标志物安置在室外，易受到天气、鸟虫和灰尘的影响，大大降低了激光脉冲的反射概率和方向，增大了定位误差范围，影响机器人的定位精度。激光导航还有两大致命缺点：①机器人的巡检路径规划都需要外置设备和改造变电站物理设施，这样可能会影响电力设备安装、布置规划；②一旦确定机器人的巡视路线并铺设好传感器识别物后，重新规划或变更巡视路线较为困难。

综合以上几种导航方式的优缺点，激光导航策略被该项目采用。利用多种设备仪器配合使用（译码器、惯性和重力单元、激光雷达等）信息融合和准确计算，可以获取准确的巡视位置信息。远距离激光雷达是巡视机器人多种导航识别装置的中枢，数据编码和译码器、惯性和加速度单元为其辅助装置，定位解算利用信息融合策略展开。作为对二维平面地形进行扫描的传感设备，激光雷达主要是先利用激光照射障碍物，再通过测量其返回时间，最终完成传感器与附近障碍物之间距离计算。

（2）无轨化导航策略的优势。明确了导航方式后，在是否铺设轨道的问题上再进行比较与选择，得出无轨化导航策略的优势主要包括：

1）有较高的环境与地域适应能力。无轨化导航定位装置是非接触式激光雷达，其主要是利用激光短波对环境进行侦测，等比匹配识别变电站地形，抗电磁干扰功能极强，雪、雨、电、雷等恶劣天气也不会对其形成干扰，所以基本上能通用于各类环境，真正实现“一种方案、多站适用”。

2）导航覆盖全站，可以灵活变更。无轨化导航策略主要是等比例拟合全站环境为平面地图，能实现 1cm 精度。智能巡检机器人能进入变电站的任一区域，且能精确定位目标，站内固定安装的特殊标记对其没有约束力，真正实现全站覆盖。和各种有轨导航策略相比，可以真正实现全路径规划能力，完成最优路径选择。即便环境或检测设备有所改变，也不必大面积改动既有硬件设施；允许机器人再次读取位置及变电站地图信息，即可制定全新的导航路线，应用灵活性由此得到全面提升。在手动模式中，任一区域内远程引导机器人进入，最终实现机器人的自动归位。常规铺设轨道的方案并不具备这项功能，无轨化方案所具有的灵活性由此得到间接性展示。

3）实施成本低、建设周期短。相比于常规导轨方式，无轨化导航策略由于调试时没有铺设导轨环节，工期显著缩短，在新站（设其巡检点为 1000 个）布置智能巡检机器人时，从到货开始直至最终的联调试运行典型周期不超过 14 天；从成本方面来看，无轨化导航本体设备基本等同于导轨导航，而铺设导轨费用则可忽略，尤其是多变电站集中使用或变电站规模较大时，其成本更低。因无轨化导航在时间与成本方面的优势，若该方法得到全面普及、推广，将推动智能巡检机器人的发展。

4）日常运维简单。常规导航模式下，导轨或磁条必须在 36 个月内更新；无轨化导航则不需要，因为其不使用外围传感器，所以成本低、日常维护简单。另外，巡检机器人本体激光雷达性能稳定、防护等级高、抗干扰强、可靠性强，可满足变电站持续、长期稳定运行的标准。

综上所述，无轨化导航方式为该项目所采用。变电站室外巡检机器人使用目前最先进的路径和地图精密配合匹配技术，以无轨道方式进行导航和路径规划，该导航策略的基本程序包括：①预先存储全局坐标系内的全部路标坐标值，完成环境地图构建；②激光雷达在运行过程中自行匹配存储路标与测获路标，基于计算精确获取巡检机器人所处位置的坐标，从而实现精确的导航功能。

（3）定位导航方案。基于激光雷达精确地形匹配的定位导航方案如图6-8所示。当机器人首次驶进待巡视区域时，会利用激光雷达扫描其附近环境，利用精确的站内传感器定位方法和事先设置好的站内地图自行绘制当前作业地图；在后续巡检时，机器人将匹配预先设置的地形图和机器人作业时绘制的作业地图，使得到的位置信息更加准确。

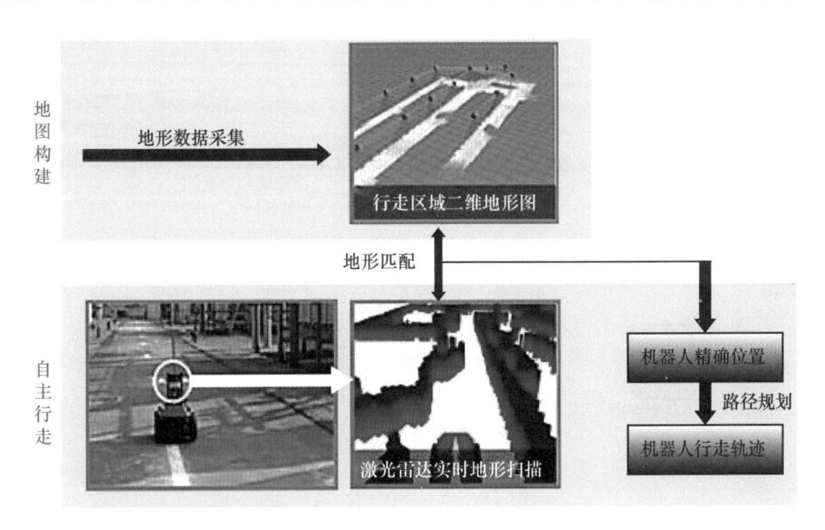

图6-8　基于激光雷达精确地形匹配的定位导航方案示意图

6.2.2.3　变电站室外巡检机器人通信层设计

1　无线AP的设计与安装

智能机器人巡检系统的通信系统分为智能机器人与本地监控后台之间通信和本地监控后台与远程集控后台的信息交互两部分。本地监控后台可以通过电力专用数据网与远程集控后台进行双向信息交互，向远程集控后台可以实时读取现场监测数据和机器人本体状态数据。运行过程中如果发生通信中断或数据异常等情况，机器人可以通过自身的通信告警指示功能，实时与后台系统进行信息交互，向本地监控后台及远程集控后台发出通信异常告警。通信层主要是智能巡检机器人本体采集的信息与后台客户端之间的网络连接，采用在站内铺置无线、无死角网络系统的方式实现，通过网络实现各类数据信息传输及全面控制机器人，且将机器人采自变电站的所有音频、可见光图像、红外图像等信息存储起来。考虑到110kV及以下变电站设备规模及需传输的信息量大小，采用单独的无线AP设置，便能做到全站无线网络无死角、全覆盖，为机器人网络连接的流畅性和稳定性打好坚实的基础（具体标准即能够实时播放流畅的巡检视频）。考虑到所在变电站无线信号的覆盖情况，无线AP选择安装在主控楼楼顶，AP箱线缆在楼顶平台沿着墙角前进，再沿着墙面下来，在墙面上由管卡固定PVC管，到底部后进入空调孔，再由电缆竖井进入到主控室预定位置。全部线缆均套PVC管材，并在合适位置涂刷防火涂料，以满足变电站防火的要求。

2. 集群调配应用组网方案设计

为了提高室外机器人的使用效率，采取运行维护主站与从站协调运行，这种一对多的调度方法使机器人可以分别接收主站与从站下达的命令，根据命令级别进行作业。智能巡检系统调配机器人的网络结构如图6-9所示。

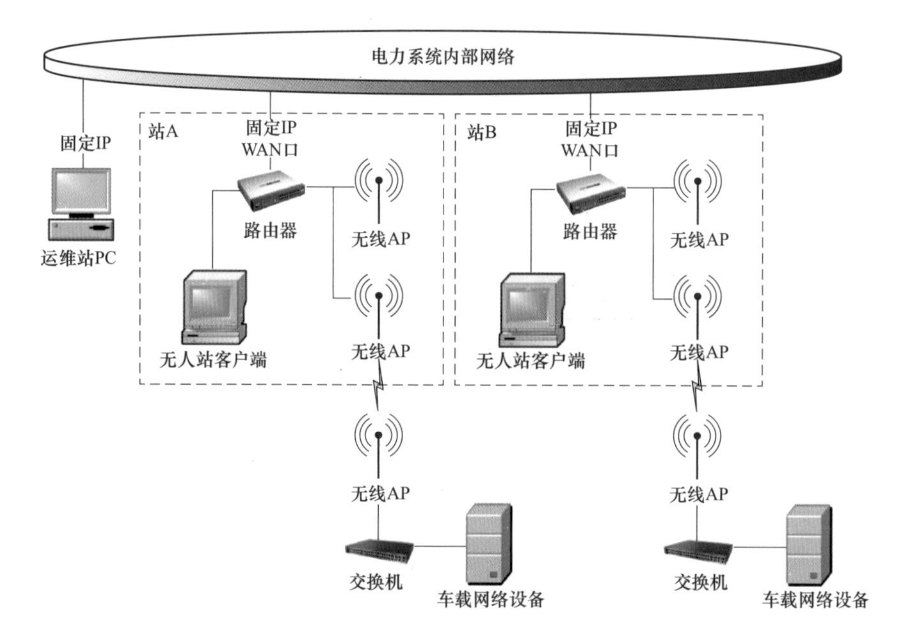

图6-9　智能巡检系统调配机器人网络结构示意图

变电站内网通过路由器的固定IP来获取无人站客户端和智能巡检机器人网络端传输的运维巡视监测和作业信息，智能巡检机器人网络设备端经过交换机、无线AP接入路由器，同时路由器也架起了无人站端与车载端的信息交互网络。巡检机器人网络传输端包括车载工控机、高清网络摄像机、红外热成像仪等。网络中的数据流如图6-10所示。

从图6-10可以看出，车载工控机直接或间接地向本地监控后台和远程集控后台传输作业与维护数据，其中含有特定位置巡检结果、站内部件的细致图像信息和红外热像图谱等。车载工控机的监督与控制由远程集控后台和本地监控后台共同完成。高清网络摄像机和红外热成像仪将拍摄的热像图谱传输至本地监控后台及远程集控后台。上述设计为运维人员提供了灵活的巡检机器人控制方式。

在网络安全方面，巡检机器人系统采用虚拟局域网（virtual local area network，VLAN）单独组网的方式，不与电力系统内网任何节点发生任何形式的数据交互，如有交互则使用防火墙，且对巡检机器人通信传输的数据进行加密。以上措施还是存在一定的网络安全风险，如机器人缺乏身份认证、无线网络存在口令被窃取风险等问题。

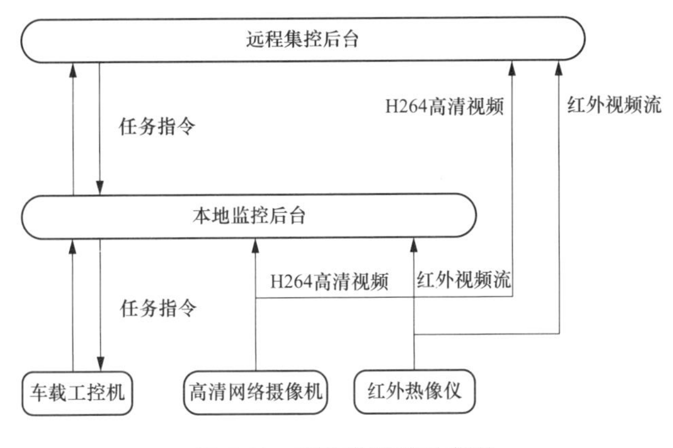

图 6-10　网络数据流示意图

巡检机器人通过系统集成接入所需功能模块，与变电站客户端边界的微型采集装置进行身份认证、数据加密，对数据实行“端到端”防护，确保传输数据不被恶意截获或篡改、终端不被恶意操控。Wi-Fi 安全方面，缺乏高等级的安全防护，存在操作或认证口令被窃取、创建虚假接入点等风险。通过内部嵌入安全芯片的无线控制器与微型采集装置身份认证与数据加密、无线控制器与无线 AP 之间认证与加密，创建安全的网络通道，能满足变电站机器人接入的安全需求。智能远程巡检系统网络传输拓扑图如图 6-11 所示。

巡检机器人端采用 2.4G Wi-Fi 与后台 AP 端进行无线网络通信，将实时运行和巡视结果信息经无线网络传输到主控台及电力系统内网数据库中，同时同步传输历史运行信息；主控台信息处理系统将这些数据筛选、分类之后，通过硬件防火墙将处理后的数据上传至国家电网电力管理系统（power management system，PMS）。由此衍生出的网络连接安全问题也是智能巡检系统至关重要的一环，所以拟订了如下安全保护措施：

（1）机器人内部设置终端访问身份 IP 验证模块，经过平台与机器人端的安全设施身份验证筛选，避免非操作人员访问数据。

（2）机器人与监控后台之间的无线网络通信采取安全芯片加密后相互发送，同时芯片还有解密读取信息的功能，保证主站与终端的连接不受外界信息的干扰。

（3）主站下发指令至安全拦截装置进行数据加密再传输至机器人，巡检机器人通过公用秘钥进行解密后进行指令操作。

（4）控制台 AP 端与智能车载终端运用 AIRMAX 技术相互通信，其通信过程可以通过媒体存取控制位址（media access control address，MAC 地址）互相加密，从而确保二者进行单独唯一链接，外界信号不对其造成干扰。

（5）控制台 AP 端采用 WPA2 数据加密方法，同时还对服务集标识（service set identifier，SSID）模块进行了隐匿处理，从而更加有效保证通信的安全性和抗干扰性。

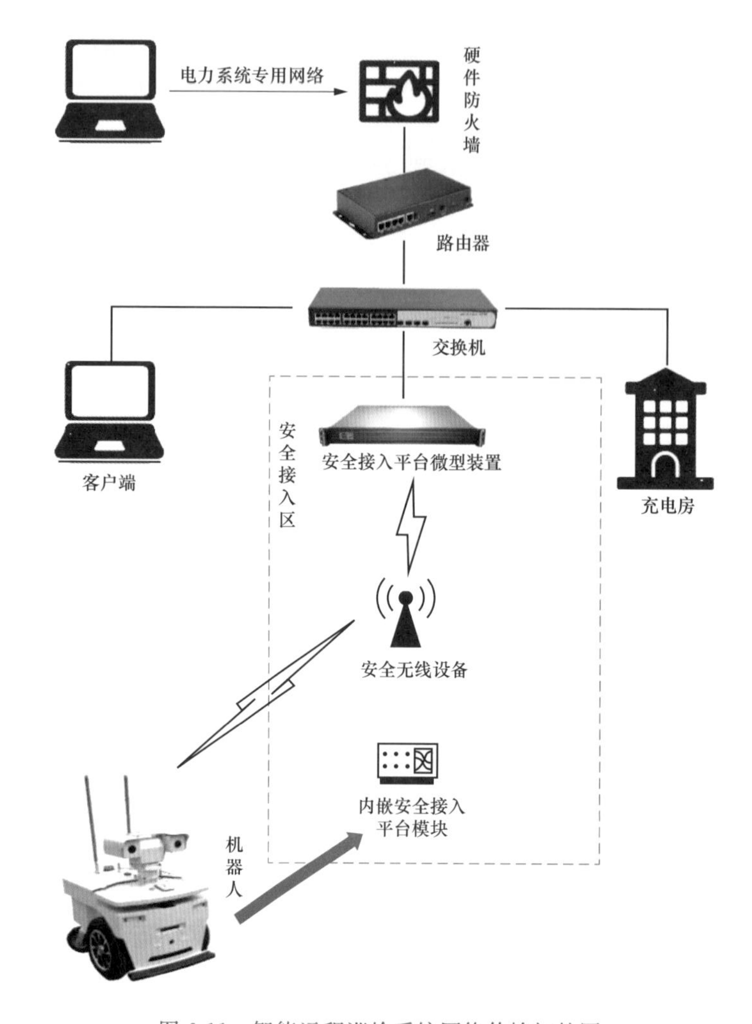

图 6-11 智能远程巡检系统网络传输拓扑图

（6）在接近移动端的 AP 端采用电力系统内网配置的 IP 地址和 MAC 地址，谨防站内或邻近区域内非本系统设备连接。

（7）在电力系统内网与智能巡检系统网络之间设置硬件防火墙，使国家电网内网与站内小系统网络数据加密互联，增加通信时的安全保障，使主网可以在小系统瘫痪的情况下安全运行。当有终端设备访问硬件防火墙时，防火墙对受访者的 IP 地址和 MAC 地址进行加密，同时后台监控系统及防火墙的所有安全措施启动，保障通信安全。

（8）当 AP 端与硬件防火墙的安全防护措施全部处于打开状态时，智能巡检系统的通信传输安全性可达到较高的标准，既保护了系统的通信连接安全，又对电力系统内网起到隔离作用。

6.2.2.4 变电站室外巡检机器人基站层设计

基站层主要包含机器人后台客户端、存储硬盘、分析软件等，即智能移动终端的后台监控系统。设计后台监控系统时，主要解决以下几个问题：系统功能强大，数据库内容丰富，拥有便捷的操作界面，能实现巡检数据的实时传输、智能的数据分析、故障报警等功能。后台监控系统能与站内生产信息管理系统实现信息交互功能，并保证机器人本地监控后台系统数据在国家电网内网中传输的信息安全。后台服务器不稳定容易导致后台软件关闭（或数据库程序关闭），致使巡检机器人无法执行任务或巡检信息无法上传保存。应使用更加稳定的后台服务器，采用高可靠性、高传输带宽的网络设备，保证机器人和监控后台之间的通信畅通。应对机器人配置网络监测模块，实时监测网络的连接状况；一旦发生网络中断，机器人应停止运行，并启动返回功能。

1. 后台监控系统总体设计原则

智能巡检机器人本地监控后台包括服务器端和客户端，服务器端具备一对多的功能，支持多个客户端同时进行连接，从而实现多人同时操作同一巡检机器人。服务器与客户端之间通过无线通信方式实现日常手动或定时的观测点巡视，巡视过程中可以实时获取运行环境的温湿度、可见光视频、热像图像和温度。采集到的实时数据通过巡检系统生成相关的报警信息和统计记录，通过对采集到的数据进行分析、判断及时采取现场措施，以实现事故预防与应急处理。在巡检系统投入施工与测试时，应按照以下几个原则实施：

（1）标准先行原则。建立和完善相关技术体系、技术架构和技术示范，提高系统数据通信的规范性，使得系统传输数据、应用集成及各通信端口的设计规范化。运维人员应每天查看、分析、处理机器人巡检系统的巡检数据，包括红外测温结果、仪表检测结果、设备报警记录以及任务报表。

（2）实用性原则。在设计和施工过程中，各设备首先应满足实用性原则，再针对出现的不同问题和困难思考创新性和前沿性。

（3）前沿性原则。智能巡检系统应考虑各变电站面临的不同问题，针对某特性问题进行前沿性判断，为后续的更新移植打下基础，达到变电站可持续发展的目的。

（4）业务协同原则。智能巡检系统应对业务协同打好基础，其中每项通信协议及硬件通信接口应符合国家电网的统一技术规范，使一些边缘业务或辅助业务也能密切地配合与监督协同。

（5）平滑过渡原则。智能巡检系统的平滑过渡原则应针对站内维护人员和机器人操作人员量身制定，采集他们的作业和操作习惯并建立数学模型，帮助他们更好地操作机器人巡视和尽早发现站内设备问题。

（6）可靠性原则。智能巡检系统的软件与硬件应高度紧密配合，可满足一周 7 天连续 24h 待命与作业，系统应该具备完备的软件与硬件资源可靠性设计，保障系统在高强度、高可靠性的条件下运行；充分考虑站内运维作业的可靠性要求，包括数据库、监控台、行驶作业规划、通信传输等重要组成部分的高可靠性设计方案。

（7）安全性原则。智能巡检系统应符合《国家电网公司应用软件通用安全要求》（Q/GDW 597—2011）的相关规定，针对不同变电站内的巡检特殊性，强化数据通信的安全性，具体表现为：在保障通信数据的访问权限分级和作业数据分类基础上，系统可以对重要巡视任务和站内敏感位置巡视数据进行加密处理，并可以检测不良信息的干扰，预防滥用指令入侵机器人；巡检发出报警信息时，应查询报警数据，运维人员应现场对异常设备进行特定巡查，确定报警原因；根据后台机保留的历史数据综合判断，并提取出必要的数据以便总结分析。

（8）可扩展性原则。智能巡检系统应设计扩展系统部分，并预留扩展槽，以适应站内需求的不断发展。

（9）易用性设计原则。智能巡检系统应从设备维护人员与操作人员的角度考虑设计用户界面（UI界面），保障在满足国家电网特定标准的同时降低下达命令次数和提供较明显的动作反馈机制。

（10）兼容性设计原则。机器人后台监控系统应兼容Windows各平台（应兼容WinXP/Win7/Win8/Win8.1/Win10，且同时兼容×86及×64架构）。

2. 智能机器人巡检方式

（1）自主巡检。在智能巡检机器人正常工作条件下，可以任意设定自动巡检的时间和路线；到达设定时间后，智能巡检机器人可以沿预定好的轨迹进行自动巡检；根据设定的地点精确停靠后，自动将监测仪器对准待检设备进行检测，并实时记录和传输检测数据；所有检测完成后自动回到充电房待命或自主充电。

（2）远程遥控巡检。操作人员可以通过操控设备遥控机器人脱离预先设定的路线，对非预设的监测目标进行监测。

3. 变电站巡视内容和周期

变电站巡视工作分为例行巡视、全面巡视、专业巡视、熄灯巡视和特殊巡视。

（1）例行巡视。例行巡视是指由运维人员进行，对站内设备及辅助设施外观、异响、渗漏、监控系统、“五防”、交直流系统、继电保护装置及辅助设施异常告警、消防安防系统完好性、变电站周边及站内运行环境、设备缺陷隐患跟踪、有无恶性发展等方面进行的常规性巡视检查，并及时记录设备运行数据。具体巡视项目和巡视要求按照现场运行规程执行。

（2）全面巡视。全面巡视是指在例行巡视内容基础上，由运维人员对站内设备机构箱、端子箱开箱门检查，全站设备的红外测温，记录设备运行及仪器仪表数据，检查设备污秽情况，检查防火、防小动物、防误闭锁等有无漏洞、运行是否可靠，检查接地网及引线是否完好，检查变电站房屋及配电室等方面的详细巡查。全面巡视周期为：二类变电站每15天1次；三类变电站每月1次；四类变电站每两月1次。

（3）专业巡视。专业巡视指为有相对应的专业班组进行，通过更精密的仪器仪表和在线监测等手段，开展的深入掌握设备状态的专项集中巡查和检测。专业巡视周期为：二类变电站每季度1次；三类变电站每半年1次；四类变电站每年1次。

（4）熄灯巡视。熄灯巡视是指由运维人员进行，在夜间熄灯后对变电站内设备开展的有针对性的巡视，重点检查运行设备有无电晕、放电、打火和接头有无严重过热现象。

（5）特殊巡视。特殊巡视是指由运维人员进行，因设备运行环境、方式变化等而开展的巡视。

1）大风后：主要巡视变电站周边有无漂浮物，设备周围有无被大风刮起的异物，导线摆动是否有风偏的隐患，导线是否有断股，连接是否可靠，机构箱端子箱是否关好，配电室门窗是否可靠关闭等。

2）雷电后：主要检查瓷质部分有无裂纹放电，并记录避雷器动作情况。

3）冰雪、冰雹、雾霾：主要检查设备的积雪是否影响安全运行，设备有无发热化雪，瓷质部分有无裂纹，注油设备的油面变化，管道有无冻裂，断路器的气、油的压力情况等。

4）新设备投入运行后：主要检查新投运设备在工作电压下运行是否正常，有无异常情况。

5）设备经过检修、大修或长期停运后重新挂网运行后：主要检查接触是否良好，有无发热和其他异常情况等。

6）设备缺陷有发展时：主要对缺陷设备进行检查、跟踪或监视，必要时应增加巡视次数。

7）设备发生过负荷或负荷剧增、发热、系统冲击、断路器跳闸等异常情况时：应加强重点设备巡视，必要时派专人监视。

8）法定节假日、重要时段及上级通知有重要保供电任务时：应明确巡视重点并增加巡视次数。

9）电网供电可靠性下降或存在发生较大电网事故（事件）风险时段（如检修方式下造成单线路、单母线、单主变压器运行）：应针对性开展重点设备巡视并增加巡视次数。检修开工前2天，运维班组应对单线运行线路的变电间隔、运行母线、运行主变压器等开展巡视检查和检测，对已布置的安全措施进行检查。

10）雨天：主要检查室外设备开关机构箱、端子箱密封情况，气体继电器等设备的防雨罩是否完好，排水设施是否畅通，地下室、电缆沟、电缆隧道以及设备室有无漏雨及积水情况，基础有无下沉等。雨前、雨中巡视可利用远程图像系统进行，或由运维班组通知变电站安保人员在采取可靠措施的情况下开展。

4. 机器人与固定设备协调监测

协调监测包括以下两个方面：

（1）智能巡检机器人可以较低的成本搭载多种监测设备，因此只能实现精确监测而不能实现实时监测；而固定监测设备由于监测设备的种类和安装地点单一，只能实现定点实时监测而不能实现精确监测。因此智能巡检机器人和固定监测设备需要协调配合，才能实现对变电站设备的全面监测。智能巡检机器人既可以完成变电站的全程监测，又可以实现点对点的快速反应监测；智能巡检机器人进行间歇性巡检，固定监测设备进行定点实时监测，当其中一方不能满足监测要求时，另一方进行辅助监测。

(2) 由于环境的不确定性因素，难免会影响智能巡检机器人和固定监测设备的可靠性，因此利用双方各自的优势实现交叉监控是十分必要的。

5. 后台监控系统总体框架

机器人后台监控系统架构如图 6-12 所示。机器人后台监控系统将预留与生产信息管理系统信息融合的交互接口，以及与变电站辅助监控系统协同联动的交互接口；接口之间增加防火墙，增强网络攻击防御能力。

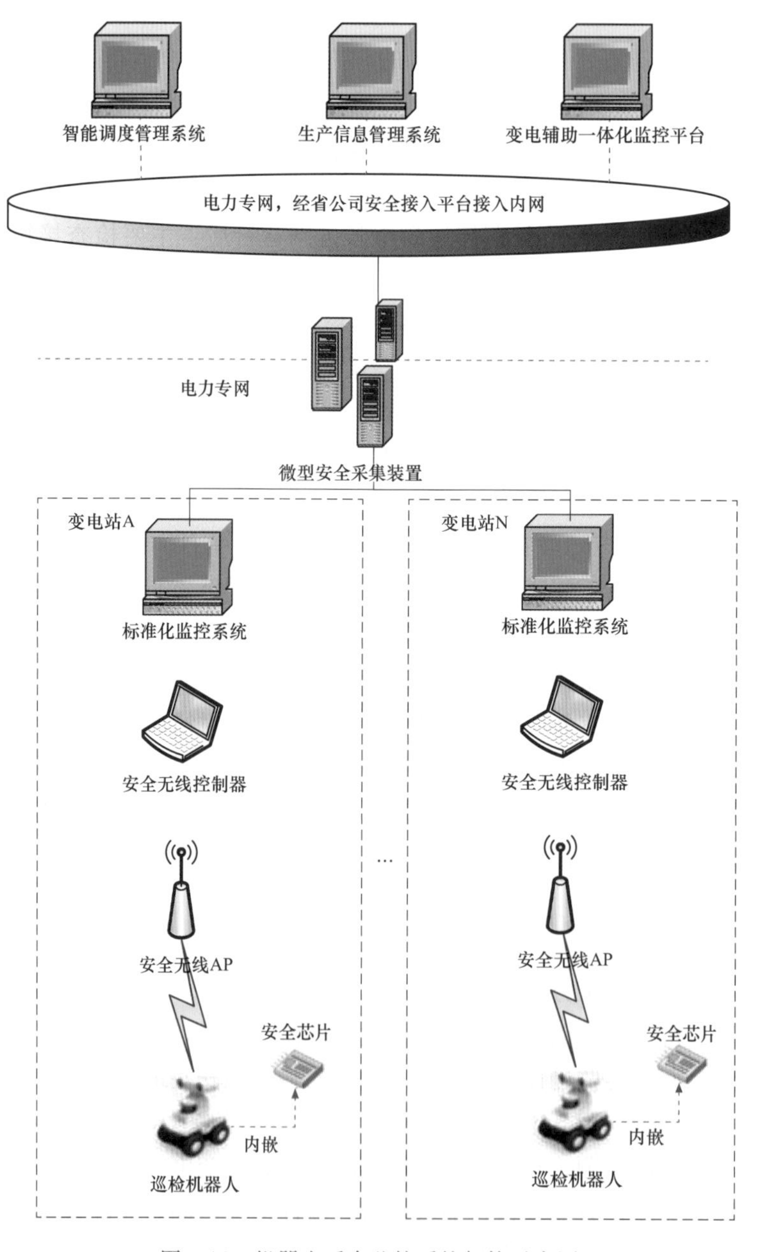

图 6-12　机器人后台监控系统架构示意图

6. 后台监控系统功能框架设计

机器人后台监控系统功能设计包括机器人系统管理、任务管理、实时监控、巡检结果确认、巡检结果分析、用户设置、机器人系统调试维护七大模块。其中，任务管理模块主要实现全面巡检、例行巡检、专项巡检、特殊巡检、自定义任务、地图选点及任务展示等功能；实时监控模块主要实现视频监视、巡检报文查看及机器人控制等功能；巡检结果确认模块主要包括设备告警信息查询确认、主接线展示、巡检结果浏览及巡检报告生成功能；巡检结果分析模块主要实现对比分析、生成报表等功能；用户设置模块主要实现告警阈值设置、告警消息订阅设置、权限管理、典型巡检点位库维护、巡检点位设置及检修区域设置等功能；机器人系统调试维护模块主要实现巡检地图维护、软件设置及机器人设置等功能。机器人后台监控系统总体功能框架如图 6-13 所示。

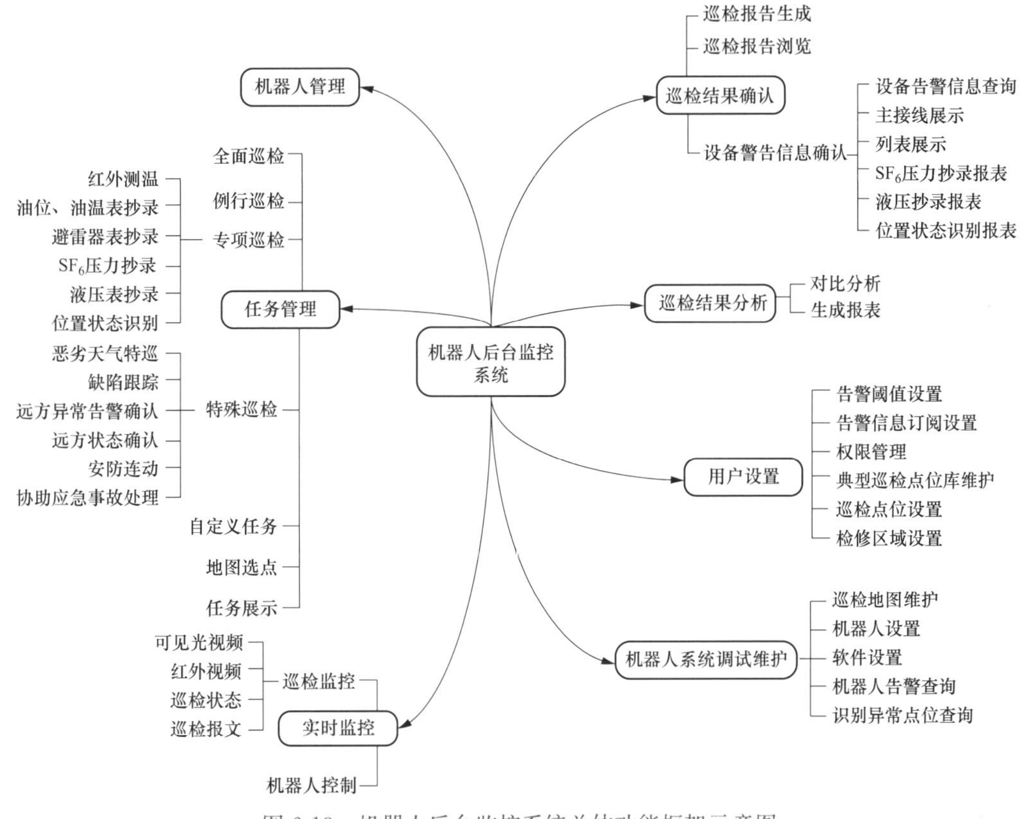

图 6-13　机器人后台监控系统总体功能框架示意图

7. 后台监控系统图形界面设计

为保证智能巡检机器人后台监控系统操作的友好性与流畅性，需从运维人员使用便利性、平滑性的角度对后台图形界面进行设计，页面整体风格参照国家电网统一推行的 PMS2.0 系统页面样式进行设计：以蓝、白、绿及浅灰为主色系；颜色定义采用 RGB 值表示［RGB是三原色红（red）、绿（green）、蓝（blue）英文首字母］；三种色调的亮度统一为255阶，“0”最弱而“255”最亮；不同颜色用（R，G，B）3个十进制值组合来表示。主要界面有系统登录画面、系统导航画面、监控系统首页、机器人管理画面、主接线图、间隔展示画面、任务管理画面、任务展示画面、状态显示画面、巡检结果浏览画面及对比分析画面等。

8. 巡检数据分析

机器人完成巡视后，可通过统计信息功能进行数据分析，结合设备的状态评价实现对设备运行工况的掌控。统计信息包括监控点数据、数据报表、环境数据、报警记录、缺陷分析五大功能。

（1）监控点数据：包括可见光信息、红外数据信息、历史曲线、历史存储数据、视频和音频文件。这些数据均为巡检设备监控点采集的实时数据，可为设备状态评价分析提供有效数据支撑，同时具有Word、Excel文件格式导出功能，方便查看使用或二次处理。

（2）数据报表：用于自动生成、查询和输出运维人员需要的生产报表，通过筛选设备类型、设备巡视时间以及具体的巡视任务等，从采集到的设备数据库中提取状态评价需要的具体数据，实现对变电站设备的状态评价。

（3）环境数据：包括变电站的环境温度、湿度及风速等数据，运维人员可选择通过图形或者文字查看变电站的历史环境数据。

（4）报警记录：可查看、检索、筛选与导出监控点报警、机器人本体报警、环境信息报警、轨道损坏、电压过低报警等的历史纪录。

（5）缺陷分析：在缺陷分析界面，通过选取不同的缺陷条件检索查找所需要的条目，界面会显示相关图片和其他信息记录，并自动给出该缺陷的缺陷分析和处理意见等信息，导出分析结果。

6.3 变电站室外巡检机器人系统需求与总体方案

6.3.1 变电站室外巡检机器人系统需求

通过调研变电站环境比如道路情况、障碍物情况、环境中分布的磁场情况和巡检需要的检测项目等，参考相关的巡检标准和调研国内其他巡检机器人产品得出巡检具体需求如下。

6.3.1.1 机器人本体

（1）系统的构成应该包含有巡检机器人本体、监控后台、充电房以及网络设施。

（2）机器人可以携带可见光高清摄像机、热成像摄像机、声音采集设备在变电站进行巡检，并且可以实时传输视频、音频到监控后台。

（3）由于变电站的变压器等设备能够干扰周围的地磁场，因环境中的磁场条件复杂，磁力计、GPS等设备性能下降，难以正常工作，因此机器人应具备一定的抗干扰能力。

（4）机器人充电后可以较长时间工作，并且具备自动充电功能。

（5）机器人可以与监控后台通信，保证通信可靠性。

（6）机器人应该具备一定防水、防风能力。

（7）可以读取仪表数据，检测设备状态。

（8）可以采集、分析噪声数据。

（9）支持手动和自主巡检模式。

（10）支持一键返航功能。

6.3.1.2 监控后台

（1）监控后台应能够显示电子地图，并且能实时显示机器人的位置。

（2）可以下达或取消巡检任务，可以手动操作机器人。

（3）可以实时显示可见光高清摄像机和热成像摄像机的视频数据。

（4）能够记录机器人的运行数据和巡检数据，并根据需要生成报表。

（5）异常情况下能够及时报警。

6.3.2 变电站室外巡检机器人总体方案

6.3.2.1 功能分析

1. 巡检机器人运动方式

如前所述，轮式移动机器人是在变电站环境中的较好选择。常见的轮式移动机器人有两种：一种是车式移动机器人，其运动方式与常见的汽车相同，由一对方向轮以及一对驱动轮组成，其转向方便，但是转弯半径较大，不利于控制；另一种是差分移动机器人，其通过左右轮的差速来控制转向，理想情况下转弯半径为0，控制较为方便。因此，采用差分移动机器人的方式。

2. 定位导航方式的选择

在变电站环境中的定位导航方式，主要有基于磁条的导航、基于固定轨道的导航、基于激光传感器的导航、基于视觉的导航等。基于磁条以及基于固定轨道的导航方式在实际中运行稳定，精度较高，但是其环境改造成本高，一旦部署后更改导航轨迹非常麻烦，灵活性极差。基于视觉的导航由于采用的视觉传感器，其对于光线敏感，稳定性较差，不利于在变电站环境中准确导航。激光传感器受环境影响较小，精度高，虽然存在距离较远时分辨率下降的问题，但由于是在变电站这样的有限空间内使用，因而足够保障其工作性能，所以采用基于激光传感器的定位导航。

3. 监控后台软件的架构

用于监控后台的软件架构主要有两种方式，一种是客户端/服务器（client/server，C/S）模式，一种是浏览器/服务器（browser/server，B/S）模式。C/S 模式的优点是本地响应较快，但是在不同的系统版本上会存在兼容性问题，而且客户端功能更新较为复杂；基于 B/S 模式软件的所有运算都是在服务器上进行，用户只需要打开浏览器就可以使用服务，并且界面美观、用户体验好。所以，选择基于 B/S 的软件架构来实现监控后台。

6.3.2.2 整体方案

巡检机器人系统主要由巡检机器人、部署终端、监控后台、局域网络组成，其总体框图如图 6-14 所示。

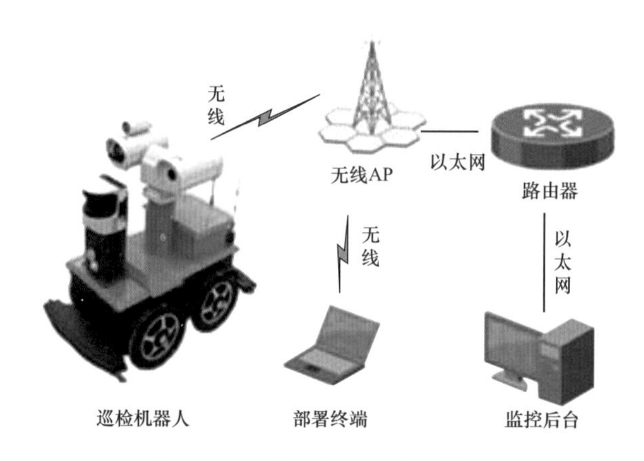

图 6-14 巡检机器人系统总体框图

（1）巡检机器人是巡检系统的执行机构，上面搭载着众多的传感器（如激光雷达、IMU、超声波传感器等），用于在环境中进行精确的定位、导航；并且携带着众多巡检设备（如高清摄像头、热成像传感器、噪声采集装置等），在变电站执行具体的巡检任务。

（2）部署终端用于配合巡检机器人在变电站完成建立环境地图、部署巡检路线以及记录要巡检的设备位置信息等一些巡检前的必要准备过程。

（3）监控后台用于下达机器人的巡检任务，记录巡检过程中的视频、音频数据，监控巡检机器人的执行情况及变电站设备的运行情况等。

（4）局域网络中的路由器、交换机、无线 AP 等网络设备将巡检机器人、部署终端、监控后台通过以太网连接起来，提供了三者之间的通信渠道。

6.3.2.3 巡检机器人硬件系统

硬件是巡检机器人的基础，其性能的优劣直接影响产品的性能。根据变电站巡检机器人系统的需求以及硬件、软件系统设计，对巡检机器人运动平台及其搭载的传感器进行选型分析。

机器人移动平台作为巡检机器人的主体部分，其自身性能对整个巡检机器人系统有着至关重要的作用，机器人的运行精度、稳定性、可靠性、实用性以及用户体验都与移动平台的特性息息相关。巡检机器人系统选用的四轮差分移动机器人平台如图 6-15 所示，其具备良好的速度、爬坡性能以及较长的续航能力。

图 6-15　四轮差分移动机器人平台

巡检机器人的硬件框图如图 6-16 所示，整个巡检机器人平台主要可以分为环境感知、数据处理与控制、后台网络通信三个部分。

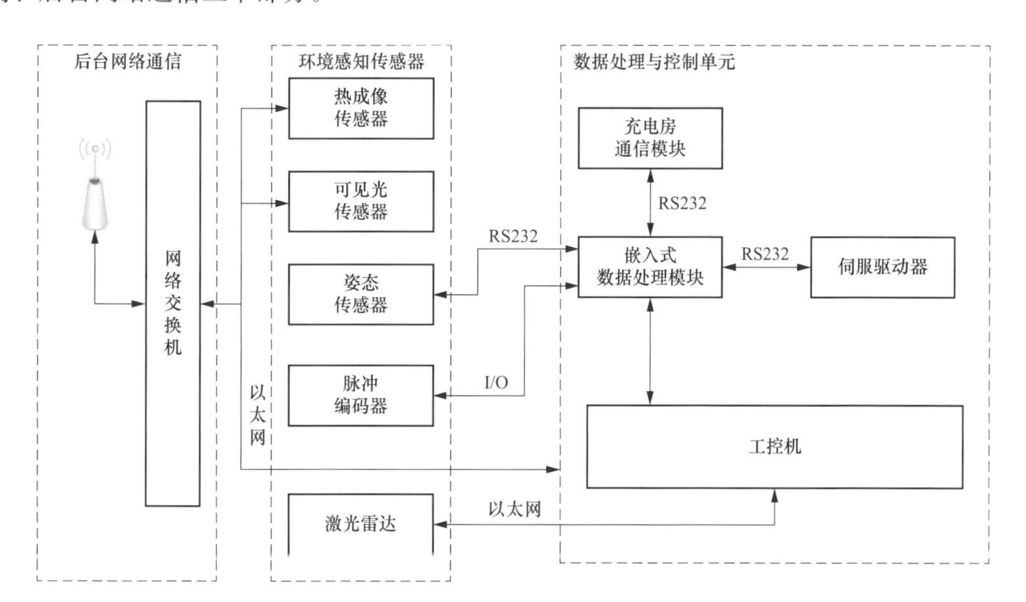

图 6-16　巡检机器人硬件框图

1. 环境感知

环境感知部分包括一系列传感器，包含用于巡检的热成像传感器、可见光图像传感器、声音传感器以及用于定位导航的激光传感器、姿态传感器、脉冲编码器等。

2. 数据处理与控制

数据处理与控制部分是机器人的运算单元和控制单元。其中包括工控机、嵌入式数据处理板、伺服驱动板、伺服电机、充电房通信模块等。嵌入式数据处理板采集多个传感器数据进行数据测量、数据融合等工作，也实现对底层伺服驱动板和电机的控制，同时也具备和充电房通信的功能。工控机是整个硬件系统的核心，完成定位、导航、路径规划、任务逻辑等一系列功能以实现可靠的机器人巡检。

巡检系统数据处理与控制采用的嵌入式数据处理板硬件框图如图 6-17 所示，由 STM32 主控芯片以及电源模块、处理板通过 4 个定时器来分别采集 4 路电机的编码器数据，从而计算机器人的里程、行驶速度等，其中每个定时器分别连接着一个 2500 线脉冲编码器的 ABZ 三相脉冲输出。串口 1 连接着工控机，接受工控机的指令，并且发送巡检机器人的里程、姿态、线速度、角速度以及超声波等数据到工控机。串口 3 连接着底层驱动器，解析工控机的指令后将运动控制、电量查询等指令发送至底层驱动器，并且从底层驱动器获取需要的数据。串口 4 连接着 IMU，可以配置 IMU 的工作模式和获取机器人姿态信息。串口 6 连接无线射频模块，当巡检机器人需要进入、行驶出充电房时，机器人通过无线射频模块得到充电房门的开关状态，打开充电房门，进入充电房充电或者行驶出充电房巡检。另外，闪存（flash EEPROM memory）以及随机存取存储器（random access memory，RAM）模块用来存储数据以及运行时的临时交换数据。电源模块为系统提供稳定的直流电压。

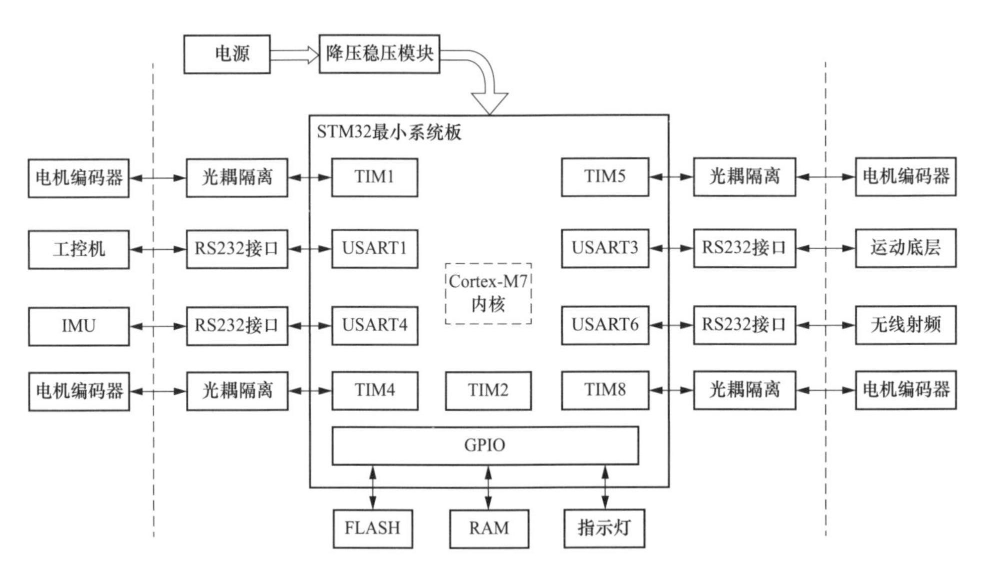

图 6-17　嵌入式数据处理板硬件框图

3. 后台网络通信

高速、稳定的数据交互是实现智能巡检的基础，网络作为一种基础设施，在巡检机器人系统中起到了不可缺少的作用。后台网络通信部分实现巡检机器人和监控后台之间的数据交换功能。通过为机器人内置交换机和无线天线，进行机器人数据的外发和外部数据的接收。主要实现方式是通过构建局域网实现可靠通信，良好的网络通信保障了巡检机器人和监控后台的数据交互，并将变电站设备的热成像数据、仪器仪表的图像数据、机器人状态、机器人位姿、机器人故障等数据上传至监控后台，同时接受后台发送的控制数据、巡检任务数据以实现常规、特定的巡检任务。巡检机器人系统的网络通信结构如图 6-18 所示，其由控制中心和巡检机器人群两部分组成，两个部分通过无线局域网连接在一起。

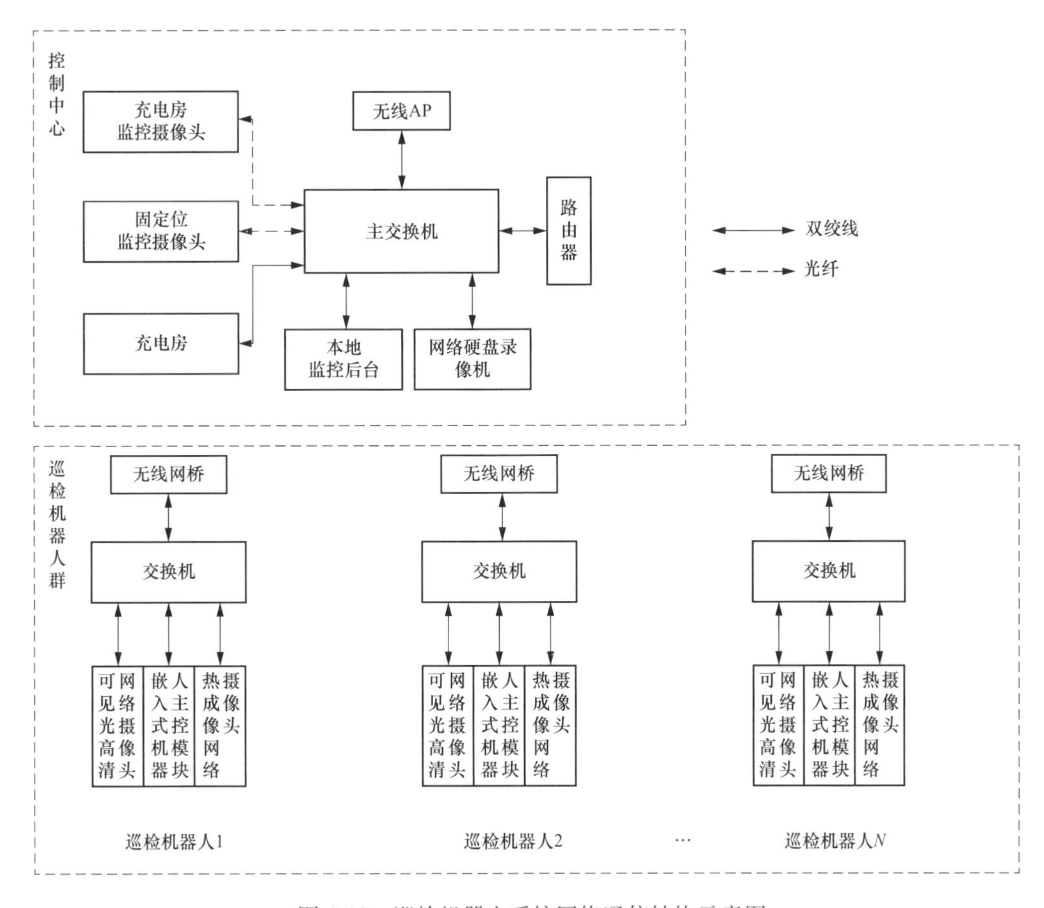

图 6-18　巡检机器人系统网络通信结构示意图

每个机器人的内部设有 100M 以太网交换机连接着可见光高清摄像头、热成像高清摄像头和巡检机器人工控机。交换机通过无限网桥连接上远端的主交换机，从而搭建整个局域网通信环境。

控制中心通过主交换机连接着众多网络设备。充电房中装设摄像头，以实时监测机器人充电、工作状态。在变电站固定位置安装摄像头，以对机器人、变电站重点设备实施实时监控。通过网络连接巡检机器人和监控后台，进行巡检任务下发、机器人控制、机器人状态检测以及变电站设备状态记录与检测。通过网络硬盘摄像机长时间地记录各种网络摄像头的视频数据，以备需要时回放。通过路由器连接到远端集控中心可以拓展系统，实现多个变电站巡检系统的统一管理。

6.3.2.4　巡检机器人软件系统

巡检系统的软件由监控后台软件、嵌入式数据处理板软件、巡检机器人的工控机软件三部分组成。以下介绍监控后台和工控机的软件总体框架以及嵌入式数据处理板的软件流程图。

1. 监控后台软件

监控后台软件主要用来与操作人员进行人机交互、下达指令和获取数据。监控后台软件框图如图 6-19 所示，分为数据接口层、业务处理层和用户交互层。

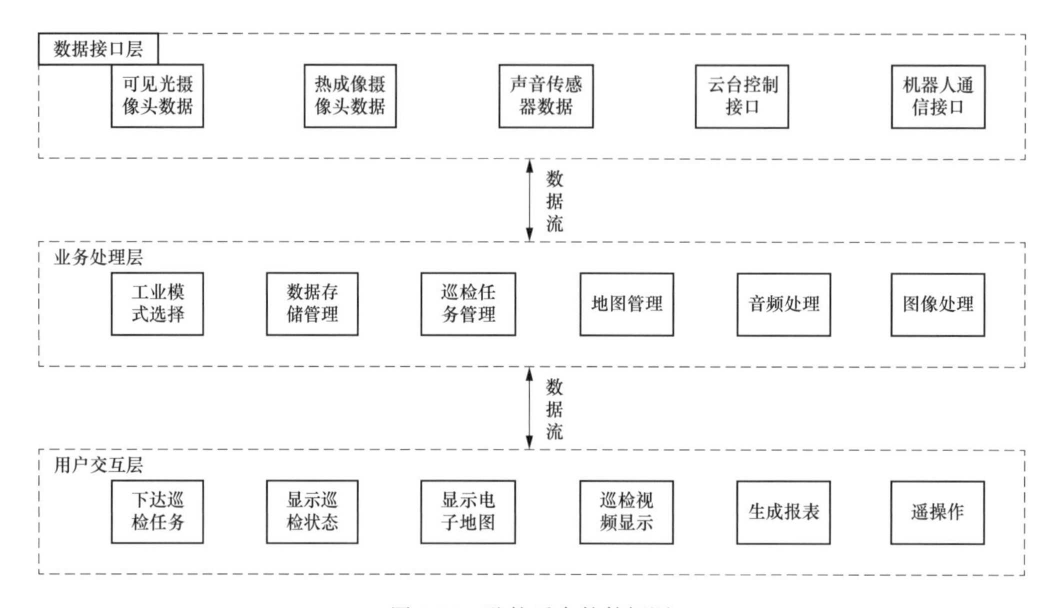

图 6-19 监控后台软件框图

（1）数据接口层用来获取可见光摄像头、热成像摄像头、声音传感器、机器人的数据以及往机器人下发命令。

（2）业务处理层是用户看不到的后台处理逻辑，负责管理各种数据，将用户的操作解析为具体指令下发到机器人，以及分析可见光和热成像视频数据，得到变电站设备的运行情况（如仪表的读数是否在正常范围内、温度是否正常、表面是否有裂缝等），并在异常情况下进行警报。

（3）用户交互层呈现界面给用户，供用户进行下达巡检任务、遥操作机器人，检查历史纪录生成巡检报表，以及查看电子地图及机器人位置、巡检摄像头的视频等操作。

2. 嵌入式数据处理板软件

嵌入式数据处理板软件获取传感器的数据，经过处理后通过协议发送至工控机以及将工控机的指令进行解析后发送至底层控制板。嵌入式数据处理板的程序流程如图 6-20 所示。

程序开始后首先进行定时器、I/O、串口等系统资源的初始化，然后启动定时器、串口中断和编码器的计数器。在每个串口中断中将其数据载入到对应的缓存（buffer）中，而定时器中断只启用一个，进行计数操作，所有的运算以及逻辑操作都在主程序的循环中完成。

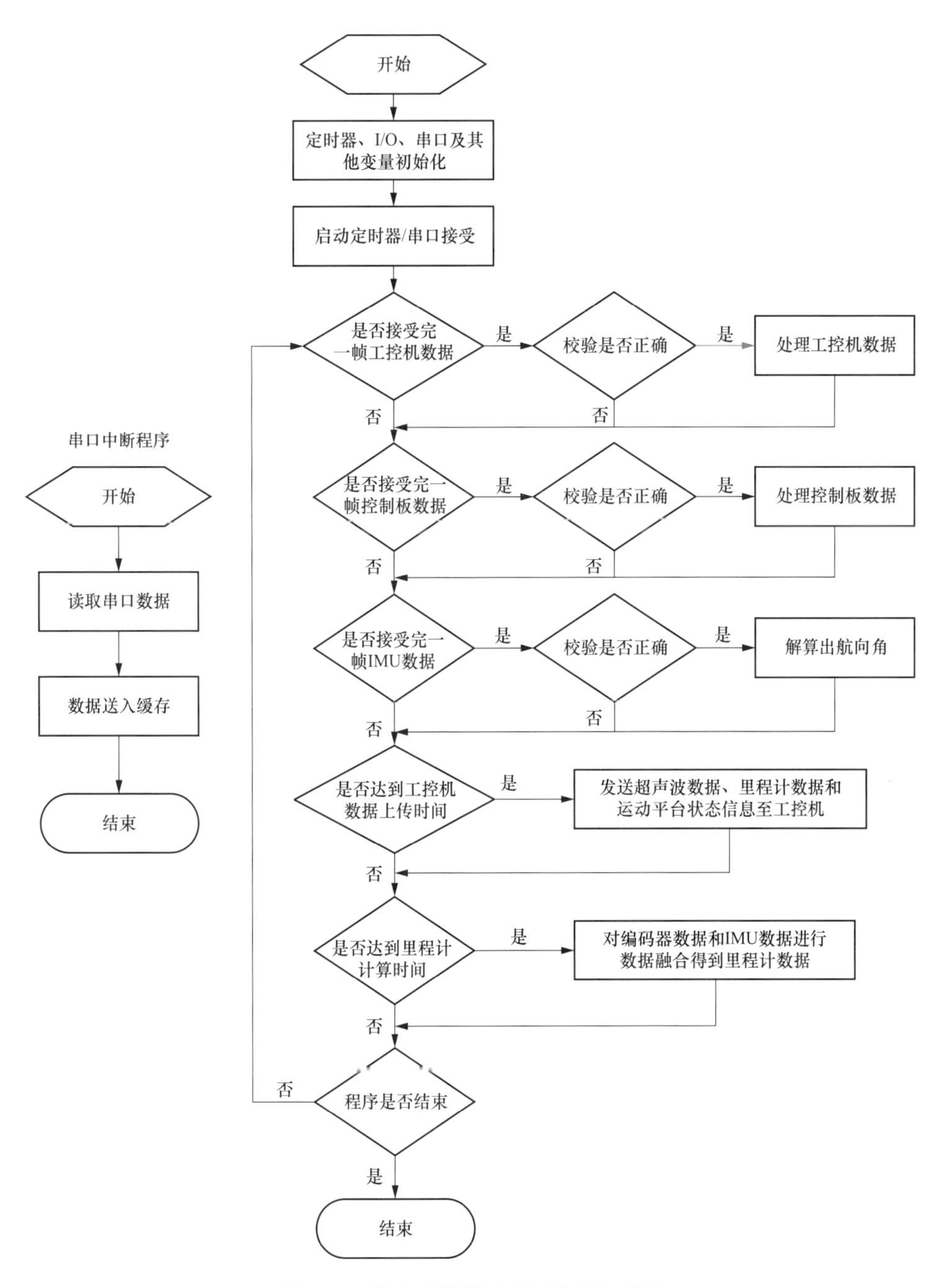

图 6-20　嵌入式数据处理板程序流程图

主程序循环中，首先工控机与嵌入式数据处理板的自定协议、嵌入式数据处理板与底层控制板的协议以及 IMU 的数据解析协议分别进行数据的解帧、校验和判别处理；然后根据对应的数据包内容执行对应操作；之后根据里程计的计算周期来融合编码器与 IMU 数据得到初始里程计，根据工控机设定的各种状态信息的上传频率来发送数据包。

3. 工控机软件

巡检机器人的工控机软件用来完成机器人的环境建模、定位、路径规划和导航的核心算法，以及执行巡检任务的功能。巡检机器人的工控机软件系统总体框图如图 6-21 所示。软件基于 ROS 的开源操作系统分模块设计，总体上分为驱动层、运动控制层和功能层三层。

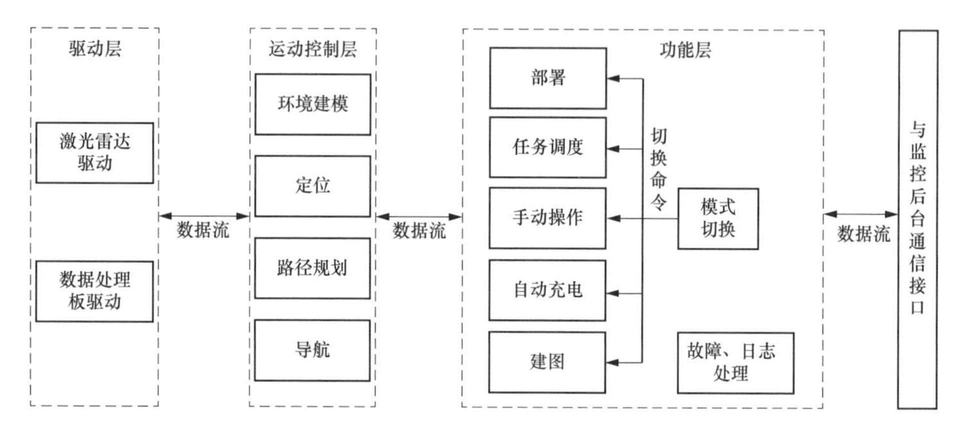

图 6-21　巡检机器人工控机软件系统总体框图

(1) 驱动层主要包括激光雷达和数据处理板的驱动，用来获取激光传感器以及声呐、里程计、机器人运行情况等一些数据，并且向数据处理板发布速度、角速度以及配置指令。

(2) 运动控制层包括环境建模、定位、路径规划、导航四个模块：环境建模使用 GMapping 算法生成环境地图，GMapping 使用原始里程计以及激光雷达的数据建立地图；定位使用一种自适应蒙特卡洛算法来定位；在进行路径规划时，首先根据机器人要行走的路线以及要在变电站中巡检的位置标记点构成一个拓扑图，基于这张拓扑图以及要行驶去的目标点路径进行搜索，寻找最优路径；导航模块是最后的运动控制模块，引导机器人完成相邻两个点之间的行驶，可根据机器人要行驶的具体路径将导航模块分为前向直线导航、后退直线导航以及路径跟踪导航。

(3) 功能层包括部署、任务调度、手动操作、自动充电、建图五个模块，分别用来对应巡检机器人的五个工作模式，以配合运动控制层完成巡检机器人在新环境中的环境建模和部署，以及其日常巡检、特殊巡检、充电、遥操作、报警、故障处理等功能，提供外部接口和监控后台交互。

机器人在未知环境中的环境建模与定位互相依赖，环境建模需要准确的位姿，而要求得确切位姿又需要精确的地图，这种问题即 SLAM 问题。对于基于激光传感器的二维地图的构建，使用栅格图结合概率方法的地图构建和定位是当前最主要的研究和应用方向。本书使用开源算法 GMapping 在 ROS 平台下实现地图构建，然后结合变电站环境中要巡检的目标以及环境中可行的路径在栅格图的基础上规划巡检拓扑图；机器人巡检时，根据巡检目标点，在拓扑图上使用图搜索的方法进行路径规划。以下将重点介绍环境建模和路径规划。

1）环境建模。GMapping 是 Grisetti G 等人提出的一种基于 RBPF-SLAM 的改进方法。RBPF-SLAM 将 SLAM 状态估计的联合后验概率分布分解为轨迹的估计部分和以轨迹为基础的地图估计部分，降低了问题的复杂性，使得求解起来更加容易；其中，轨迹的估计部分使用粒子滤波器求解，地图估计部分使用卡尔曼滤波器。由于 RBPF-SLAM 的计算需要大量的粒子数，并且其使用的采样重要性重采样（sampling importance resampling，SIR）方法存在粒子耗尽（particle depletion）问题，所以 Grisetti G 等人将传感器的观测值和机器人的运动结合起来，提出了一种精确的预测分布方法以降低机器人位姿的不确定性，并且实现了一种选择性重采样的方法以解决粒子耗尽问题，实验中具有较好的效果。

依据巡检路径的拓扑图实施变电站环境中的巡检，其安全性尤其重要。因此，为了保证机器人走在允许行驶的路径上以及能够到达所有巡检位置，在建好的栅格图的基础上部署其所有可行路径；方法是根据变电站的具体环境以及巡检任务来部署路径点、任务点以及可行边，从而组成一个无向图。变电站环境拓扑如图 6-22 所示。

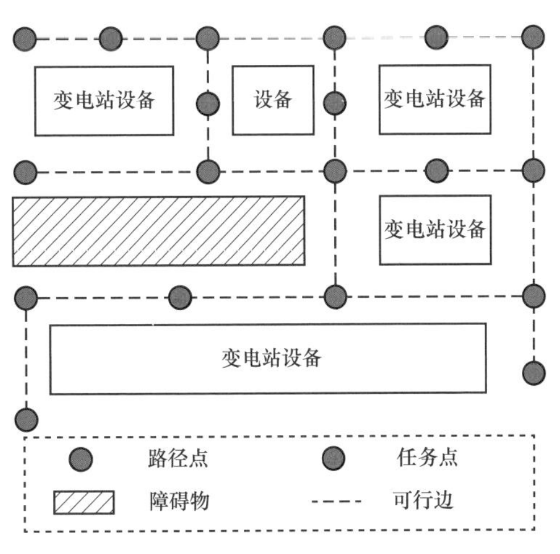

图 6-22 变电站环境拓扑图

拓扑图的建立一方面能够限制机器人的行驶路径，让机器人的巡检更具有安全性，另一方面为路径规划和导航提供了较大的便利。基于拓扑图的路径规划可以使用许多图搜索的方法，并且两个点之间为直线的导航较为容易实现。

2）路径规划。机器人在变电站进行例行巡检时，需要求解从充电房开始到一系列指定任务点（每个任务点经过一次），然后回到充电房的最优路径。这个问题可以转化为典型的旅行推销员问题，该问题被证明具有 NP 完备（NP-complete，NPC）计算复杂性。然而针对旅行推销员问题，现已有一些能够求出近似最优解的算法，其中 Helsgaun. K 等人提出的 LKH（Lin-Kernighan-Helsgaun）算法是当前针对该问题的最有效方法（该算法已开源至其个人网站上）。

而在某些特殊情况下，需要求解一条到目标任务点（目标点与起始点不同），并且经过一系列指定点的最优路径时，该问题就成了一个带（过指定点）约束的最短路径问题，并且被证明具有 NPH（NP-hard，NP 难题）复杂度。针对该问题，当求解的点不大于 4 的时候，可直接用穷举法来求解；当大于 4 个点的时候，采用动态规划方法求解。实际应用中，当求解的点数规模较小时，能够有效求解。路径规划流程如图 6-23 所示。

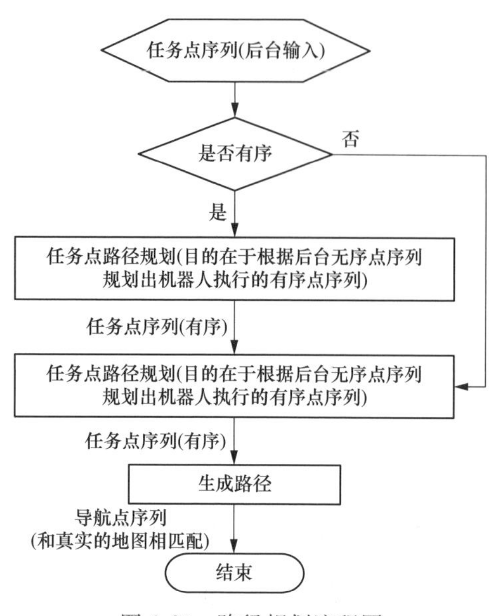

图 6-23 路径规划流程图

程序接受一个起始点、一个终止点以及一系列任务点（也就是必经点），首先判断是否要求按照给定任务点的顺序巡检：如果要求，则直接根据这条任务点序列在整个无向图中逐步搜索最短路径，生成最终导航序列；否则要先进行任务点的路径规划，求出要经过的任务点两两之间的距离权重，生成所经过任务点的无向图，根据起始点和终止点是否相同来分策略（LKH 算法或者动态规划）进行任务点的最短路径求解，然后再加入任务点之间的路径点，组成最终路径。

根据已经生成的二维栅格图的定位，采用自适应蒙特卡洛定位（adaptive monte carlo localization，AMCL）算法。而当机器人返回充电房中进行充电，对充电桩时，由于充电的电极片尺寸的限制，对于定位精度的要求要比室外巡检高；此时，将充电房门内两旁的直角作为定位标识，直接计算机器人在充电房中的相对位置。

传统的蒙特卡洛定位（monte carlo localization，MCL）算法，将机器人的运动模型和感知模型带入粒子滤波器，求解机器人位姿的近似概率分布。Fox D 为了提高粒子滤波器的效率，提出了一种基于 KLD（Kullback-Leibler divergence，KL 散度）的自适应改变粒子数目的方法，其主要思想是通过调节粒子数目，来保证基于样本的最大似然估计和真实后验概率分布之间的相对熵小于一个固定的阈值。另外，为了解决机器人定位中的“机器人绑架”（robot kidnapping）问题，根据粒子的权重值分布，在重采样中加入一些随机粒子。在 ROS 的 AMCL 节点中，实现了《概率机器人》一书中的 AMCL 算法以及基于 KLD 采样的 AMCL 算法。基于 AMCL 算法定位节点如图 6-24 所示，AMCL 节点订阅 laser_driver（激光驱动器）以及 scm_driver（软件配置驱动）发布的坐标变换数据以及 map_manage（地图管理器）模块发布的地图信息，计算出“map”到“odom”坐标系的坐标变换。根据 ROS 中的 TF 变换树可以得到机器人的具体定位信息。通过 RVIZ 的可视化界面可以查看机器人的运动状况以及算法在运行时候的粒子分布情况。

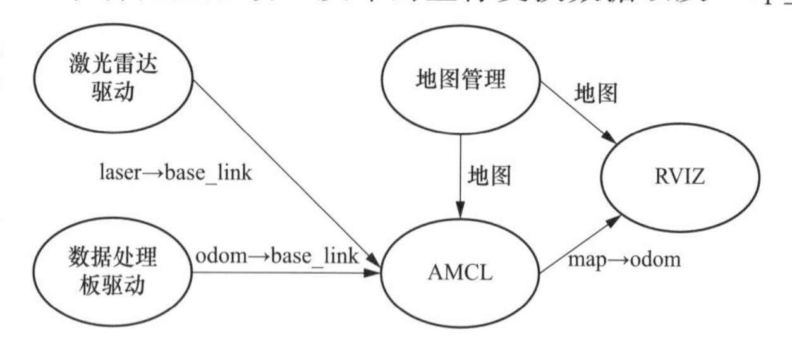

图 6-24 基于 AMCL 算法定位节点示意图
laser—激光雷达；base_link—机器人本体坐标系；
odom—里程计坐标系；map—地图坐标系；
RVIZ—ROS 的可视化工具

ROS 中基于 AMCL 算法在室外工作的缺点：

a. 以里程计的数据变化阈值来

判断是否要进行定位更新，这样做虽然在一定程度上能够减少工控机的计算量，但是当里程计在某些地形条件下与实际机器人走过的距离偏差太大时，算法不会更新，从而导致定位偏差过大。

b. 粒子收敛到局部后如果定位产生偏差就很难再收敛回来，这是由于收敛后粒子的多样性减小而无法找到与实际最匹配的那个粒子。

基于以上缺点，在原有算法上做一些改进：定期性地进行粒子重采样，使得所有粒子的位姿以当前所有粒子的位姿（x，y，z）均值为中心呈正态分布。更新粒子位置程序流程如图 6-25 所示，当达到设定周期后，读取当前粒子状态，计算粒子位姿的均值，然后更新所有粒子携带的位姿信息，使之呈现以均值为中心的高斯分布。

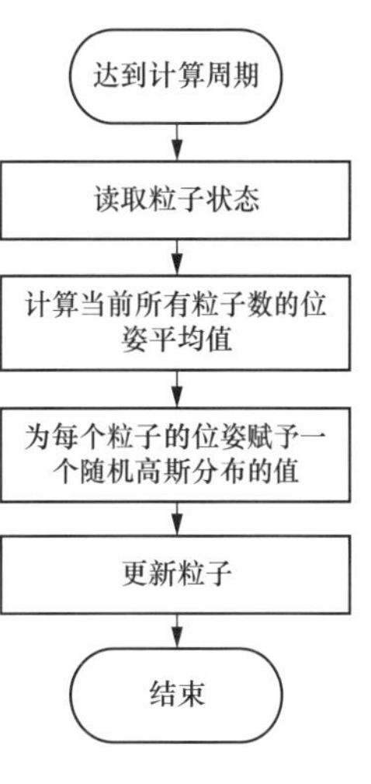

图 6-25　更新粒子位置程序流程图

6.4　变电站室外巡检机器人设计方案与运行测试

6.4.1　变电站室外巡检机器人设计方案

巡检机器人导航的基本目标，就是将机器人从当前的位姿沿着指定的路线安全、经济地引导到目标位姿。在例行巡检的时候沿着路径规划的结果逐个点行驶，导航的路线是前向的直线，所以采用基于 PID 的直线导航策略；当机器人走到充电房门口，需要行驶进去充电时，如前所述由于机器人充电电极的安装位置。

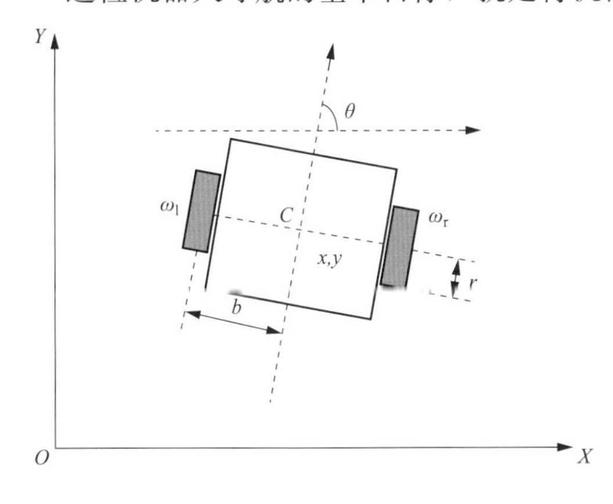

图 6-26　巡检机器人运动学模型
b—机器人几何中心到左右轮的距离；
r—机器人的轮子半径；x，y—机器人的位置和姿态

本书所使用的巡检机器人是一个四轮差分移动机器人，实际运行中左右两对轮都是执行相同的速度，所以其运动学模型如图 6-26 所示，是一个差分移动机器人运动学模型。

根据移动机器人运动学理论，可以得到巡检机器人在其中心处的运动学方程为：

$$\begin{bmatrix} \dot{x} \\ \dot{y} \\ w \end{bmatrix} = \begin{bmatrix} \cos\theta & 0 \\ \sin\theta & 0 \\ 0 & 1 \end{bmatrix} \begin{bmatrix} v \\ w \end{bmatrix} = \frac{r}{2} \begin{bmatrix} \cos\theta & \cos\theta \\ \sin\theta & \sin\theta \\ -\dfrac{1}{b} & -\dfrac{1}{b} \end{bmatrix} \begin{bmatrix} w_l \\ w_r \end{bmatrix} \tag{6-3}$$

6.4.1.1 前向直线导航

巡检机器人的前向直线导航策略如图 6-27(a) 所示，需要从当前位姿开始，沿着直线 L 行驶到目标位姿。前向直线导航分为三个步骤来进行：

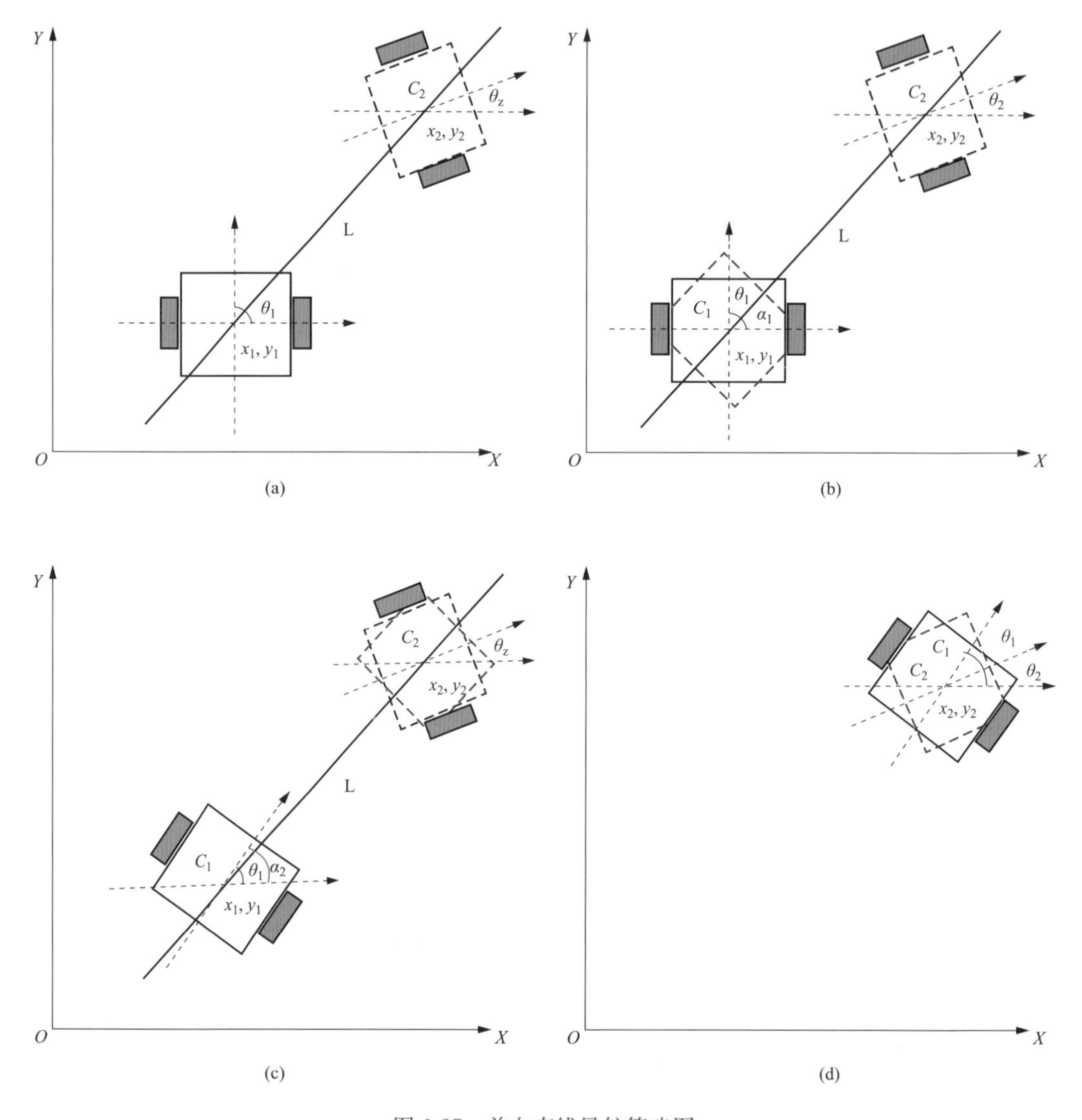

图 6-27　前向直线导航策略图

(a) 直线导航任务；(b) 调整车头朝向目标；(c) 直线行驶；(d) 调整到目标角度

(1) 先调整角度使得巡检车朝向目标点。首先计算车头应该朝向的角度，控制车自转，使得车头朝向目标位置，调整到如图 6-27(b) 所示左下虚线区域，其中：

$$\alpha_1 = \arctan\left(\frac{y_2 - y_1}{x_2 - x_1}\right) \tag{6-4}$$

(2) 沿着当前点与目标点之间的直线行驶，期间要保证机器人不会脱离直线 L，如图

6-27(c) 所示。直线行驶时考虑位置误差以及角度误差：

$$
\begin{aligned}
L_e &= \sqrt{(y_2 - y_1)^2 + (x_2 - x_1)^2} \\
\theta_e &= \alpha_2 - \theta_1
\end{aligned}
\tag{6-5}
$$

为了使得机器人一直朝着目标行驶，使用经典的 PID 控制器来控制角速度。而对于直行的平移线速度来说，为了行驶的稳定，预先给以恒定的速度基准，然后在此基础上根据角度偏差再次调节：

$$
\begin{cases}
v_k = v_{ref}\cos\theta_e^k \\
w_k = K_p\theta_e^k + K_i\sum\limits_{i=0;k-1}\theta_e^i + K_d(\theta_e^k - \theta_e^{k-1})
\end{cases}
\tag{6-6}
$$

(3) 最后当车到达目标点后，再次旋转车身到达设定的目标点位姿，与步骤 (1) 类似，如图 6-27(d) 所示。

6.4.1.2 倒退直线导航

对于差分移动机器人来说，机器人的倒退直线导航与前向直线导航是一个非常类似的过程，采取的策略是将倒退直线导航转化为前向直线导航，同样分为三个步骤来进行。在前向直线导航步骤 (1) 和步骤 (2) 中改变角度误差，即：

$$\theta_e = \theta_e - \pi \tag{6-7}$$

这样做的意义是，将机器人当前测得的角度改变 180°，也就是以车后作为前方。然后在前向直线导航步骤 (2) 中，将速度取负：

$$v = -v \tag{6-8}$$

倒退直线导航第三步与前向直线导航完全相同。

导航模块的工作方式是接收到目标点的位姿后开始，在一个固定的控制周期里根据当前机器人的位置、姿态以及速度、角速度，计算出控制量，发送到底层。直线导航方式中要判断处于哪个步骤阶段，从而给出不同的控制量，因而以有限状态机的形式来实现直线导航功能，如图 6-28 所示。直线导航分为就绪、转弯 1、直行和转弯 2 四个状态。刚开始处于就绪状态，当接收到任务时切换到转弯 1 状态，执行完成后，切换到直行状态。当导航的目标点只需要位置到达而不需要考虑姿态时，会忽略目标角度，直行结束后就切换到就绪状态；否则进入转弯 2 状态，然后结束。

反步法 (back-stepping) 是一种主要应用于非线性系统的稳定设计理论。该方法的基本思想是将非线性系统分解为不超过系统阶数的子系统，针对每个子系统设计 Laypunov 函数和中间的虚拟控制量，然后一直“后退”至整个系统，将其集成起来完成整个控制率的设计。其控制器的设计描述如下。

跟踪目标的位置姿态以及速度。定义误差为：

$$
\begin{bmatrix} x_e \\ y_e \\ \theta_e \end{bmatrix} = \begin{bmatrix} \cos\theta & \sin\theta & 0 \\ -\sin\theta & \cos\theta & 0 \\ 0 & 0 & 1 \end{bmatrix} \begin{bmatrix} x_r - x \\ y_r - y \\ \theta_r - \theta \end{bmatrix}
\tag{6-9}
$$

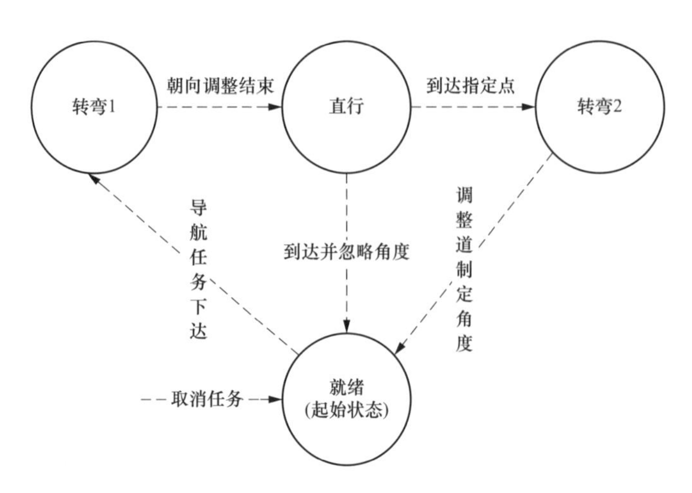

图 6-28　直线行驶状态机示意图

对其求导得到误差微分方程：

$$\begin{cases}\dot{x}_e = \omega y_e - v + v_r\cos\theta_e \\ \dot{y}_e = -\omega x_e + v_r\sin\theta_e \\ \dot{\theta}_e = \omega_r - \omega\end{cases} \tag{6-10}$$

控制器设计如下：

$$\begin{bmatrix} v \\ \omega \end{bmatrix} = \begin{bmatrix} v_r\cos\theta_e + \dfrac{\partial\alpha}{\partial y_e}\omega\sin\dfrac{\bar{\theta}_c}{2}\omega + c_1x_e \\ 2y_e v_r\cos\left(\alpha+\dfrac{\bar{\theta}_e}{2}\right)+\omega_r-\dfrac{\partial\alpha}{\partial v_e}\dot{v}_r-\dfrac{\partial\alpha}{\partial y_e}v_r\sin\theta_e+c_2\sin\dfrac{\bar{\theta}_c}{2} \end{bmatrix} \tag{6-11}$$

式中：

$$\begin{cases}\alpha = -\arctan(v_r y_e) \\ \bar{\theta}_e = \theta_e + \arctan(v_r y_e) = \theta_e - \alpha\end{cases} \tag{6-12}$$

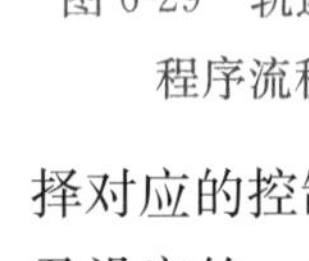

图 6-29　轨迹跟踪子程序流程图

如图 6-29 所示为设计的轨迹跟踪子程序流程图，子程序在一个控制周期中调用，程序开始后首先获取定位数据以及跟随的目标状态，然后计算跟踪误差，根据控制器式（6-11）计算出控制量；根据预设的机器人的线速度、角速度、线加速度、角加速度限制来对控制量进行调节，随后输出控制量。

导航模块的功能框图如图 6-30 所示。导航模块接收到下发的导航任务后开始启动。导航任务信息中主要包括目标点的位姿以及导航方式（如果选择轨迹跟踪导航，需要给出要跟踪的轨迹）。导航模块选择对应的控制器后就开始执行，在一个固定控制周期里，根据机器人当前的姿态、速度以及设定的一些参数，经过控制器生成 v 和 w 指令下发给底层驱动模块。同时，导航模块会接受激光雷达驱动的激光数据信息和底层驱动模块的超声波数据信息，来判断障碍物的距离，根据此距离生成一个速度基准以影响控制器的输出速度。当机器人在充电房进行后退导航时，会开启充电房定位功能，此时的定位信息是在局部坐标系（充电房的定位信息基于激光雷达到充电房的位置姿态坐标）下的，所以此时将机器人位姿通过齐次坐标变换矩阵变换到全局坐标系下，从而为机器人提供一个统一的导航坐标系，方便机器人的导航。

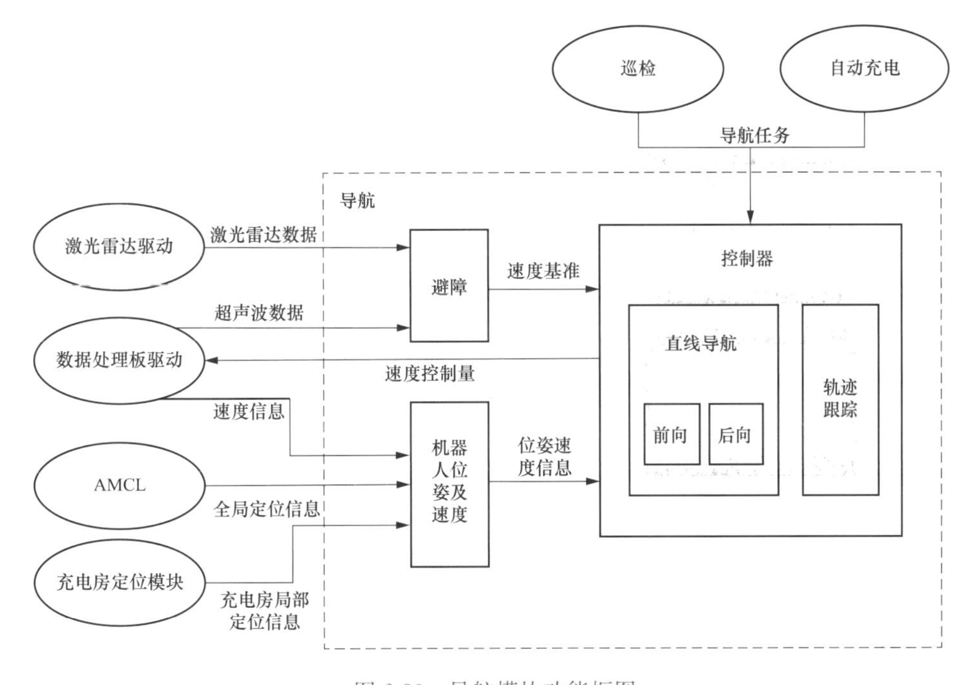

图 6-30　导航模块功能框图

6.4.2　变电站室外巡检机器人运行测试

6.4.2.1　运行测试设备

1. 传感器设备

巡检机器人及其携带传感器设备如图6-31所示，该机器人以四轮差分移动平台为基础，携带有激光雷达、惯性测量传感器、超声波传感器、防撞板等支持其在变电站准确定位导航，并且携带有可见光高清摄像头、热成像高清摄像头、光感应探照灯组成的云台双摄系统，用于变电站环境中巡检。

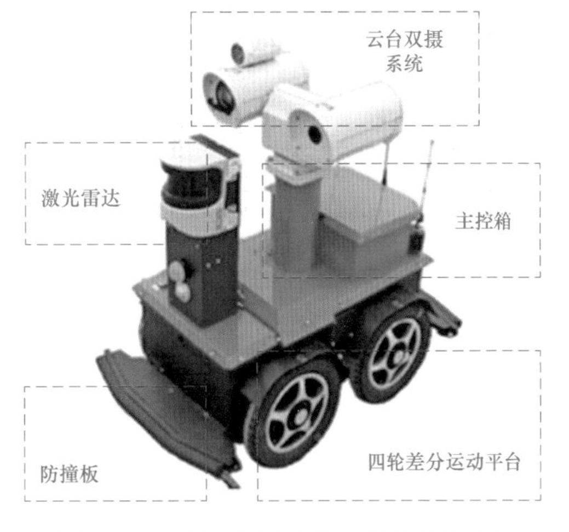

图 6-31　巡检机器人及其携带传感器设备

2. 监控后台

监控后台界面如图 6-32 所示。在主界面上可以查看机器人携带的可见光和热成像摄像头的数据，通过电子地图可以实时查看机器人所处的位置，在状态栏里有机器人的速度、电量、信号强度、云台位置、气象等许多信息。另外，在监控后台的菜单栏里可以设置巡检计划、进行巡检分析、查询以往巡检记录、生成报表等。

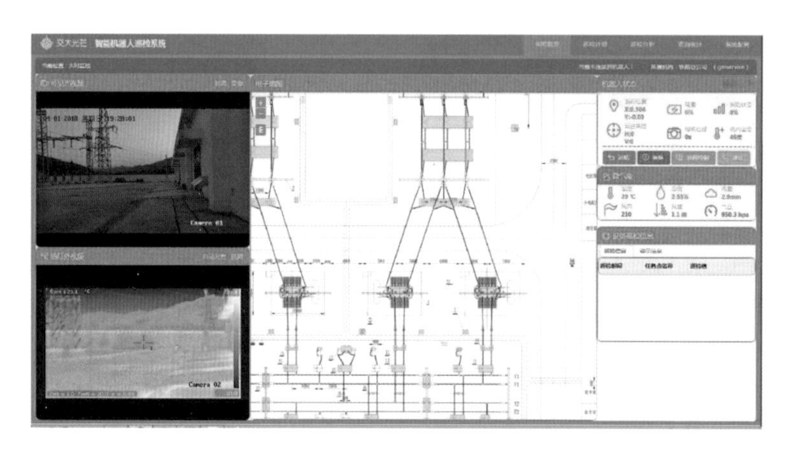

图 6-32　监控后台界面图

3. 充电房

充电房如图 6-33 所示，其内部空间大小约为 1.65m×1.65m。充电桩在充电房的最里面，高度为 10cm 左右。充电房前有一段 15cm 高的斜坡用来方便机器人行驶入充电房。充电房外部有温度、湿度、风速、气压等传感器，以实时监测机器人工作环境状况。另外，充电房内部集成有网络设备，为巡检机器人系统提供通信网络。

图 6-33　充电房

6.4.2.2　运行测试实例

在国内某 220kV 铁路牵引变电站测试巡检机器人的性能，测试的变电站实景如图 6-34 所示，整个变电站环境约为 80m×80m。操作机器人在变电站中建立的二维栅格地图如图 6-35 所示，其中有三种颜色的栅格：白色代表当前栅格没有障碍物，黑色为有障碍物占据地图栅格（黑色部分大部分为墙壁、设备等，即图中的边缘部分），灰色为建图时激光雷达未扫描到的部分。设置的建图精度（即所对应的栅格大小）为 2cm。

图 6-34　测试变电站实景图

图 6-35　变电站环境二维栅格地图

1. 定位测试

在变电站中遥控机器人行走，路径大致为直行-转弯-直行-转弯-直行，同时通过AMCL节点与改进后的AMCL节点进行定位，得到如图 6-36 所示数据。由图 6-36(a) 可见，ROS中AMCL的 x 轴数据较为平滑，但实际上由于粒子滤波器中粒子已经收敛，此时根据里程计的信息推算更新粒子时，粒子分布在一个较小的区域内，因地形不平整导致的里程计与实际位移的偏差会使得AMCL节点的定位信息与地图不匹配，反而是看起来有波动的改进后的AMCL输出位姿与地图匹配得更好。

图 6-36(b) 中，y 坐标两者相差不大，其原因是机器人是朝着 y 方向行驶，里程计的信息基本能反映y方向的位移。而由于实际使用的姿态传感器精度较高，所以两者的航向角区别不大。

为了对充电房内基于标识物的定位进行稳定性与精度分析，对其进行静态测试，即停在原地，测试其一段时间内的坐标变化情况。充电房定位静态测试数据如图 6-37 所示，从图中可以看出，x 方向的数据波动最大在1cm以内，y 方向的数据波动最大在 0.5cm 以内，航向角的最大波动在 0.04°以内。结果证明在充电房内定位的静态精度较高。

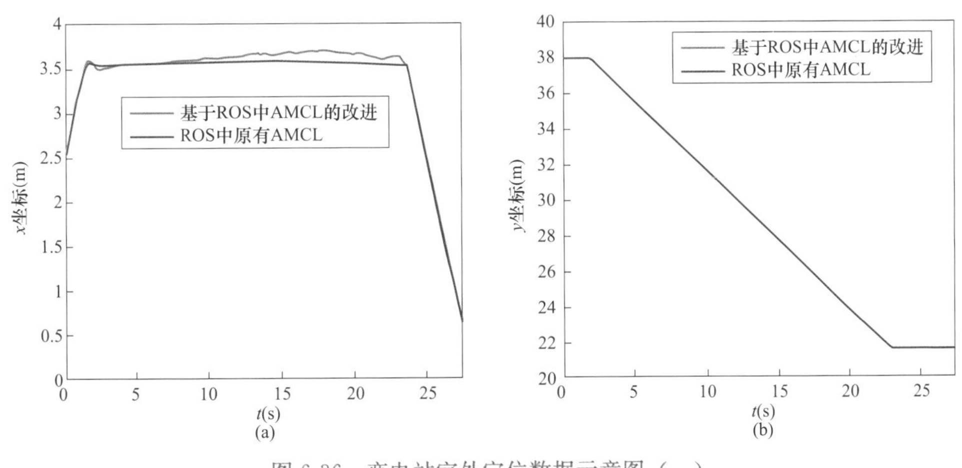

图 6-36　变电站室外定位数据示意图（一）

(a) x 坐标；(b) y 坐标

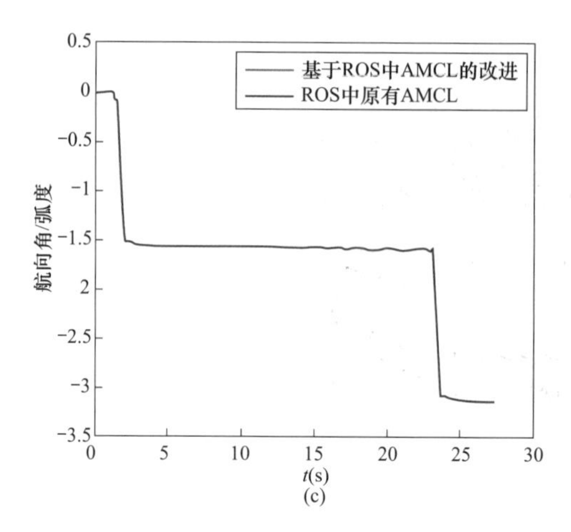

图 6-36 变电站室外定位数据示意图（二）

（c）航向角

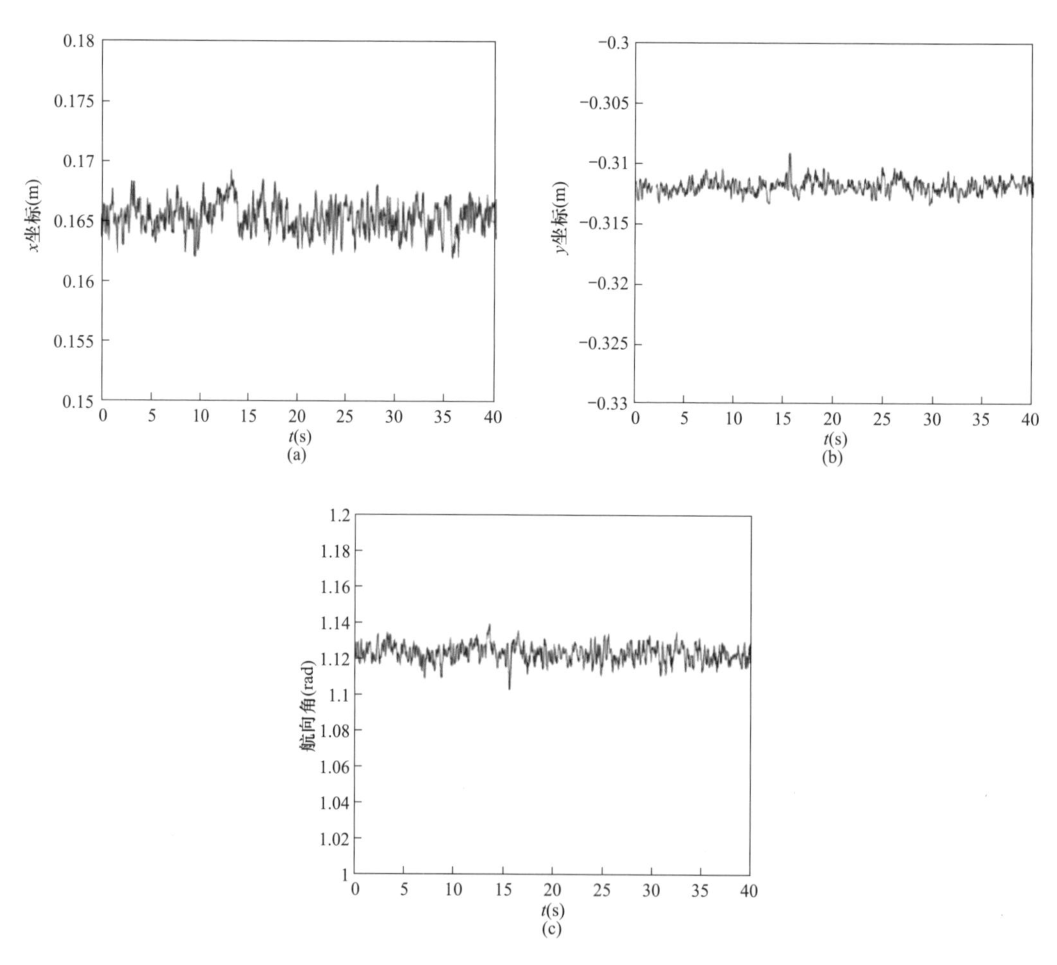

图 6-37 充电房定位静态测试数据示意图

（a）x 坐标；（b）y 坐标；（c）航向角

充电房定位的动态测试数据如图 6-38 所示，手动控制机器人朝一个方向前行，测试相应坐标的变化。经过对比，数据的变化与实际机器人的位置变化吻合。

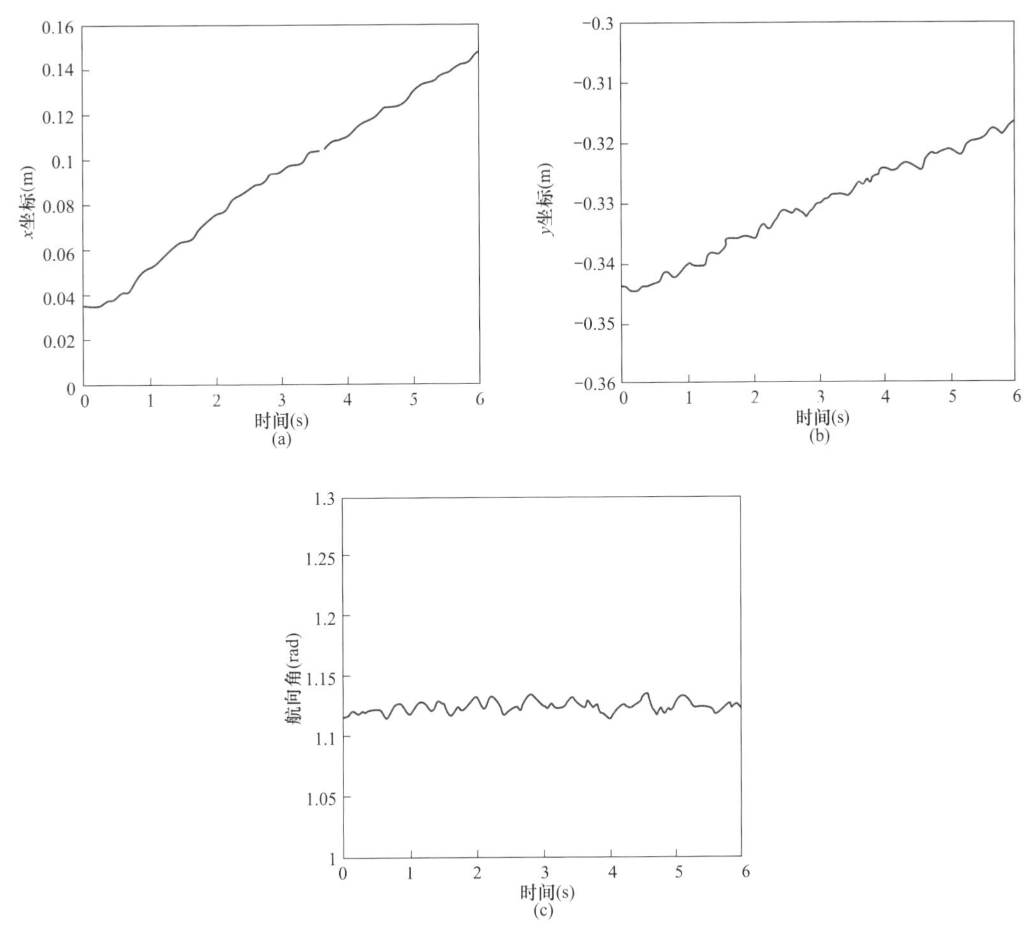

图 6-38 充电房定位动态测试数据示意图

(a) x 坐标；(b) y 坐标；(c) 航向角

2. 直线导航测试

(1) 充电房内导航。充电房导航测试数据如图 6-39 所示，以直线导航中较为特殊的充电房导航倒退直线导航为例说明导航效果。导航目标点为 (0.37，0，0)，方式为倒退直线导航，直线行驶设定为速度 0.08m/s。从图 6-39(a) 与图 6-39(b) 可以看出，在 11s 左右时有一个明显的定位信息切换；这是根据 AMCL 的定位数据判断机器人进入了充电房，因而打开充电房内基于标识物的定位，并将 AMCL 的定位信息切换到了充电房内基于标识物的定位，可以看到充电房内的定位信息较为稳定。另外，设定的速度虽然为 0.08cm/s，但是在程序中加入了减速策略：当判断到达目标点的距离小于一定阈值时，会逐级减速以保证能够稳定到达目标点，所以可以通过 x 坐标的变化看到实际的速度是小于设定值的。最终到达的目标点位姿为（0.3794，0.002，0.0054）。经过在充电房内地面上的标定，反复测试后得出充电房内的重复的导航误差在±1cm以内。

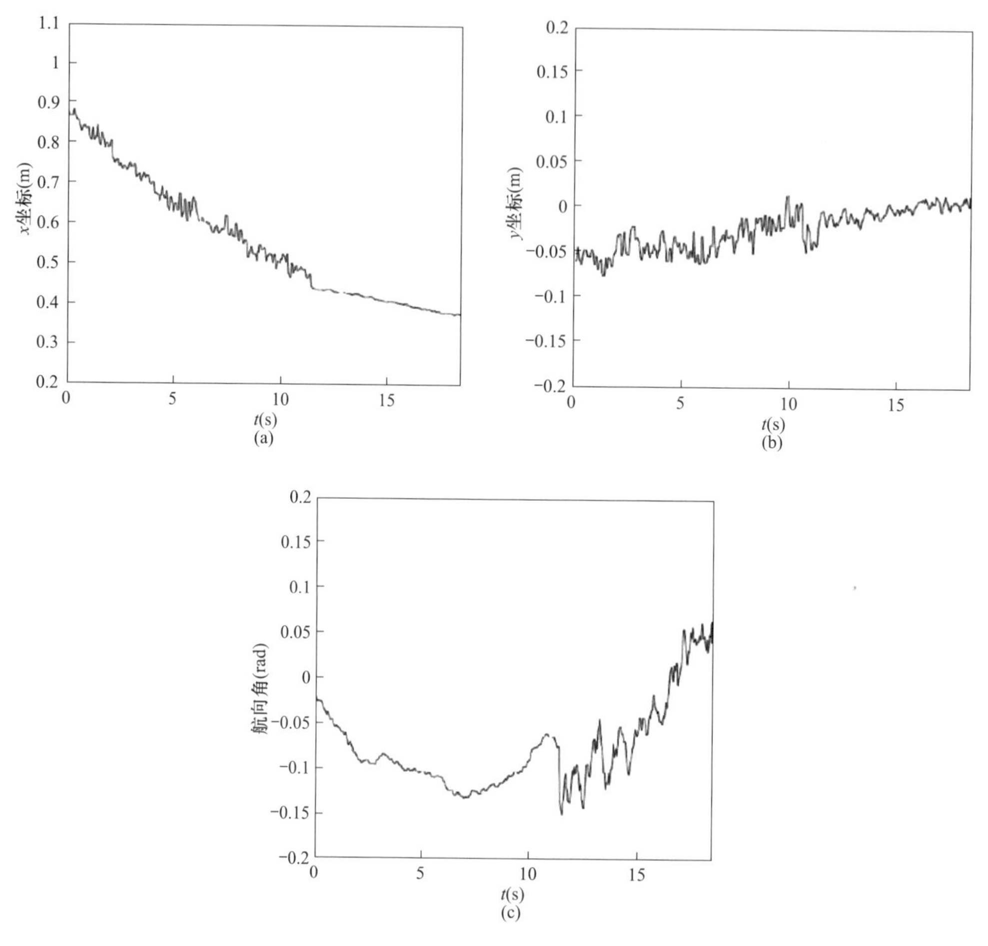

图6-39 充电房导航测试数据示意图

（a）x坐标；（b）y坐标；（c）航向角

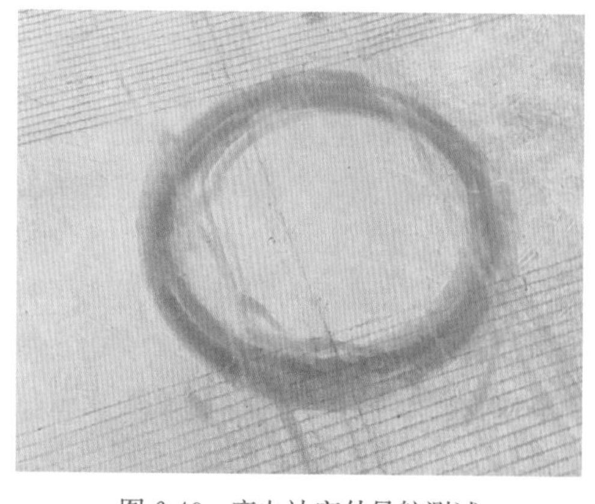

图6-40 变电站室外导航测试

（2）变电站室外导航。由于机器人所使用的橡胶轮胎在变电站的水泥地面自转会留下一圈轮胎摩擦印记，所以在室外的实际导航误差可以通过测量几次轮胎印记之间的距离来得到机器人中心坐标的误差情况。在变电站室外的导航测试是设定一个目标位置，然后重复导航至目标点，根据地面上轮胎印记来测量导航误差。变电站室外导航测试如图6-40所示，图中为其中一个目标点的轮胎印记，通过多次测量得到最大误差在

±2.5cm 以内。

基于反步法的轨迹跟踪控制器的实验数据如图 6-41 所示。跟踪的轨迹为从（0，0，0）点开始，以（0，2）点为圆心的半径为 2m 的圆形轨迹，跟踪目标的速度为 0.3m，角速度为 0.15°/s。机器人刚开始处于（0，0，0）位姿，速度为 0，角速度为 0。从图 6-41（b）可以看到，经过 55s 左右，巡检机器人已经基本收敛到目标轨迹上。

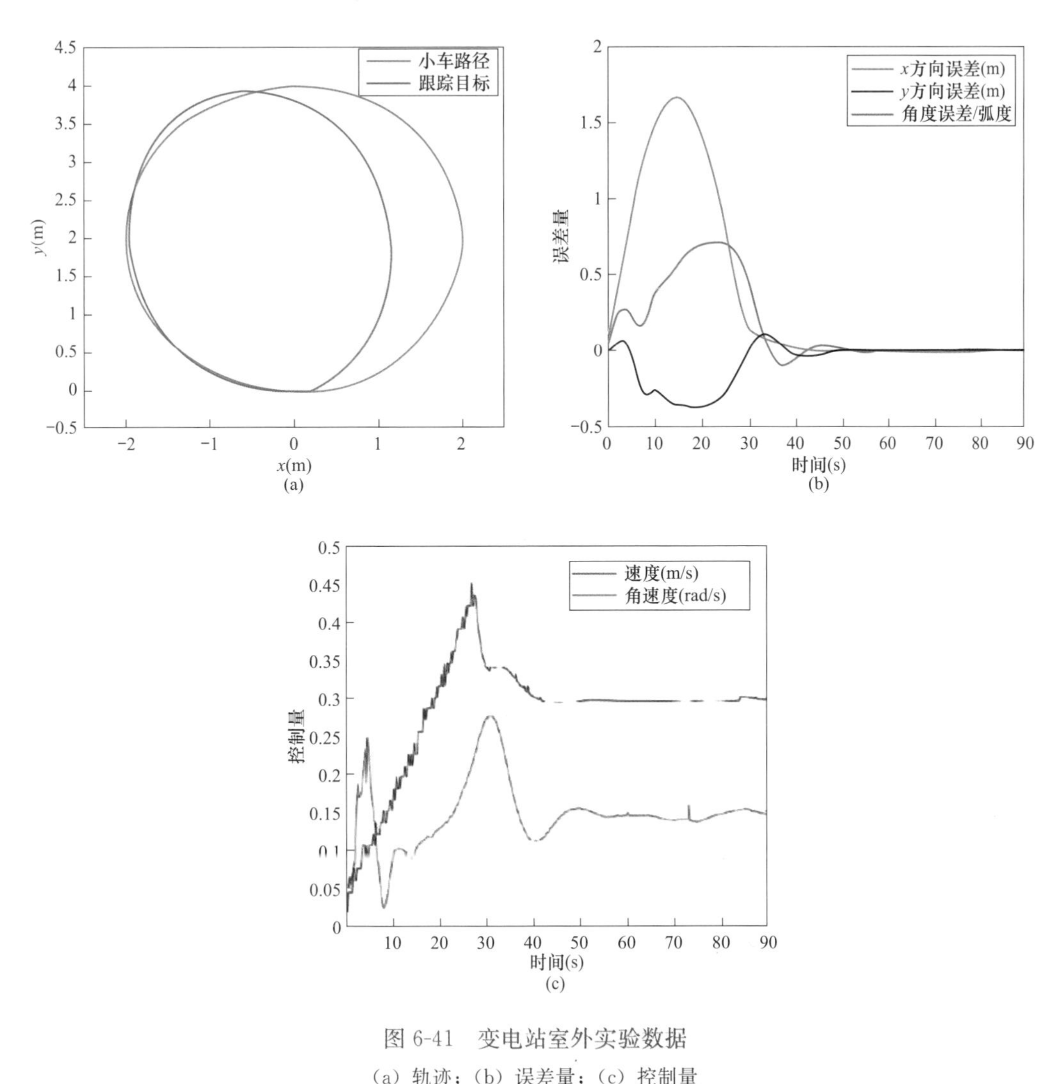

图 6-41 变电站室外实验数据

（a）轨迹；（b）误差量；（c）控制量

6.5 变电站室外巡检机器人应用分析

随着变电站自动化程度和智能化水平的提高，以及机器人技术、工业互联网技术的不断发展，变电站巡检机器人将更好地融合到无人变电站的运维工作中。巡检机器人在自主性、稳定性、交互性、导航定位精度、巡检精度等方面将更加成熟。应用变电站智能机器人巡检系统可减少以下工作量：每月一次的红外测温工作；设备现场巡视记录数据工作；现场事故处理时对设备外观进行检查；当危及人身且安全风险较大时，机器人可代替人工对特殊设备进行检测；事故处理期间，机器人能够节省事故处理时间，提高恢复送电速度。变电站智能机器人巡检系统采用模式识别、红外专家库等技术，完成变电站内设备温度测量、设备外观异物识别及设备噪声识别，实现全站设备监控。为保证变电站设备的安全可靠运行，更快地推进变电站无人值守的进程，提高工作效率和质量，实现减员增效，巡检机器人必将发挥决定性作用。机器人投入试运行后，验证该系统应用成效最重要的指标就是检验机器人采集到的数据是否清晰、准确、全面，能否做到巡检机器人采集到的信息与人工巡视得到的数据基本一致，并且无缺漏。因此，在投入试运行后开展对室外设备巡检机器人在红外测温、可见光仪器仪表拍摄方面与人工检测的对比工作，以下以 110kV ××线 0115 间隔为例，对红外测温及可见光检测在机器人开展巡检与人工巡检方式下的巡检效果进行对比，对比结果见表 6-2～表 6-4。

表 6-2　　红外测温图像对比表

设备名称	验收人员拍摄	机器人拍摄
110kV××线 0115 电流互感器 A 相断路器侧		
110kV××线 0115 电流互感器 A 相断路器侧	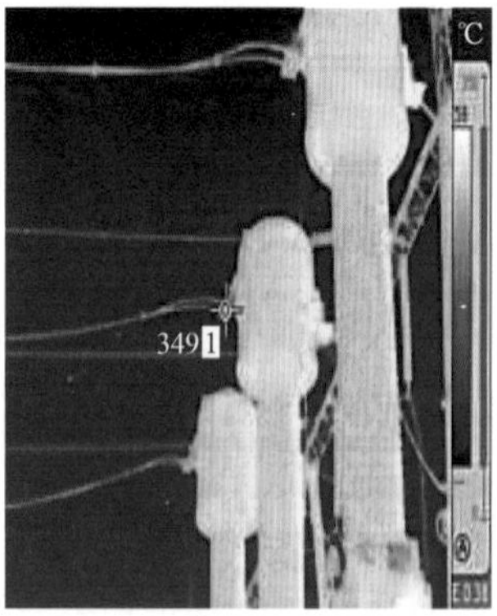	

续表

设备名称	验收人员拍摄	机器人拍摄
110kV××线 0115 电流互感器 A 相断路器侧	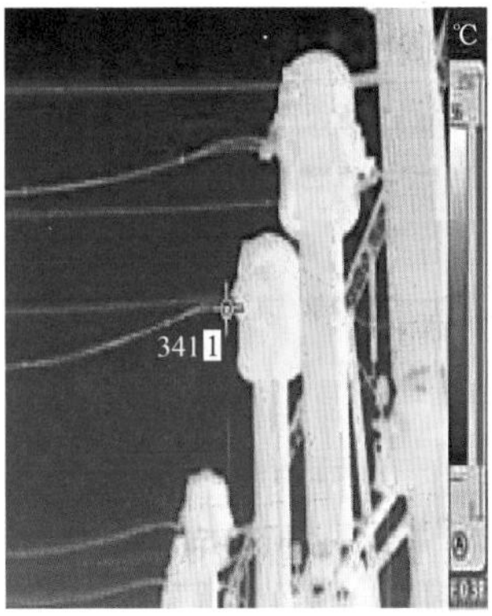 341	 RO红外测温

表 6-3　　红外测温数值对比表　　(℃)

设备名称	人工检测	机器人检测	对比温差	环境温度	结论
A 相断路器侧	35.00	35.09	0.09	31	一致
B 相断路器侧	34.90	35.99	1.09	31	一致
C 相断路器侧	34.10	34.86	0.76	31	一致

表 6-4　　可见光巡视对比表

设备名称	机器人拍摄	验收员拍摄
A 相分合指示		
A 相油位计	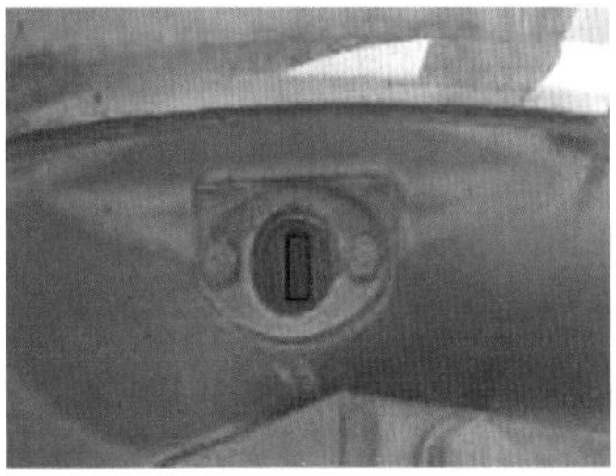	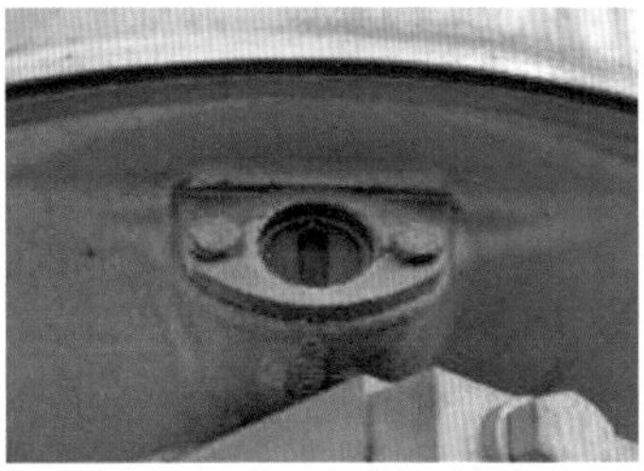

续表

设备名称	机器人拍摄	验收员拍摄
SF_6 压力表		
液压表		

参考文献

[1] TAKAHASHI H. Development of patrolling robot for substation [J]. Japan IERE Council, Special Document R-8903, 1989 (10): 19.

[2] 王谦. 基于模糊理论的电力变压器运行状态综合评估方法研究 [D]. 重庆：重庆大学，2005.

[3] WANG M, VANERMADEAR A J, SRIVASTAVA KD. Review of condition assessment of power transformers in service [J]. IEEE Electrical Insulation Magazine, Surrey, B. C. Canada, 2002, 18 (6): 12-25.

[4] 李丽，李平，杨明，等. 基于 SIFT 特征匹配的电力设备外观异常检测方法 [J]. 光学与光电技术，2010，8 (6)：27-31.

[5] 李丽，王滨海，王万国，等. 基于变电站巡检机器人的室外断路器状态自动识别算法 [J]. 科技通报，2011，27 (5)：732-736.

[6] GRISETTI G, STACHNISS C, BURGARD W. Improved techniques for grid mapping with rao-black-wellized particle filters [J]. IEEE Transactions on Robotics, 2007, 23 (1): 34-46.

[7] FOX D. KLD-sampling: Adaptive particle filters [J]. Advances in Neural Information Processing Systems, 2001, 14: 713-720.

[8] MURPHY K P. Bayesian map learning in dynamic environments [C]// NIPS: Advances in Neural Information Processing Systems. Denver, CO, USA: Morgan-Kanfmann, 1999: 1015-1021.

[9] THRUN S. Probabilistic robotics [M]. Cambridge: MIT Press, 2005.

[10] 吴卫国，陈辉堂，王月娟. 移动机器人的全局轨迹跟踪控制 [J]. 自动化学报，2001，27 (3)：326-331.

[11] 冯坤. 变电站巡检机器人系统设计与实现 [D]. 成都：西南交通大学，2018.

附录　科技名词译名缩写对照表

序号	中文名称	缩写/简称	英文全称
1	无人机	UAH	unmanned air helicopter
2	输电线路巡检机器人	PTLIR	power transmission line inspection robot
3	气体绝缘金属封闭开关设备	GIS	gas-insulated metal-enclosed switchgear
4	气体绝缘金属封闭输电线路	GIL	gas-insulated metal-enclosed transmission line
5	架空地线	OGW	overhead ground wire
6	惯性测量单元	IMU	inertial measurement unit
7	地面控制站	GCS	ground control station
8	向量机	SVM	support vector machine
9	液晶显示屏	LCD	liquid crystal display
10	发光二极管	LED	light emitting diode
11	个人计算机	PC	personal computer
12	网络硬盘录像机	NVR	network video recorder
13	电机控制器	MCU	motor control unit
14	闪速 EEPROM 存储器	闪存	flash EEPROM memory
15	随机存取存储器	RAM	random access memory
16	电可擦可编程只读存储器	EEPROM	electrically erasable programmable read-only memory
17	同步动态随机存取内存	SDRAM	synchronous dynamic random-access memory
18	RISC 微处理器	ARM	advanced RISC machine
19	精简指令集计算机	RISC	reduced instruction set computer
20	控制器局域网络	CAN	controller area network
21	中央处理器	CPU	central processing unit
22	视频图形阵列	VGA	video graphics array
23	低压差分信号	LVDS	low voltage differential signaling
24	通用串行总线	USB	universal serial bus
25	集成驱动电子设备	IDE	integrated drive electronics
26	高技术配置	ATA	advanced technology attachment
27	双倍数据速率	DDR	double data rate
28	身份标识	ID	identity document
29	供应商标识	VID	vendor identification
30	设备标识	DID	device identification
31	服务集标识	SSID	service set identifier
32	深度强化学习神经网络	DQN	deep Q-learning network
33	广义预测控制	GPC	generalized predictive control
34	模型预测控制	MPC	model predictive control
35	自适应控制	APC	adaptive control

续表

序号	中文名称	缩写/简称	英文全称
36	信噪比	SNR	signal-noise ratio
37	点云库	PCL	point cloud library
38	基本输出输入系统	BIOS	basic input output system
39	动态链接库	DLL	dynamic link library
40	超高速数字用户线路	VDSL	very-high-bit-rate digital subscriber loop
41	视频处理前端	VPFE	video processing front end
42	串行外设接口	SPI	serial peripheral interface
43	应用程序接口	API	application programming interface
44	输入/输出	I/O	input/output
45	通用输入/输出端口	GPIO	general purpose I/O ports
46	视觉惯性系统	VINS	visual-inertial system
47	安全数码存储卡	SD 卡	secure digital memory card
48	集成电路互连通信电路	I2C	inter-integrated circuit
49	模数转换器	ADC	analog to digital converter
50	局部放电	PD	partial discharge
51	特高频	UHF	ultra high frequency
52	局部放电相位分布	PRPD	phase resolved partial discharge
53	局部放电混沌分析	CAPD	chaotic analysis of partial discharge
54	长短期记忆	LSTM	long short term memory
55	递归神经网络	RNN	recursive neural network
56	电荷耦合器件	CCD	charge-coupled device
57	射频识别	RFID	radio frequency identification
58	脉冲宽度调制	PWM	pulse width modulation
59	横向电磁场	TEM	transverse electric and magnetic field
60	电力管理系统	PMS	power management system
61	采样重要性重采样	SIR	sampling importance resampling
62	磁场导向控制	FOC	field oriented control
63	外围设备互连	PCI	peripheral component interconnect
64	工业标准体系结构	ISA	industry standard architecture
65	媒体存取控制位址	MAC 地址	media access control address
66	虚拟局域网	VLAN	virtual local area network
67	传输控制协议/网际协议	TCP/IP	transmission control protocol/internet protocol
68	以太网控制自动化技术	EtherCAT	ether control automation technology
69	数字信号处理	DSP	digital signal processing
70	TMS 320 DSP 算法标准	XDAIS	expressDSP algorithm interface standard
71	编解码引擎	CE	codec engine
72	码分多址	CDMA	code division multiple access
73	全球移动通信系统	GSM	global system for mobile communications
74	通用异步收发传输器	UART	universal asynchronous receiver and transmitter
75	金属-氧化物半导体场效应晶体管	MOS 管	metal-oxide-semiconductor field-effect transistor

续表

序号	中文名称	缩写/简称	英文全称
76	接收的信号强度指示	RSSI	received signal strength indicator
77	快速傅里叶变换	FFT	fast fourier transform
78	旅行推销员问题	TSP	traveling salesman problem
79	蒙特卡洛定位	MCL	monte carlo localization
80	自适应蒙特卡洛定位	AMCL	adaptive monte carlo localization
81	KL 散度	KLD	Kullback-Leibler divergence
82	航姿参考系统	AHRS	attitude and heading reference system
83	工业个人计算机	IPC	industrial personal computer